能源动力类精品教材
南京航空航天大学“十四五”规划教材

可再生能源利用技术与工程实例

鹿 鹏 主 编

王 录 副主编

電子工業出版社
Publishing House of Electronics Industry
北京 · BEIJING

内 容 简 介

可再生能源是指清洁、绿色、低碳且可以重复利用的能源。本书结合新能源交叉学科的内容，系统地阐述了可再生能源利用技术的相关知识，兼具航空、航天特色。全书共 6 章，第 1 章主要介绍人类利用能源的历史及可再生能源的概念、各种形式；第 2 章主要介绍光伏和光热利用技术的原理和分类，并给出了具体的实例；第 3 章主要介绍生物质能的利用方法及生物质能的利用现状；第 4 章主要介绍风能与水力发电的基本原理，重点介绍风能、潮汐能、抽水蓄能和波浪能发电的应用；第 5 章主要介绍地热技术的原理，重点介绍地热资源和地热能的开发应用；第 6 章主要介绍氢的制备、储存、应用，以及燃料电池的分类和应用原理。

本书可作为高等院校能源及动力工程专业、工程热物理专业的高年级本科生和研究生的教材，也可作为科研、工程技术人员的参考书。

图书在版编目（CIP）数据

可再生能源利用技术与工程实例 / 鹿鹏主编. —北京：电子工业出版社，2023.11

ISBN 978-7-121-46737-0

Ⅰ. ①可… Ⅱ. ①鹿… Ⅲ. ①再生能源－能源利用－高等学校－教材 Ⅳ. ①TK01

中国国家版本馆 CIP 数据核字(2023)第 223528 号

责任编辑：杜 军
印 刷：三河市鑫金马印装有限公司
装 订：三河市鑫金马印装有限公司
出版发行：电子工业出版社
北京市海淀区万寿路 173 信箱 邮编：100036
开 本：787×1 092 1/16 印张：14 字数：340 千字
版 次：2023 年 11 月第 1 版
印 次：2023 年 11 月第 1 次印刷
定 价：45.00 元

凡所购买电子工业出版社图书有缺损问题，请向购买书店调换。若书店售缺，请与本社发行部联系，联系及邮购电话：（010）88254888，88258888。

质量投诉请发邮件至 zlts@phei.com.cn，盗版侵权举报请发邮件至 dbqq@phei.com.cn。

本书咨询联系方式：dujun@phei.com.cn。

前　言

目前，我们主要使用的能源是石油、天然气和煤炭等化石能源，这些化石能源的过度使用给地球带来了温室效应、大气污染等一系列问题，并且它们都是不可再生能源，随着消耗速度的增加，能源枯竭不可避免。为了摆脱在能源布局中极度依赖化石能源的情况，人们将目光投向了清洁的可再生能源。可再生能源指绿色低碳、取之不尽、用之不竭的能源，如风能、太阳能、生物质能和地热能等。这些能源对改善能源结构、保护生态环境、应对气候变化并实现经济社会可持续发展具有重要意义。

自 21 世纪以来，世界能源结构正从以化石能源为主转向以可再生能源为主，能源的开发利用进入了一个新的时期。我国提出了“碳达峰”“碳中和”目标，光伏与光热利用技术、生物质能利用技术、燃料电池等先进的可再生能源利用技术在航空航天领域有着广阔的应用前景，可再生能源利用技术的发展得到了极大重视。基于时代趋势和实际需要，编者编写了本书，在光伏与光热利用技术、生物质、风能与水力发电、氢和燃料电池等章节中适当融入航空航天特色内容，涉及新能源交叉学科领域，北京空间飞行器总体设计部的正高级工程师王录作为副主编，为本书的编写提供了有力的指导。此外，书中适当穿插了白鹤滩水电站、我国首个单体百万千瓦级陆上风电基地等大工程实例，以及弘扬“衣宝廉院士五十载的坚守与创新”等科学家精神。

本书系统阐述了可再生能源利用技术的原理、应用和进展，在内容上兼顾工程性和科普性，并介绍了可再生能源在航空航天领域的应用。全书共 6 章，第 1 章主要介绍人类利用能源的历史及可再生能源的概念、各种形式；第 2 章主要介绍光伏和光热利用技术的原理和分类，并给出了具体的实例；第 3 章主要介绍生物质能的利用方法及生物质能的利用现状；第 4 章主要介绍风能与水力发电的基本原理，重点介绍风能、潮汐能、抽水蓄能和波浪能发电的应用；第 5 章主要介绍地热技术的原理，重点介绍地热资源和地热能的开发应用；第 6 章主要介绍氢的制备、储存、应用，以及燃料电池的分类和应用原理。

在本书的编写过程中，南京航空航天大学能源与动力学院的研究生杨沁山、魏剑、闫晓蝶、赵小龙、邵倩妮等协助完成了部分章节的绘图和整理工作，在此表示衷心的感谢！

本书作为南京航空航天大学“十四五”规划教材，受到学校创新创业教育精品教材建设项目的资助，特此鸣谢！

受编者水平和专业领域限制，书中疏漏和不足之处在所难免，恳请广大读者批评指正。

鹿　鹏

于南京航空航天大学

目　　录

第1章 绪　　论

1.1　人类利用能源的历史

人类的发展历史与能源的利用密不可分，我们今天依然在利用自古以来就被广泛使用的能源。大约250万年前，人类学会了使用工具，而钻木取火是人类最早实现的能量转换活动。至此，人类开始利用火来烹饪食物及取暖，而火的利用也使人类开始迈向具有理性的文明社会。放牧活动出现以后，人类开始利用动物的皮毛在寒冷的季节为自己保暖，同时驯化动物完成一些必要的工作；结束游牧定居下来后，人类又开始利用火来冶炼金属和烧制黏土。窑炉的发明及煤的利用使得一些工匠开始烧制陶器和制造金属工具，提高了人类的生活水平和生活质量。

最初，大规模使用传统燃料所产生的后果是无法预见的。例如，在工业革命开始时，普遍利用木柴取暖意味着一些城市的雾霾几乎持续不断，就好像有一些篝火永不停止地在燃烧。再往前看，在罗马帝国时期，大规模地利用煤炭冶炼金属，污染了大片欧洲区域，甚至延伸到了格陵兰岛。

在遥远的过去，木柴、动物粪便和煤炭并不是唯一可使用的能源。帆船和风车利用了循环的空气，太阳被用来干燥食物或从盐水池中获取盐。此外，大坝历史悠久，既可用于蓄水，又可用于控制水的使用。18世纪中叶，人类开始开发利用煤炭等化石燃料，至此，化石燃料在能源的使用中开始占据主导地位。进入21世纪以来，由于化石燃料不可再生的属性及对环境带来的负面影响，人类开始重视对可再生能源的开发利用。根据图1.1及图1.2可知，从1800年至2021年，全球化石燃料的消耗总体呈增长趋势，近年来对可再生能源投资的加大使得全球化石燃料的消耗略有降低。据估计，到21世纪中叶，可再生能源将满足社会总能源需求的一半以上。

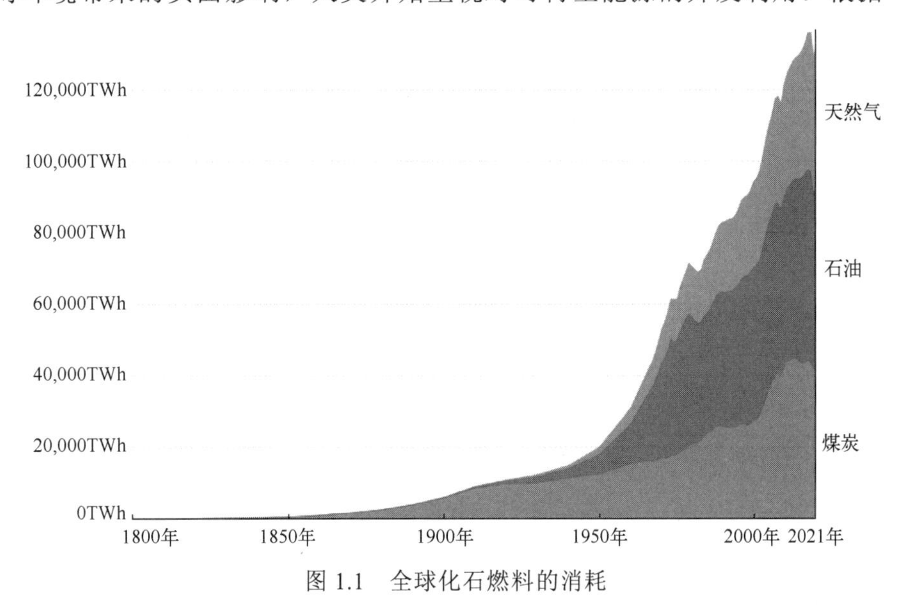

图1.1　全球化石燃料的消耗

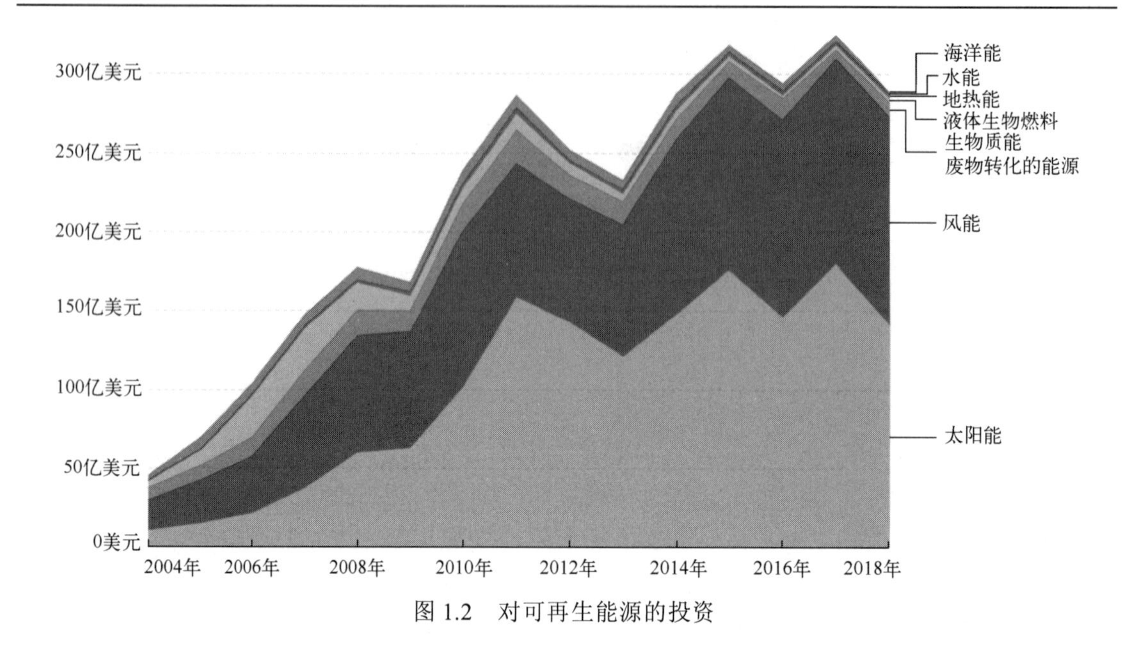

图 1.2 对可再生能源的投资

1.2 可再生能源的发展背景与概念

1.2.1 可再生能源的发展背景

事实上，早在 2020 年我国就已经提出了“碳中和”的思想，即争取在 2060 年前实现“碳中和”。因此，了解提出碳中和的原因，以及实现碳中和与可再生能源之间的内在联系对学习可再生能源的相关知识至关重要。从图 1.3 中可以看出，全球范围内低碳能源所占的份额总体呈增长趋势，这意味着人们正逐渐意识到低碳能源的重要性。

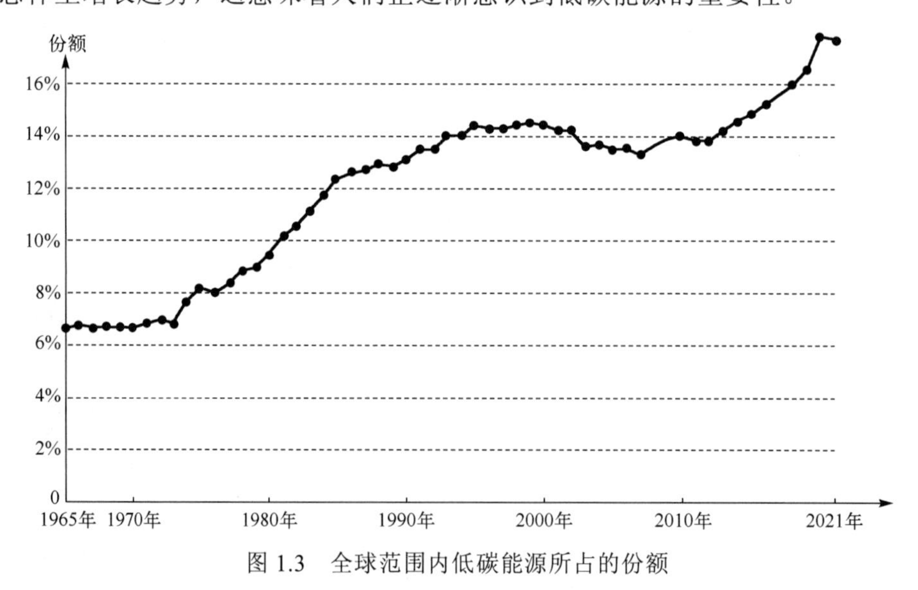

图 1.3 全球范围内低碳能源所占的份额

能源以多种形式存在，如电能、光能、热能、化学能和动能。19 世纪的一项重要发现是能量守恒定律，即能量可以从一种形式转换为另一种形式，但总量保持不变。可再生能源可从多种来源获取，这些能源将持续存在于地球系统中，是宝贵的可持续能源。正因如此，可再生能源在替代化石燃料等传统能源方面将继续发挥越来越重要的作用。一些可再生材料因具有独特和有益的特性而有利于一些产品（如药品和润滑剂等）的制造。

如图 1.4 所示，自 1800 年开始，全球范围内不同能源的消耗量总体呈增长趋势。同时，从图 1.5 中可以看出，石油、煤炭和天然气等化石燃料的发电量在全球主要能源的发电量中所占的份额较高。使用化石燃料带来的环境问题及其未来可能面临的耗尽风险使人们逐渐认识到可再生能源是一种可持续的能源替代方案。可再生能源有多种类型，包括风能、太阳能、地热能和生物质能等，这些能源被广泛用于加热、制冷、发电等方面。此外，可再生能源还可用于海水淡化装置，在可再生海水淡化系统中，利用太阳能来促进盐水蒸发和产生淡水。尽管可再生能源适用于多种用途，但近年来其发展主要集中在发电领域。根据国际可再生能源署发布的报告，截至 2022 年年底，全球可再生能源的发电装机容量约为 3372GW（$1GW = 10^9W$）。其中，水能的发电装机容量最大，为 1256GW；太阳能和风能的发电装机容量分别为 1053GW 和 899GW；此外，生物质能、地热能及海洋能的发电装机容量分别为 149GW、15GW、524MW。可再生能源可直接或间接用于发电，光伏电池板可将太阳能直接转换为电能，而间接地，由可再生能源产生的热能可用于驱动基于布雷顿循环等热力过程的发电站。

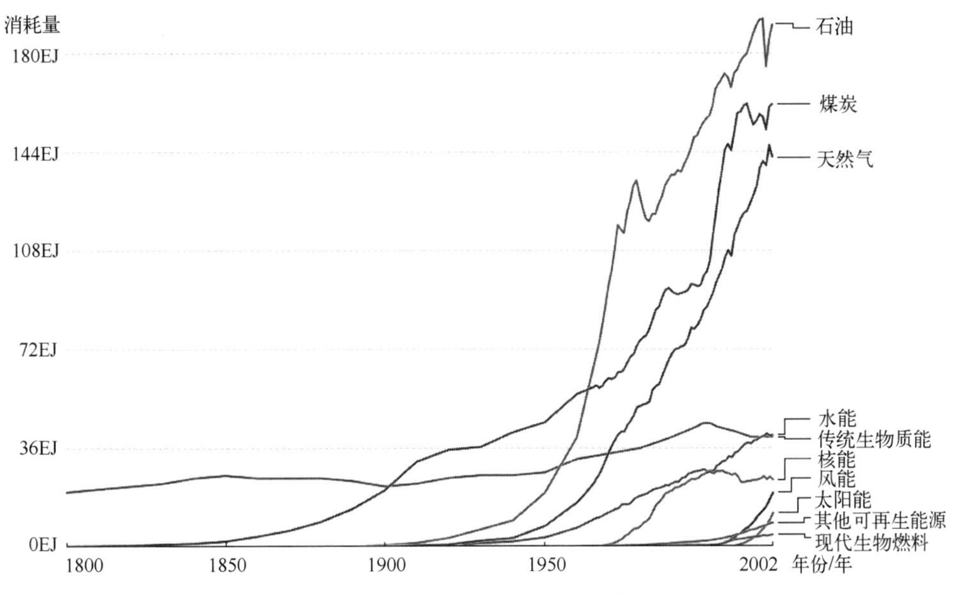

图 1.4 全球范围内不同能源的消耗量

天然气和石油作为基础燃料已经服务于工业和国内消费者超过一百年，在可预见的未来，这些燃料仍将主要以液态烃衍生物的形式得到应用。与此同时，这些燃料的规格将会继续调整，以满足消费者不断变化的需求。为生产规格适合的燃料，传统天然气和石油的提炼过程变得越来越复杂，从而导致炼油行业的运营成本不断增加，给厂商带来了巨大压力。然而，随着时间的推移，曾经被认为取之不尽、用之不竭的天然气和石油正在以惊人的速度被消耗。随着可获得的天然气和石油数量的减少，对生产液体燃料技术的需求越来越迫切。为了缓解石油产量达到峰值后的供应枯竭困境，非传统燃料正成为石油进口国关注的一个主要问题。

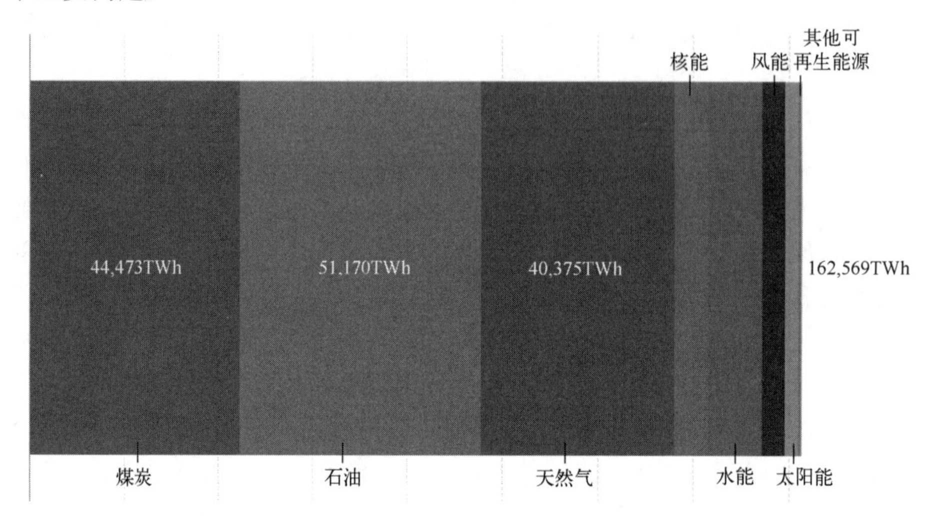

图 1.5 2021 年全球主要能源的发电量

实际上，在考虑发展可再生能源的好处时，同样重要的是承认发展这些能源也可能存在坏处。尽管所有的可再生能源都能给气候和经济带来实质的好处，但同时任何能源的使用都会对环境产生一定影响。对环境产生影响的确切类型和强度取决于所使用的具体技术、地理位置和其他因素。随着可再生能源在电力供应中所占的比例越来越大，了解每一种可再生能源现有及潜在的环境问题，有助于采取有效措施来避免或尽量降低这些影响。

必须认识到，不可再生能源向可再生能源的过渡并非没有风险。正如来自不可再生能源的化学物质可以进入环境一样，来自可再生能源的化学物质也可能在生产、使用或处理过程中进入空气、水和土壤。这些化学物质对环境的影响取决于化学物质的数量、种类、浓度，以及地理位置等因素。即使有些化学物质没有立竿见影的影响，但它们被释放到环境中仍有可能对环境造成一定的危害；这些化学物质也可以进入食物链，在食物链中积累并长期存在。尽管存在这些环境影响，但是可再生能源仍然比化石燃料更有优势，并且仍然是未来能源需求解决方案的核心部分。在不久的将来，可再生能源将成为电能的重要来源。风能被认为是温室气体排放量最少和最受欢迎的清洁能源，其次是太阳能、水能和地热能。这些能源都被认为是清洁能源，有助于降低温室效应和全球变暖的影响。

1.2.2 可再生能源的概念

如表 1.1 所示，能源存在于环境中，一些是可再生的，另一些则是不可再生的。能量载体是能源的使用形式，能量载体的范围非常广，其中包括电能和热能等，目前使用最为广泛的是电能。

表 1.1　可再生能源与不可再生能源

可再生能源	太阳能、生物质能、风能、水能、波浪能、潮汐能、地热能
不可再生能源	化石能源（煤炭、石油、天然气、油页岩、可燃冰）、核能（铀、钍、钚、氘等）

从表 1.1 中可以清楚地看出，能源以多种形式存在，能量转换技术使我们能够将能量从一种形式转换为另一种形式。能量转换过程中发生的相互作用可以用热力学来解释，其中热力学第一定律体现能量守恒，热力学第二定律体现熵不守恒。能源服务提升了人们的生活水平，改变了人们的生活方式，使社会具有良好的发展前景。在所有经济部门中，大多数活动都需要能源，如住宅、商业部门的供暖及制冷，工业部门的制造和化学生产等各种活动。尽管大多数国家的能源系统仍然主要依赖化石燃料，但是可再生能源的使用量正在稳步增加。

数千年来，人类一直在利用太阳能和风中的动能。对于大多数可再生能源来说，其基本来源为太阳辐射。例如，太阳能加热陆地和海洋，导致波浪和风的运动，因此波浪能和风能是太阳能在地球上的表现形式。太阳能可直接用于加热和照明，也可间接用于加热水以产生蒸汽，驱动涡轮机带动发电机发电。

可再生能源和可再生能源利用技术之间的区别：风能、潮汐能、波浪能和太阳能是可再生能源，而风力涡轮机或光伏电池则是利用可再生能源的技术。因此，可再生能源利用技术是指用于收集可再生能源并将其转化为可用能量的设备和系统。

1.3　能量的基本形式

可再生能源利用技术能将一种形式的能量转换为另一种形式，其中电能通常是能量最终的形式。热力学第一定律中的能量守恒定律指出，在能量转换中，能量的总量保持不变。因此，如果发电站输出的电能小于燃料输入的能量，则必然有一部分能量转换成了另一种形式，通常是废热，也称为杂散能量。例如，汽车发动机通过燃烧燃料将化学能转换为驱动汽车的动能，风力涡轮机从移动的风中捕获动能，并将其转换为电能，在这样的转换过程中，总会存在能量损失。因此，任何能量转换系统的效率都低于 100%。

1.3.1　动能

质量为 m（kg）的物体以速度 v（m/s）运动，其动能 E 以焦耳（J）为单位，由下式给出：

$$E=\frac{1}{2}mv^2 \tag{1-1}$$

在原子层面上，物质的动力学理论指出，所有物质都由小粒子（原子或分子）组成，它们不断地移动、振动并相互碰撞，原子或分子的这种连续运动决定了物质的温度。当物质受热时，原子或分子的运动速度会加快。因此，热能可以被认为是动能的一种表现形式。温度以开尔文（K）为单位表示，零开尔文对应零分子运动。温度也可以使用摄氏度（℃）

来表示，0℃对应一个标准大气压下水的冰点，100℃则是纯水在一个标准大气压下的沸点。两温度单位之间的关系为

$$T(\mathrm{K}) = t(℃) + 273.15 \tag{1-2}$$

1.3.2 势能

地球拥有一个引力场，可以将放置在引力场中的物体拉向地球中心。因此，将质量为 m（kg）的物体从地球表面提高到高度为 h（m）处需要做功。举起质量为 m（kg）的物体所需的以牛顿（N）为单位的力的大小称为重力 W，其定义为

$$W = mg \tag{1-3}$$

式中，g（$\mathrm{m/s^2}$）是由重力引起的恒定加速度，约为 $9.8\mathrm{m/s^2}$。物体在高度为 h（m）处的重力势能称为势能 P（J），可表示为

$$P = mgh \tag{1-4}$$

1.3.3 电能

在原子层面上，电能使所有物质的原子或分子结合在一起。每个原子中都有一团电子围绕中心核不断移动。在化学反应过程中，正离子和负离子结合形成分子，这会导致电子分布发生变化，能量在原子之间转移。因此，在原子层面上，化学能可以看作电能的一种形式。

在更大范围内，电能是由导体中自由电子的稳定流动而形成的，称之为电流。在电导体中，一些电子可以从它们的母原子中分离，并能够在电导体的晶格结构内自由移动，称其为自由电子。然而，这些自由电子以随机方式移动，并不能对电流起到推动作用。为了使这些自由电子沿一个方向移动，从而形成稳定的电流，需要接入外部能量源。

如图 1.6 所示，能量源是一个电动势为 E 的直流电压源，在负载的两端形成以伏特（V）为单位的电压，并在电路中稳定循环以安培（A）为单位的电流 I。其中，R 是负载的电阻值，单位为欧姆(Ω)。电流从直流电压源的正极流出，进入负载的正极。流过负载的电流 I（A）与负载两端的电压 U（V）成正比，可表示为

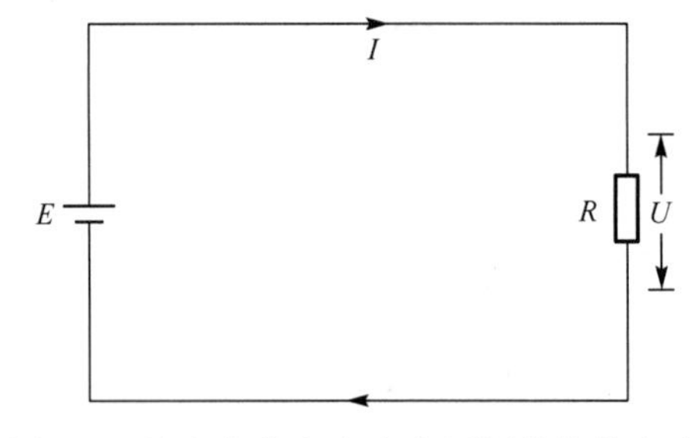

图 1.6 具有负载和直流电压源的简单电路

$$I = \frac{U}{R} \tag{1-5}$$

一个电子带有 1.6×10^{-19}C（库仑）的负电荷，当电荷以每秒 1C 的速率流过电导体时，它的电流为 1A。当这些电流流过负载时，负载会将电能转换为另一种形式的能量，即如果负载是加热器，那么电能将转换为热能。对于理想电源（没有内部电阻值的电源），电动势在数值上等于负载两端的电压，即 $E = IR$。

由电源提供给负载的功率[以瓦特（W）为单位]可表示为

$$P = U \times I \tag{1-6}$$

若电压是关于时间的周期函数，则上式中的 U 和 I 是均方根（RMS）值；若电压是最大振幅为 U_{m} 的正弦波，则其 RMS 值（也称为有效值）为

$$U = \frac{U_{\mathrm{m}}}{\sqrt{2}} \tag{1-7}$$

1.3.4 核能

核能存在于原子核中心，当其被释放出来时会产生大量能量。释放核能有两种方式：核裂变和核聚变。在核裂变中，重核在核反应堆中会分裂成更小的原子核。例如，当铀 235 的原子核被中子撞击时，它会分裂成两个较小的原子核，即高度不稳定的铀 236，然后这个不稳定的原子核继续分裂成更小的原子核，释放出大量能量及两个或更多中子。这些中子可以与铀 235 的原子核相互作用，引发进一步的裂变，释放出更多的能量和中子。这种成倍递增效应被称为链式反应，这个过程可释放出大量能量，以驱动涡轮机带动发电机发电。

在核聚变中，两个轻核结合形成一个重核，聚变的主要问题在于需要让两个具有相同类型电荷（正电荷）的原子核结合。因此，聚变必须快速发生，以避免产生排斥力。迫使粒子快速移动的一种方法是将它们置于热气体或等离子体中，但是这需要非常高的温度，实现这一目标的技术仍在开发中。

核电站以相对低的温室气体排放量发电，因此对气候的影响相对较小。此外，核电站能够全天候提供电力，不受天气或风力等因素的影响。然而，核能发电也存在一些公认的缺点：废弃物具有放射性，想做到安全储存既困难又昂贵；优质铀矿是比较稀缺的不可再生资源；核电站的建设成本相对较高，建设周期较长；核电站存在发生事故的风险，当事故发生时，辐射造成的危害可能会对人类健康和环境造成长期影响。

1.3.5 热能

热能的转换和利用在可再生能源领域具有重要意义。如太阳能热发电系统将太阳的辐射能转化为电能，实现了可持续的清洁能源利用。该系统通过聚光镜、抛物面反射器等光学设备将太阳光聚焦在接收器上，将太阳的光能转化为热能，热能进一步加热工质使之转化为蒸汽，驱动涡轮发电机产生电能。

热能的传递有三种基本方式：热传导、热对流及热辐射。物体各部分之间不发生相对位移时，依靠分子、原子及自由电子等微观粒子的热运动而产生的热能传递称为热传导，简称导热。例如，固体内部热量从温度较高的部分传递到温度较低的部分，以及温度较高的固体把热量传递给与之接触的温度较低的另一固体都是导热现象。热对流是指由于流体的宏观运动而引起的流体各部分之间发生相对位移，冷、热流体相互掺混所导致的热量传递过程。热对流仅能发生在流体中，而且由于流体中的分子同时在进行着不规则的热运动，因而热对流必然伴随有热传导现象。流体流过一个物体表面时流体与物体表面间的热量传递过程，称为对流传热。对流传热可区分为自然对流与强制对流两大类。自然对流是由于流体冷、热各部分的密度不同而引起的，暖气片表面附近受热空气向上流动就是一个例子。

如果流体的流动是由于水泵、风机或其他压差作用所造成的，则称为强制对流。物体通过电磁波来传递能量的方式称为辐射。物体会因各种原因发出辐射能，其中因热的原因而发出辐射能的现象称为热辐射。自然界中各个物体都不停地向空间发出热辐射，同时又不断地吸收其他物体发出的热辐射。辐射与吸收过程的综合结果就造成了以辐射方式进行的物体间的热量传递，称为辐射换热。当物体与周围环境处于热平衡时，辐射传热量等于零，但这是动态平衡，辐射与吸收过程仍在不停地进行。

1.3.6 光能

光能是一种重要的可再生能源，利用光能可以产生电能和热能。光能主要来源于太阳，是地球上最为丰富的能源之一。光能的利用对于减少化石能源的使用，保护环境具有重要意义。光能的利用主要包括太阳能光伏发电和太阳能热利用两种方式。光伏发电是利用光伏效应将太阳能转化为电能的过程。当光线照射到光伏电池上时，光子的能量被电池中的半导体材料吸收，激发出电子，从而产生电流。太阳能热利用则是利用太阳能产生热能，主要应用于太阳能热水器、太阳能热发电等领域。太阳能热水器利用太阳能将水加热，供给家庭生活用水。太阳能热发电则是利用太阳能将工质加热产生蒸汽驱动发电机发电。

除了光伏发电和太阳能热利用，光能还可以应用于光催化、光解水制氢等领域。光催化是利用光能促进化学反应的过程，常应用于环境治理、有机合成等领域。光解水制氢则是利用光能将水分解为氢气和氧气，产生清洁能源氢气。光能的应用领域非常广泛，对于推动可再生能源的发展具有重要意义。

1.3.7 化学能

化学能，是指物质间由于化学反应而储存的能量形式。这种能量属于物质的内部能量，是物质中原子和分子之间相互作用力的结果。化学能在日常生活中无处不在，是支撑人类社会各个领域发展的重要能源形式。

首先，化学能的来源可以追溯到物质的微观结构。原子和分子之间存在着化学键，包括离子键、共价键、金属键等，这些键的形成和断裂伴随着能量的吸收和释放。化学反应中，原子和分子通过化学键的形成和破裂进行重新排列，从而转化为具有不同能量的物质。化学能的体现形式多种多样。最常见的是化学反应伴随的热效应。例如，当燃料在氧气中燃烧时，化学能被释放出来，产生热量和光能。此外，也可通过氧化还原反应将化学能转化为电能。化学能也在化学合成和分解过程中发挥着关键作用。通过化学反应，物质可以转化为所需的产品，从而满足人类对新材料、药物和化学品的需求。例如，通过将氮、磷、钾等元素转化为可供作物吸收的化合物，从而提高了农作物产量。另外，生物体内的新陈代谢过程也依赖于化学能的利用，将食物中的化学能转化为细胞能量，维持生命活动。

此外，化学能还与环境保护和可持续发展密切相关。为了减少对传统能源的依赖和减少排放，人们通过研究和开发新型可再生能源，利用化学反应将这些能源转化为可用的热能和电能。然而，化学能的利用也存在一些问题。例如，化石燃料的燃烧会产生大量的二氧化碳排放，加剧全球气候变化。因此，在化学能的利用中，需要不断追求高效能量转化的技术和绿色环保的方法，以减少对环境的不良影响。

1.4 可再生能源的各种形式

大多数可再生能源的主要来源是太阳辐射。每年到达地球表面的太阳辐射总量达 5.7×10^6EJ（1EJ = 10^{18}J），其中约 30%被反射回太空，剩余约 4×10^6EJ 可在地球上使用。波浪能和风能的来源是太阳辐射，此外，还有两种非太阳能源：潮汐能和地热能。潮汐能主要来自月球的运动，而地热能主要来自地球内部的热量。

1.4.1 太阳能

地球上最丰富的能源是太阳能，地球每小时从太阳接收到的能量大约等于人类活动一年所需的能量，太阳能被广泛用于发电。美国能源部发布的太阳能发展蓝图中的数据显示，预计到 2050 年，太阳能技术可能会使电力行业的二氧化碳（CO_2）排放量减少 14%。除了发电，太阳能还可被用于其他用途，如供暖和海水淡化。太阳能在航空航天领域的应用也十分广泛，如用于卫星或空间站的能源供应。虽然太阳能的间歇性可能会带来一些影响，但其主要优势在于它的广泛可用性和易获取性。

1）光伏利用技术

光伏电池利用半导体材料将太阳能直接转换为电能。光伏电池利用光子的能量来激发半导体中的电子，从而产生电流。目前最常见的光伏利用技术包括晶体技术和薄膜技术两种，在晶体技术中，结晶有机硅是最主要的应用材料；在薄膜技术中，半导体薄膜被沉积在支撑材料上以形成光伏电池。根据国际能源署的报告，结晶有机硅光伏电池和半导体薄膜光伏电池分别占全球光伏电池市场的 85%～90%和 10%～15%。

尽管光伏电池已经被广泛使用，但其转换效率仍有提高的空间，光伏电池每个特定表面积的发电量通常很低或不足。为解决这个问题，可以使用聚光器与光伏电池耦合。在这种系统中，光学工具被用于集中太阳辐射，从而提高特定区域的能量供应。由于高温会降低光伏电池的效率，因此，在使用聚光器时需要进行降温。一种解决方法是在光伏电池上集成热系统进行冷却，通过提取光伏电池吸收的热能来有效控制光伏电池的温度。图 1.7 所示为太阳能光伏/热系统，该系统可以提高光伏电池的总效率，从而增加系统的发电量，并可以更有效地利用太阳能。

光伏电池的发电性能受多种因素影响，如温度、太阳辐照度、阴影和板表面污染。太阳辐照度是影响光伏电池发电量最重要的因素，因为它是光伏电池从太阳吸收能量的源头因素。随着太阳辐照度的增加，可转换成电能的能量也会相应增加。除了太阳辐照度，光伏电池的效率还会受到温度的影响，因此温度也是影响光伏电池输出功率的关键因素之一，降低光伏电池的温度，可有效提高光伏电池的效率和输出功率。为克服光伏电池温度升高的问题，科学家们提出了多种光伏电池的热管理方法，如采用水流、相变材料（PCM）和热管等。光伏电池表面的污垢和灰尘会阻碍太阳光照射到光伏电池，从而影响光伏电池的发电性能，降低能量转化率和输出功率。通常，在光伏电池表面喷水，清洗污垢和灰尘是一种常见且有效的方法，并且有助于控制温度。阴影是另一个影响光伏电池性能的因素，研究表明，光伏阵列被遮蔽5%～10%可以导致发电量减少80%以上。因此，在设计光伏电站时，需要避免阴影并最大程度利用太阳辐照度，同时优化布局。

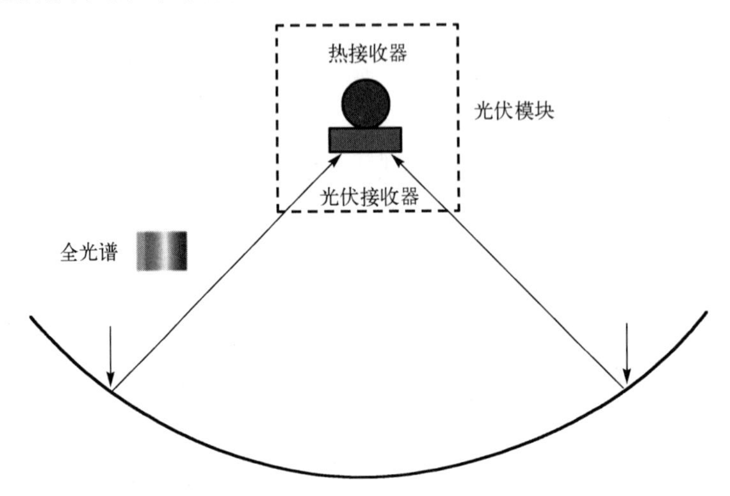

图 1.7　太阳能光伏/热系统

2）光热利用技术

（1）发电。

太阳能可以通过直接或间接的方式转换为电能，在间接转换技术中，太阳能被用于驱动热电厂设备。为了能在有限的空间内产生大量热能，需要使用聚光器。聚光式太阳能集热器通常分为三种类型：线性抛物线集热器、塔式集热器和抛物面碟式集热器。线性抛物线集热器由具有抛物线截面形状的反射器和接收管等组成，反射器被安装在支架上并保持固定，使其在不利条件（如强风天气）下仍具有良好的性能。在线性抛物线集热器中，太阳能被聚焦在接收管内，管内注有工作流体（工质），从聚集的太阳能中吸收热量并将其转换为高温热能。在抛物面碟式集热器中，碟式反射器随太阳的路径运动以跟踪太阳，将太阳能聚焦到接收器上，从而使得高温热能有效传递至工质。塔式集热器通过多个定日镜将太阳能聚焦到塔顶端的接收器上，从而产生高温热能，工质吸收集中的太阳能并提高温度和压力。三种聚光式太阳能集热器如图1.8所示。

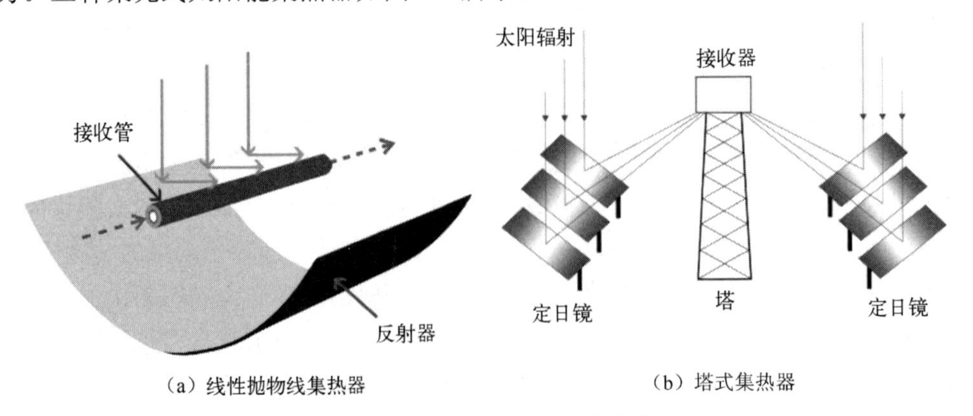

（a）线性抛物线集热器　　　　（b）塔式集热器

图 1.8　三种聚光式太阳能集热器

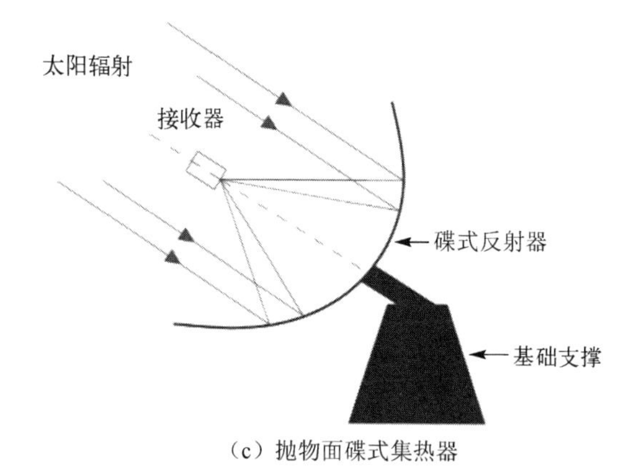

（c）抛物面碟式集热器

图 1.8 三种聚光式太阳能集热器（续）

太阳能集热器可以与现有的热电厂集成，以提高发电效率。如图 1.9 所示，在某些情况下，太阳能被用于预热燃气轮机燃烧室中的压缩空气，以提高热能利用率。在系统中添加热储存单元可进一步提高系统的效率并使其具有夜间运行能力。除与化石燃料一起用于发电外，太阳能还可以独立用于发电。在这些系统中，太阳能将空气（或其他工质）的温度和压力提高到适合输入压缩机的水平，并通过太阳能集热器从单位面积内提取更多的能量，这些循环的性能可以通过余热回收装置来进一步提高。图 1.10 展示了一个带有余热回收装置和中间冷却单元的布雷顿循环，为了提高该循环的效率，还可以应用其他技术，如使用超临界流体，将布雷顿循环与其他循环（如朗肯循环）相结合。

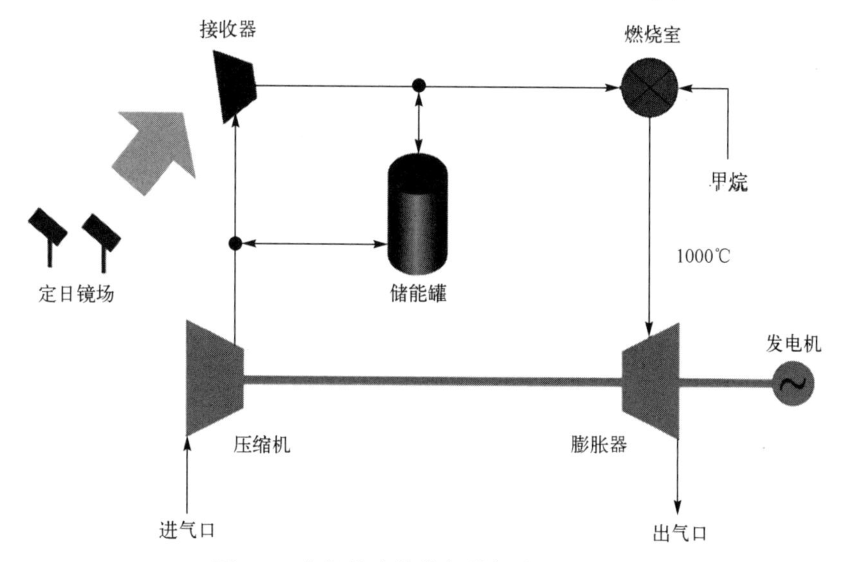

图 1.9 太阳能光热燃气轮机发电原理图

（2）加热及冷却。

可再生能源利用技术，特别是太阳能技术可应用于多个领域，以实现供暖和制冷。在利用太阳能加热建筑物的技术领域中，有许多不同的系统可供选择，如特朗伯墙（Trombe Wall）、无釉蒸腾太阳能立面和太阳能烟囱。如图 1.11 所示，特朗伯墙由一面大墙、一个空气通道和一个外部玻璃窗等组成。在该系统中，大墙用于吸收和储存穿过外部玻璃窗的太阳能，吸收的一部分热量通过热传导和对流传递到室内。同时，冷空气通过下通风口进入空气通道，由于浮力效应，冷空气被加热并向上移动，通过上通风口离开空气通道。如图 1.12 所示，无釉蒸腾太阳能立面由带有一些孔的金属板壁和风扇组成，这些孔用于捕获太阳能并加热空气，风扇用于循环气流。太阳能烟囱的工作原理是将热能转换为动能以促进空气循环，除此之外，还有其他用于建筑物空气加热的技术，如太阳能屋顶等。

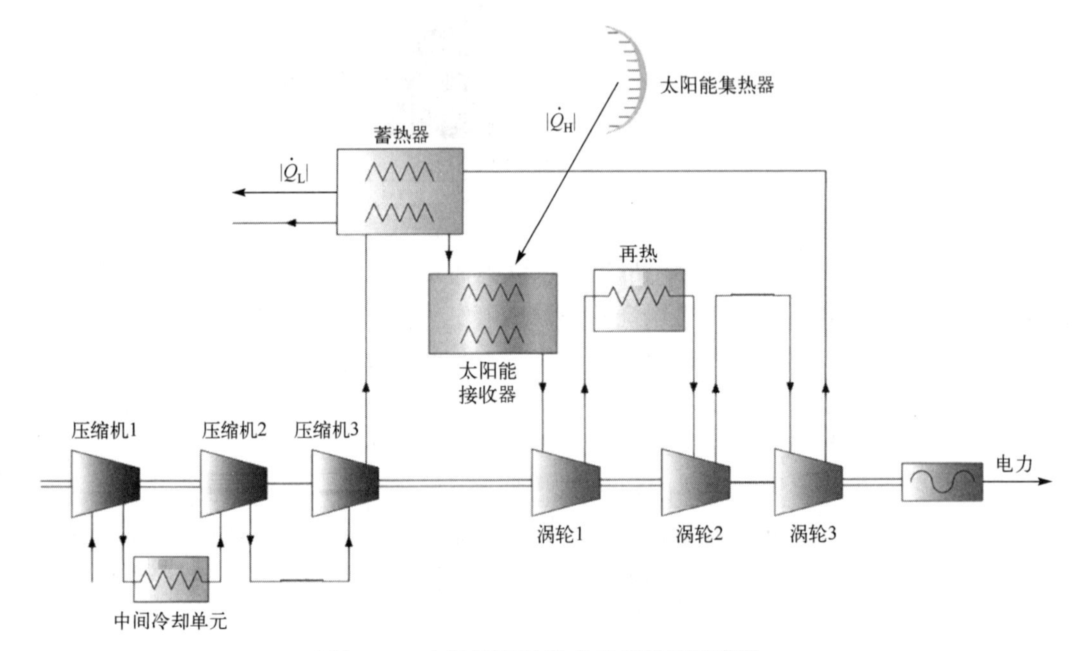

图 1.10　太阳能驱动的布雷顿循环示意图

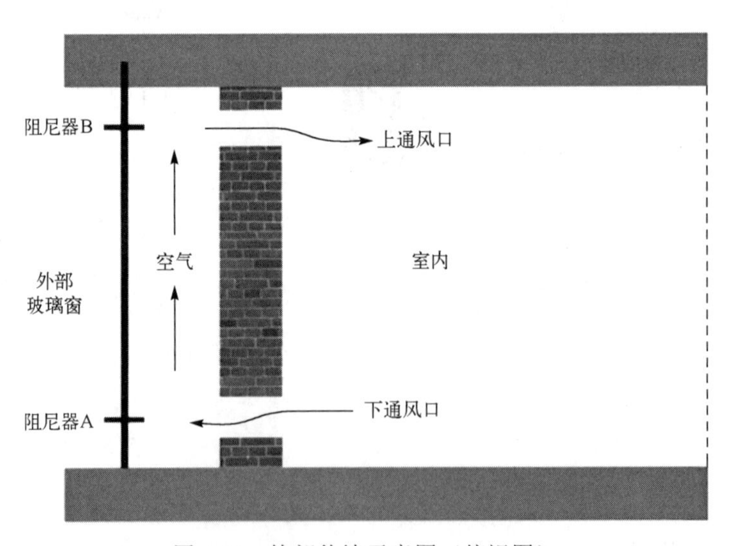

图 1.11　特朗伯墙示意图（俯视图）

太阳能在建筑物中的应用不仅限于加热空气，还可以用于加热水。太阳能集热系统有直接加热系统和间接加热系统，在直接加热系统中，水流过太阳能集热器并吸收热能；在间接加热系统中，通过热交换器将太阳能集热器的热能传递给水。太阳能也可用于冷却，太阳能冷却系统通常涉及两个主要过程。在封闭式循环太阳能冷却系统中，热驱动的吸附式冷却器生产用于空调系统的冷冻水；在开放式循环太阳能冷却系统中，水通常用作制冷剂。

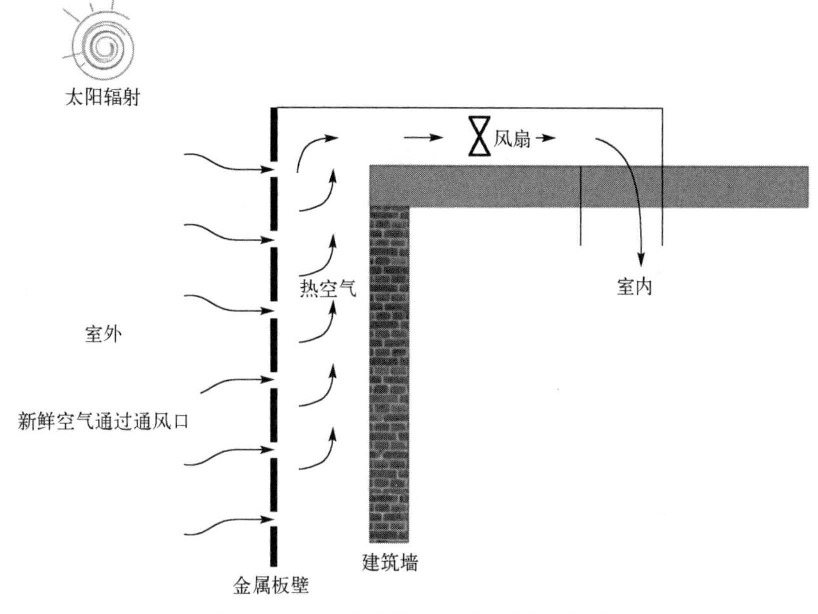

图 1.12　无釉蒸腾太阳能立面示意图

（3）海水淡化。

随着世界人口的不断增长及消耗性淡水需求的增加，海水淡化系统的开发和利用变得越来越重要。脱盐过程可以在从盐水中提取盐分的同时，提供适用于饮用和农业灌溉等用途的有用水。GWI 国际环保平台发布的数据显示，2017—2022 年，全球海水淡化市场规模的增长率为 7.3%，2022 年新签约海水淡化工程水量规模高达 540 万吨/日。反渗透技术和多级闪蒸法是目前全球海水淡化的主流技术，其中采用反渗透技术的系统因其一次性投资小、能耗低、操作简便、建设周期短等优势而发展迅速，其产能已占全球海水淡化总产能的 65%以上。可再生能源系统可以直接或间接应用于海水淡化，在直接技术中，可再生能源系统的热能可以用于水蒸发和除盐；而在间接技术中，海水淡化系统所需的电力由可再生能源系统提供。在这些海水淡化技术中，光伏电池板或光热发电站产生的电力可用于驱动海水淡化系统。因此，太阳能是对海水淡化系统最具吸引力的可再生能源之一。

1.4.2　水能

另一种清洁的可再生能源是水能。移动（或落下）水具有的动能可用于驱动涡轮发电机组，从而转换为电能。在太阳的作用下，水不断被循环，因此水能被认为是一种取之不尽、用之不竭的可再生能源。其主要优点在于它的可预测性、一致性和灵活性，其能够满足基本的峰值负载需求，水力发电示意图如图 1.13 所示。

水能可以满足挪威和美国等国家的大部分电力需求。根据国际能源署的报告，结合水能的发展情况，到 2050 年，水力发电可使电力部门的二氧化碳排放量减少 2%。在利用水能发电的过程中，水从高处落到低处，驱动涡轮机产生轴功，涡轮机连接用于发电的发电机，从而产生电力。如图 1.14 所示，水力发电站（简称水电站）的主要构成部分包括大坝、压力管道、涡轮机和发电机。水能的一个重要优势在于它可以直接被开发和利用，并可以为家庭和工业生产中的大部分应用场合提供电力。如图 1.15 所示，根据发电装机容量的不同，水电站可以被分为不同的类型，小型社区通常使用微型水电站。

图 1.13 水力发电示意图

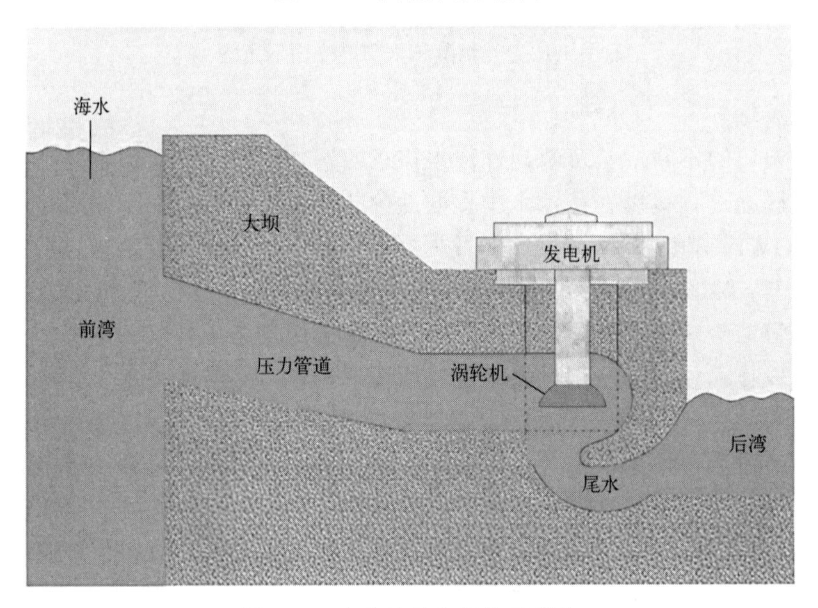

图 1.14 水电站的主要构成部分

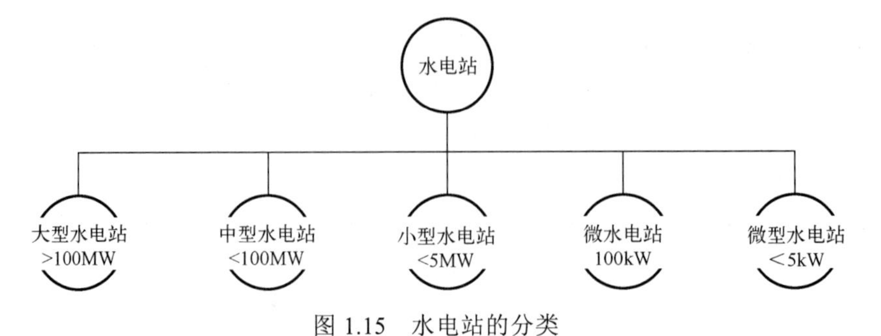

图 1.15 水电站的分类

1.4.3 风能

移动的风拥有随其速度变化的动能，这种动能可以作用于连接到发电机的风力涡轮机的叶片上，从而产生电力，图 1.16 为风电（风力发电）的工作原理图。

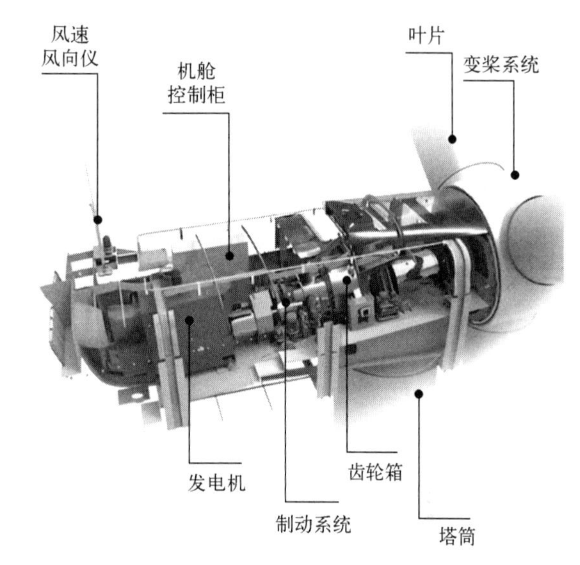

图 1.16 风电（风力发电）的工作原理图

如图 1.17 所示，根据低速旋转轴的方向不同，风力涡轮机可以分为两类：一类是水平轴风力涡轮机，其主要部件是塔、水平转子和叶片等，在水平轴风力涡轮机中，小型风力涡轮机采用风向标定向，而大型风力涡轮机通常需要用传感器定向；另一类是垂直轴风力涡轮机，其转子轴垂直安装，与水平轴风力涡轮机相比，这类风力涡轮机的最大优势在于其无须将叶片对准风向即可获得有效性能。

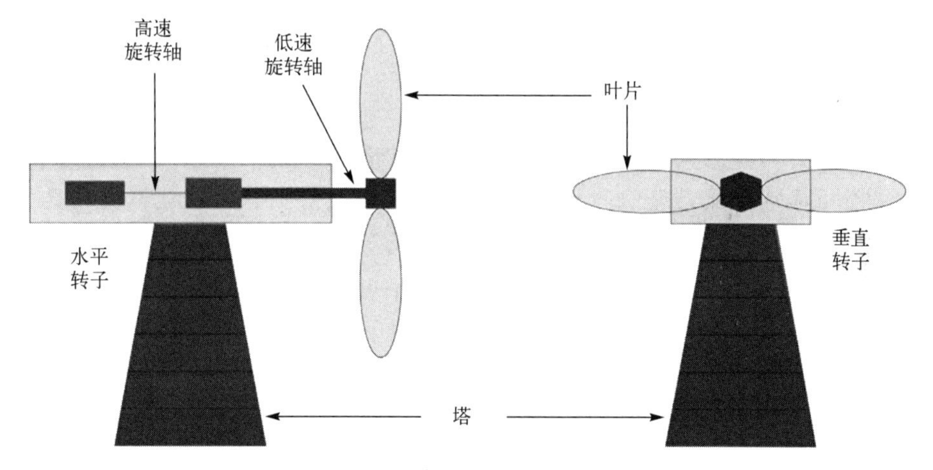

图 1.17 水平轴与垂直轴风力涡轮机

通常情况下，垂直轴风力涡轮机的功率系数（在特定速度下实际产生的功率与流入叶片的风的总功率之比）较低。此外，水平轴风力涡轮机具有更高的气动效率、更低的成本、更低的机械压力，以及更少的地面组件需求，其叶片数量通常在 1～3 之间变化。除低速旋转轴的方向外，还可以根据各种标准对风力涡轮机进行分类。与陆地上相比，海上风能资源通常更充足并具有更低的气流湍流程度，同时海上风电设施通常更具可靠性，这些特点使得更适合在海上安装风力涡轮机进行发电。然而，海上风力涡轮机也存在缺陷，其所需的结构导致它们的成本较高。由于海上风力涡轮机需要建设和维护海上平台，这会涉及更多的能源和材料消耗，进而导致更高的温室气体排放量。相比之下，陆上风力涡轮机的基础设施和运行成本较低，温室气体排放量也相对较低。

1.4.4 波浪能

波浪能发电的基本原理：当海水受到风力、潮汐、地球自转等因素的影响而产生波动时，海水表面所具有的平动能、重力势能等各种能量将会转换为波浪能，这种能量可以被捕捉和利用。对波浪能的利用主要分为两类：一类是利用波浪的水平振动带动发电设备发电，从而获得电能；另一类是利用波浪的垂直振动，在波浪运动中捕获机械能，再将该机械能转换为电能。采用不同波浪能发电技术的设备的布置会有所不同，但基本原理都是以上述方式将波浪能转换为电能的。波浪能具有丰富且可预测的特点，因此可以计算出其所能产生的相应电量。然而，该技术需要在水中安装大型设备，可能对海洋生物产生一定影响。

1.4.5 生物质能

生物质能是一种更为传统的可再生能源，主要从生物质中获得，其被广泛用于工业、住宅和交通运输等领域。许多生物材料可用于生产生物燃料，如藻类、植物废弃物、食物废弃物和草类。许多技术可将生物材料转化为生物燃料，同时结合更先进的技术提高生物燃料的生产效率。此外，通过预处理和与其他材料共同消化等方法，也可有效提高将生物材料转化为生物燃料的效率。

国际能源署发布的发展蓝图显示，到 2050 年，生物质能有可能使电力行业减少 8%的二氧化碳排放量。据调查，2018 年生物燃料的产量增长了 9.7%，美国在其生产中占据最大份额。除更小的温室气体排放量外，在目前的能源系统中，使用生物燃料往往只需要对车辆系统和基础分配设施进行微小的改变，这也使得生物燃料比其他可再生能源更适合用于交通运输领域。除交通运输领域外，生物燃料还可用于其他用途。例如，它们可以用于火力发电站，以取代传统的化石燃料；还可用于供暖系统，为许多建筑提供所需的热量。

1.4.6 潮汐能

潮汐发电的具体模型如图 1.18 所示。潮汐主要是由月球对海洋的引力（太阳的影响较小）引起的，水位随地球自转而有规律地上升和下降。可以通过建造低坝或拦河堰来利用潮汐能，拦河堰后方可以捕获上升的水，然后流回涡轮发电机组进行发电。潮汐能发电装置具有相对较长的使用寿命，从而降低了发电成本，并且潮汐具有高度可预测性。潮汐发电的主要缺点是其发电装置具有相对较高的建设成本，并会对海洋生物造成一定程度的影响。

1.4.7 地热能

另一种可用于发电和取暖的可再生能源是地热能，来自地球内部的热量是地热能的来源。地球内部的高温最初是由地球形成时的引力收缩引起的，后来由于地球深处放射性物质衰变产生的热量而增强。这些热量可以被收集和利用以产生蒸汽，从而用于发电，并为建筑物提供热水和供暖，地热电站模型如图 1.19 所示。相对于太阳能和风能，地热电站电力输出的稳定性更高。此外，地热电站不受气候变化影响，更适用于基础负载发电。

图 1.18 潮汐发电的具体模型

国际能源署的数据显示，全球可再生能源的发电装机容量在 2022 年达 3372GW，相比 2021 年增加了 295GW，同比增加了约 9.6%，而地热能的发电装机容量增加了 181MW。地热能可用于加热、冷却、淡水生产及发电。在大多数情况下，热交换器用于将从地热资源中提取的热量转移到以加热/冷却为目的的工质中。

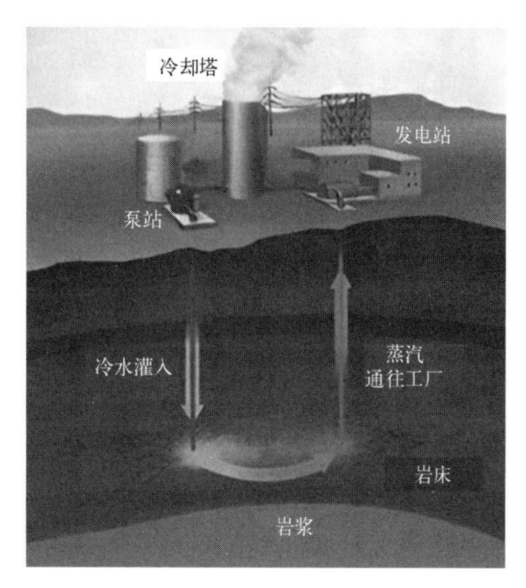

图 1.19 地热电站模型

1）地热发电

如图 1.20 所示，地热能可用作可靠的发电资源，传统的地热发电利用兰金循环。在地热电站中，高温地热资源可直接产生蒸汽，然后蒸汽驱动涡轮发电机组产生电力。地热电站一般分为单闪（干）蒸汽地热电站、双闪（闪）蒸汽地热电站及二元循环发电站。单闪蒸汽地热电站提取高温饱和液态水，在此过程中降低水的压力会导致水部分沸腾。这个阶段产生的混合物被分离器分成液体和蒸汽流，蒸汽流通过涡轮机，而液态水离开分离器并重新注入地下。双闪蒸汽地热电站类似于单闪蒸汽地热电站，不同之处在于前者有两个分离器分别连接高压和低压涡轮机。

2）地热供暖

除用于发电外，地热资源还可用于供暖。从地热资源中提取的热量可用于满足多种需求。低温地热资源适用于空间供暖，而高温地热资源可用于发电等一系列应用。在炎热季节，地下的温度低于周围空气的温度，而在寒冷季节，地下的温度高于周围空气的温度。地源热泵正是利用了这一特性，其在冬季将热量从地下传递到建筑物或其他设施中，并在夏季将热量传递回地下。地热资源也适用于区域供热，区域供热系统旨在通过单个或多个地热井为消费者提供空间供暖。除空间供暖外，区域供热系统还可用于其他用途，如为游泳池提供温水和为家庭提供热水。通常，这些系统有三个回路：以地热井作为热源的能源生产回路、分配回路和能源消耗回路。

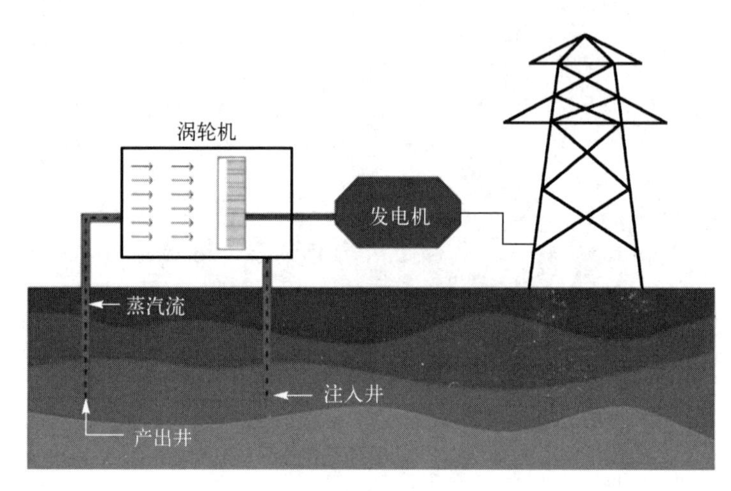

图 1.20 地热电站原理图

3）地热降温

地热能的一个重要应用是驱动吸收式制冷机，如不需要高工作温度的水-溴化锂吸收式制冷机。吸收式制冷机由发生器、吸收器、冷凝器、节流阀、蒸发器、泵、热交换器和分离器组成。在水-溴化锂吸收式制冷机中，发生器和吸收器中的工质是溴化锂溶液，而水是冷凝器和蒸发器中的工质。这种制冷机只适用于 0℃以上的低温，以避免水结冰。地热流体循环到水-溴化锂吸收式制冷机的发生器中加热溴化锂溶液，进而驱动制冷过程，然后被送入回注井。当地热流体的温度为 80～120℃时，可采用单效水-溴化锂吸收式制冷机；当地热流体的温度高于 120℃时，一般采用双效水-溴化锂吸收式制冷机。

1.5 可再生能源与能源可持续性

能源可持续性是一个整体概念，包括但远远超出可持续能源本身的范畴。它需要能源系统的能源使用过程可持续，其中包括获取能源、使用能源或在必要时将某种形式的能源转换为可利用形式的能源。能源可持续性是可持续发展的一个子集或组成部分，大多数国家和地区都在重新评估对能源的使用情况，以实现可持续发展，但目前大部分国家和地区还远未实现可持续发展的目标。

环境、社会和经济挑战均与能源相关，包括气候变化、污染物排放量增加、资源快速消耗、不可持续的能源使用和社会不公平等问题。为了实现能源可持续性，必须充分解决这些问题。随着世界人口和经济日益城市化，大多数国家和地区的能源使用量越来越大。

因此，要想实现能源可持续性，实现城市能源的可持续性变得越来越重要。

可持续性有许多不同的定义和解释，没有一种通行的标准。可持续性的理论概念可以理解为持续存在的状态。然而，要考虑的时间尺度可能会引发争议。通常来说，时间尺度应为2～4代人期间，这一时间尺度反映了以下事实之间的权衡：很少（或没有）活动是永远可持续的，而许多（或大多数）活动在短时间尺度内是可持续的。从环境方面来看，可持续性可以被认为是承载能力，即给定区域内可支持的最大人口，给定环境接受废物排放和可用性资源的能力。可持续性通常被视为多维度的，包括经济、社会和环境。这个观点将可持续性扩展到环境之外，将经济和社会因素纳入考量范围。图1.21所示为可持续性的三个主要支柱，由于经济、社会和环境经常处于对立的状态，所以实现可持续性是具有挑战性的，如实现经济和环境的可持续性可能会以牺牲社会的可持续性为代价。

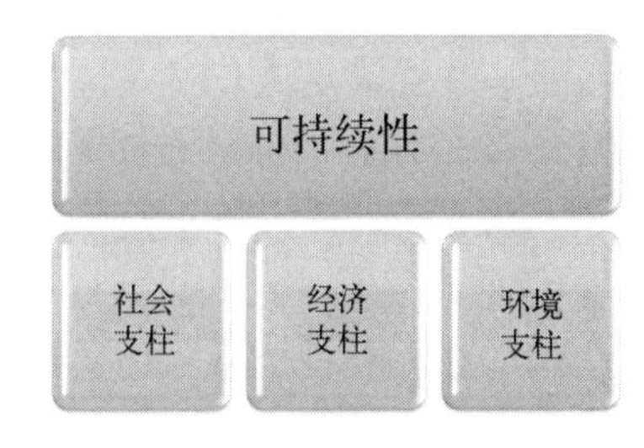

图1.21 可持续性的三个主要支柱

鉴于可持续性有众多的定义和解释，使其成为实际可行且易实施的概念是一个重大挑战。2015年，第70届联合国大会通过了联合国可持续发展目标，如图1.22所示。该目标包含了17个方向，同时该目标也是2030年可持续发展议程的一部分。

图1.22 联合国可持续发展目标

1.5.1 能源可持续性的解释、定义和需求

1）能源可持续性的解释及定义

尽管能源可持续性没有明确和通用的定义，但可通过将一般可持续性定义扩展到能源

学科来给出能源可持续性的定义。例如，能源可持续性可通过扩展世界环境与发展委员会在其 1987 年的报告《我们共同的未来》中提出的可持续发展一词的定义来描述，其中可持续发展被定义为“既满足当代人的需要，又不损害后代满足其自身需要的能力的发展”。然而，因为能源可持续性是一个复杂且多方面的概念，所以扩展的能源可持续性的一般定义并不简单明了。事实上，不同的国家和地区在决定如何供应和使用能源时会根据自身的情况和可用能源进行调整。因此，考虑到能源系统的普遍性，恰当地解释和定义能源可持续性变得非常重要。本书将能源可持续性定义为当前或未来以可持续的方式为所有人提供能源服务，既能满足人们的基本需求，又不会过度损害环境并且人们能够负担得起，同时被人们所接受。基于此，可以提出对能源可持续性的若干需求。

2）对能源可持续性的若干需求

许多因素影响着社会的能源可持续性，从中可以提出对能源可持续性的若干需求，如图 1.23 所示。

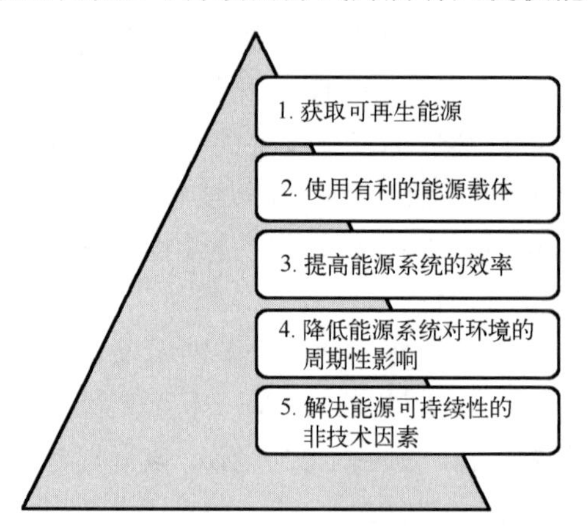

图 1.23 对能源可持续性的若干需求

需求 1：获取可再生能源。

可再生能源是可以持续获取并使用的能源，它不会因为被使用而枯竭。主要的可再生能源包括水能、生物质能、太阳能、风能和地热能等。可再生能源可有效减少温室气体的排放，推进能源的可持续发展。化石燃料，尤其是煤、石油和天然气，是迄今为止最常见的不可再生能源。一般而言，有限的能源是不可再生的，而可再生能源可以长期持续使用，对环境影响较小。因此，可再生能源在支撑能源的可持续发展中发挥着重要作用。

需求 2：使用有利的能源载体。

实际上，由于不可再生能源和可再生能源不一定以其自然形式直接被开采和使用，所以通常情况下能源比较隐蔽。例如，使用光伏电池板将太阳能转换为电能；使用炼油厂的能量转换系统将石油中的化学能转换为热能。这些能源载体在能源系统中发挥着重要的作用，它们使得能量的转换、存储和分配更加灵活和高效，从而促进能源的可持续发展。

氢能作为可再生能源之一，受到了很多关注，其中氢作为化学能载体发挥着重要作用，氢能可用于升级重质碳氢化合物。在有利的情况下，氢（或氢衍生燃料）可以满足人们对化石燃料的大部分需求，而电力在满足人们对非化石燃料的需求方面发挥其传统作用，这种能源载体的组合很好地支持了能源可持续性。尽管氢能仍面临着一些技术和经济挑战，但随着技术的不断进步，氢能有望成为一种非常具有潜力、可持续的能源。

需求 3：提高能源系统的效率。

提高能源系统的效率不仅仅意味着提高设备效率，其被整体考虑为提高设备效率、加强能源管理、扩大节能、有益的燃料替代、能源质量和能源数量的战略利用，以及促进能源需求和供应匹配。许多先进的方法可用于提高能源系统的效率，如㶲（Exergy）分析是一种基于热力学第二定律的方法，可提出传统能源分析方法所没有的见解。提高能源系统的效率会延长能源的使用寿命，从而实现能源可持续性。

需求 4：降低能源系统对环境的周期性影响。

无论是在发电机等发电设备、车辆等运输设备中，还是在熔炉等加热设备中，为了实现能源可持续性，都需充分降低与能源相关的环境影响。简单地说，降低能源系统对环境的长期影响将有助于提供可持续的能源服务，从而促进能源可持续性。因此，需要致力于推广和应用可再生能源，来降低使用能源产生的环境影响，从而促进能源的可持续发展。

环境影响与能源系统的寿命有关，这些影响的范围从区域到全球。与能源系统有关的一些重要的环境影响如下。

（1）全球变暖和气候变化。全球变暖主要是由大量温室气体排放引起的，其破坏了地球-太阳空间的能量平衡，并导致全球平均温度升高及气候变化，这被许多专家认为是人类面临的最紧迫的环境问题。

（2）平流层臭氧消耗。臭氧浓度的降低使得到达地球表面的紫外线辐射水平提高，从而导致癌症的发病率上升等。

（3）酸沉淀和酸化。将二氧化硫和氮氧化物等物质排放到大气中，形成硫酸和硝酸等，导致酸降水，而酸性气体排放会对建筑材料等人为基础设施，以及土壤和水等自然环境造成一定影响。

（4）非生物资源枯竭。这种影响主要是指对生物资源的提取和利用导致的非生物和不可再生原材料的消耗。

（5）生态毒性和放射暴露。生态毒性是指生物体暴露于有毒物质中，最终毒性会引发健康问题；而放射暴露主要由辐射引起，其使得癌症的发病率和死亡率上升。

如果需要对能源系统的环境影响进行全面、真实的评估，那么评估其整个生命周期是非常重要的。这需要考虑所有与能源系统相关的生命周期步骤，包括能源和其他资源的获取、处理、使用、最终处置。生命周期评估（LCA）是一种有效的工具，可通过监测具体的排放和其他环境影响（如资源枯竭、废物产生、能源消耗）来对其进行评估，根据评估结果采取相关措施。

需求 5：解决能源可持续性的非技术因素。

许多非技术因素会影响能源可持续性。图 1.24 展示了一些重要的非技术因素。

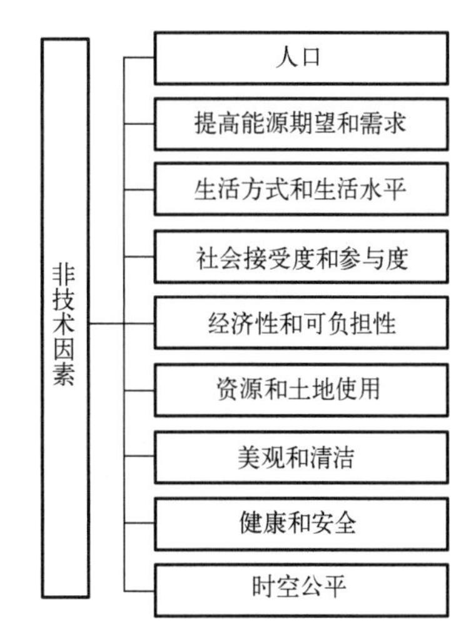

图 1.24　一些重要的非技术因素

（1）人口。全球人口的增加加重了地球和环境的承载负担，为了实现能源可持续性，能源选择必须考虑到人口增长所带来的需求。

（2）提高能源期望和需求。随着财富的增加，人们对能源的需求也不断上升。尤其是人口的增长，对实现能源可持续性造成了一定的影响。随着发展中国家通过提高工业化程度来获得更高的生活水平，改善能源服务的期望也变得更加普遍。

（3）生活方式和生活水平。随着时间的推移，人们对生活各个方面的需求往往会增加而不是减少，这使得要求人们牺牲生活水平来实现能源可持续性是极其困难的。

（4）社会接受度和参与度。为了实现能源可持续性，在社会中生活与工作的人们必须参与和能源相关的决策，并提供信息和支持。

（5）经济性和可负担性。能源可持续性措施需要与传统措施一样具有合理的竞争力，同时需要考虑能源可持续性措施带来的坏处。此外，所需的能源服务必须是大多数社会和人民在经济上负担得起的。

（6）资源和土地使用。以利用能源为目的的土地使用（如种植生物质原料或安装地面太阳能集热器）需要与以农业、娱乐和生态系统保护等为目的的土地使用适当平衡。

（7）美观和清洁。尽管人们通常认为可再生能源是清洁的，但是可再生能源的利用有时会破坏环境的美观和清洁度，因此能源可持续性措施不应显著降低环境的美观和清洁度。

（8）健康和安全。在实现能源可持续性的过程中，首选的能源必须既健康又安全，选择的能源及与之相关的任何因素都不得造成长期或短期的健康或安全风险。

（9）时空公平。为了实现能源可持续性，发达国家和发展中国家在能源获取方面需要公平。简单地说，无论地理位置和环境如何，所有社会都需要获得必要的能源，其不仅适用于当代人，还适用于子孙后代。

1.5.2 提高能源可持续性的措施

许多方法和技术可用于提高能源可持续性，并直接或间接与可再生能源相关。图 1.25 展示了与可再生能源有关的可用于提高能源可持续性的技术。

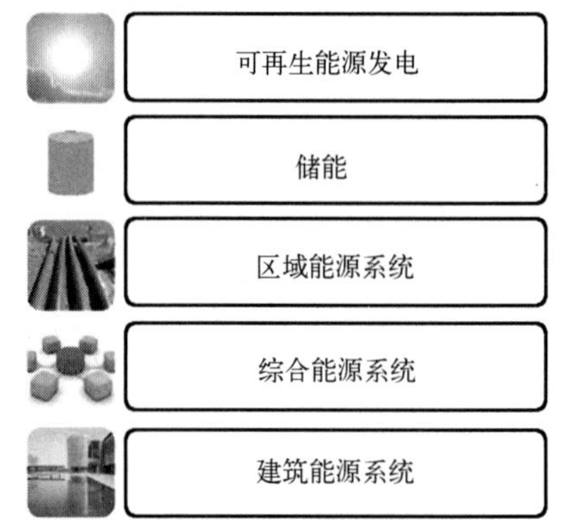

图 1.25 与可再生能源有关的可用于提高能源可持续性的技术

（1）可再生能源发电。由于可再生能源可持续较长时间并具有较低的环境影响，因此加大可再生能源的使用可大大提高能源可持续性。

（2）储能。储能可用于缓解太阳能和风能等间歇性可再生能源的波动性。例如，在白天利用太阳能产生热能，通过储能技术在夜间提供空间供暖。因此，储能可加强对可再生能源的使用、提高系统效率并加强能源管理。

（3）区域能源系统。许多城市、大学和工业园区都采用区域能源系统，其将通过可再生能源利用技术或传统能源利用技术产生的热能输送至用户。在许多城市的核心地带，建筑物之间通过管道进行连接，热水或蒸汽通过这些管道提供空间供暖。基于可再生能源的区域供热系统可以利用太阳能、生物质能和地热能等。

（4）综合能源系统。综合能源系统可以提高能源的利用效率。多联产系统包括热电联产和三联产系统，是一种综合能源系统。例如，太阳能光伏/热系统可以将太阳能转换为可用的热能和电能。在可行的情况下，将不同的系统有效地连接起来，有机地组合系统，将某些系统的废物作为其他系统的输入，从而有效提高综合能源系统的效率。许多综合能源系统都基于可再生能源利用技术，并将基于化石燃料的能源系统与可再生能源系统相结合，以达到充分利用其优点并减轻各自的负面效果的目的。

（5）建筑能源系统。建筑能源系统可以采用太阳能（光热/光伏）和地热能等可再生能源来实现能源可持续性。同时，也可以采用被动方法和技术来实现能源可持续性。例如，在建筑中，可以通过使用特朗伯墙等被动系统加热空间，通过安装挡风条和填缝减少空气泄漏，安装带有传感器的窗帘或百叶窗等控制阳光照射。

图 1.26 所示为提高能源可持续性的与可再生能源相关的方法。

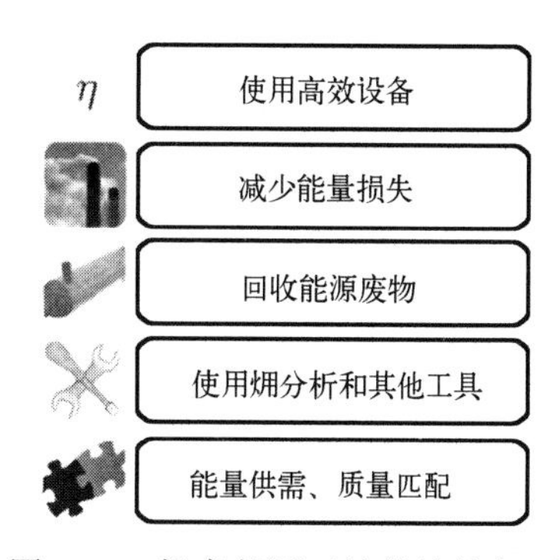

图 1.26 提高能源可持续性的与可再生能源相关的方法

（1）使用高效设备、减少能量损失、回收能源废物。使用高效设备（如加热器、冷却器、空调、泵、压缩机、电机、风扇）有助于提高能源可持续性。减少能量损失可以提高能源系统的效率，回收能源废物（如废热回收）也是提高能源系统效率的一种方法。

（2）使用㶲分析和其他工具。作为能源分析的补充，㶲分析可以用于评估热力学性能。㶲作为一种衡量能量有效能、质量或价值的指标，被广泛应用于可再生能源系统中，㶲分析可准确地指出低效率的过程及其具体类型、原因、位置，进而可采取有效措施提高可再生能源系统的效率。

（3）能量供需、质量匹配。如前文所述，能量储存技术可用于在需要时提供能量，解决了能量供需的匹配问题。另一种类型的匹配与能量质量有关，提供质量与需求匹配的能量会使得可再生能源系统更高效。例如，要使建筑内的温度保持在 21℃，使用 400℃的聚光式太阳能集热器产生的太阳能热能不如使用 45℃的平板太阳能集热器产生的太阳能热能。

1.5.3 实例：净零能耗建筑

净零能耗建筑是指一年内从可再生能源中获得的能量与其使用的能量相等的建筑，如图 1.27 所示。这类建筑从各种可再生能源中获得能量，并将其应用于各种目的，有助于提高能源可持续性。为了实现建筑的净零能耗状态，需要对建筑构件和外围结构进行仔细设计，包括广泛使用自动化技术和先进的控制技术，并对可再生能源系统、储能系统、照明系统等建筑组件进行集成。

图 1.28 所示为净零能耗建筑的概念。然而，实现净零能耗建筑还存在着一些障碍和挑战，如较高的初始成本。一旦净零能耗建筑变得更加普遍，它们将降低公用事业的电力需求、提高电力负荷管理能力、促进能源的本地化、提高发电策略的效率及降低能源系统对环境的影响等。

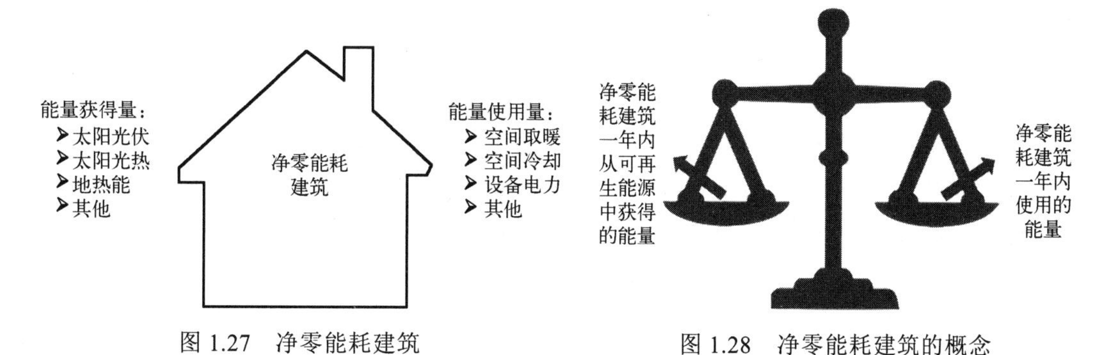

图 1.27 净零能耗建筑

图 1.28 净零能耗建筑的概念

目前，人们已经对净零能耗建筑在住宅和商业领域的潜力进行了大量研究，针对净零能耗建筑的研究方向包括电网相互作用问题和负载匹配问题，净零能耗建筑并入电网的相关问题，以及净零能耗建筑的建模设计和优化等方面。国际能源署发布的《迈向净零能源太阳能建筑》的附件报告也对净零能耗建筑进行了深入的探讨。

1.6 我国能源发展现状与发展目标

1.6.1 发展现状

我国将提高国家自主贡献力度，采取更加有力的政策和措施，二氧化碳排放力争于2030年前达到峰值，努力争取2060年前实现碳中和。

2022年6月1日，国家发展和改革委员会、国家能源局等9部门联合印发《“十四五”可再生能源发展规划》。“十四五”及今后一段时期是世界能源转型的关键期，全球能源将加速向低碳、零碳方向演进，可再生能源将逐步成长为支撑经济社会发展的主力能源；我国将坚决落实碳达峰、碳中和目标任务，大力推进能源革命向纵深发展，我国可再生能源发展正处于大有可为的战略机遇期。

从国际看，大力发展可再生能源成为全球能源革命和应对气候变化的主导方向和一致行动。全球能源转型进程明显加快，以风能、太阳能为代表的新能源呈现性能快速提高、经济性持续提升、应用规模加速扩张的态势，形成了加快替代化石能源的世界潮流。2017—2021年，全球新增发电装机容量中可再生能源约占70%，全球新增发电量中可再生能源约占60%。各国家和地区纷纷提高应对气候变化的自主贡献力度，进一步催生可再生能源大规模阶跃式发展新动能，推动可再生能源成为全球能源低碳转型的主导方向，预计2050年，全球80%左右的电力消费来自可再生能源。科技创新高度活跃，新一代信息技术、新材料技术为可再生能源高效发展提供有力支撑，储能技术、精准天气预测技术、柔性输电等技术持续进步，可再生能源与信息、交通、建筑等领域交叉融合，为可再生能源的发展开辟更加广阔的前景。能源系统的形态加速迭代演进，分散化、扁平化、去中心化的趋势特征日益明显，传统能源生产和消费之间的界限逐步被打破，为可再生能源营造了更加开放多元的发展环境。

从国内看，我国可再生能源发展面临新任务、新要求，机遇前所未有，高质量跃升发展任重道远。我国经济长期向好，能源需求仍将持续增长，发展可再生能源是增强国家能源安全保障能力、逐步实现能源独立的必然选择。按照2035年生态环境根本好转、美丽中国建设目标基本实现的远景目标，发展可再生能源是我国生态文明建设、可持续发展的客观要求。我国承诺二氧化碳排放力争于2030年前达到峰值、努力争取2060年前实现碳中和，明确2030年风电和太阳能发电总装机容量达到12亿千瓦以上，对可再生能源发展提出了新任务、新要求。作为碳减排的重要举措，我国可再生能源将加快步入跃升发展新阶段，实现对化石能源的加速替代，成为积极应对气候变化、构建人类命运共同体的主导力量。我国风电和光伏发电技术持续进步、竞争力不断提升，正处于平价上网的历史性拐点，迎来成本优势凸显的重大机遇，将全面进入无补贴平价甚至低价市场化发展新时期。同时，我国可再生能源发展面临既要大规模开发，又要高水平消纳，更要保障电力安全可靠供应等多重挑战，必须加大力度解决高比例消纳、关键技术创新、稳定性、可靠性等关键问题，可再生能源高质量发展的任务艰巨而繁重。

综合判断，“十四五”时期我国可再生能源将进入高质量跃升发展新阶段，呈现新特征：一是大规模发展，在跨越式发展的基础上，进一步加快提高发电装机占比；二是高比例发展，由能源电力消费增量补充转为增量主体，在能源电力消费中的占比快速提升；三是市场化发展，由补贴支撑发展转为平价、低价发展，由政策驱动发展转为市场驱动发展；四是高质量发展，既大规模开发，又高水平消纳，更保障电力稳定可靠供应。我国可再生能源将进一步引领能源生产和消费革命的主流方向，发挥能源绿色低碳转型的主导作用，为实现碳达峰、碳中和目标提供主力支撑。

1.6.2 发展目标

锚定碳达峰、碳中和与 2035 年远景目标，按照 2025 年非化石能源消费占比 20%左右的任务要求，大力推动可再生能源发电开发利用，积极扩大可再生能源非电利用规模，“十四五”主要发展目标如下。

（1）可再生能源总量目标。2025 年，可再生能源消费总量达到 10 亿吨标准煤左右。“十四五”期间，可再生能源在一次能源消费增量中的占比超过 50%。

（2）可再生能源发电目标。2025 年，可再生能源年发电量达到 3.3 万亿千瓦时左右。“十四五”期间，可再生能源发电量增量在全社会用电量增量中的占比超过 50%，风电和太阳能发电量实现翻倍。

（3）可再生能源电力消纳目标。2025 年，全国可再生能源电力总量消纳责任权重达到 33%左右，可再生能源电力非水电消纳责任权重达到 18%左右，可再生能源利用率保持在合理水平。

（4）可再生能源非电利用目标。2025 年，地热能供暖、生物质供热、生物质燃料、太阳能热利用等非电利用规模达到 6000 万吨标准煤以上。

在该发展目标的基础上，其具体的发展规划如下。

① 大力推进风电和光伏发电基地化开发。

② 积极推进风电和光伏发电分布式开发。

③ 统筹推进水风光综合基地一体化开发。

④ 稳步推进生物质能多元化开发。

⑤ 积极推进地热能规模化开发。

⑥ 稳妥推进海洋能示范性开发。

第 2 章　光伏与光热利用技术

2.1　太阳与太阳能

随着化石燃料的迅速消耗和生态环境的日益恶化，太阳能作为一种可再生的清洁能源，已经受到世界各国的普遍关注。太阳能被认为是未来最具竞争性的可再生能源之一，开发和利用太阳能对应对全球气候变化和改善环境污染具有重要意义。为了更有效地研究和开发太阳能，需要了解太阳的基本结构、运动规律及物理特性。

2.1.1　太阳结构和运动规律

从化学组成来看，太阳大约有 3/4 是由氢构成的，其余几乎由氦、氧、碳、氖、铁等元素组成。太阳是一个靠内部核聚变反应产生热量的球体，球体外围的气体密度随着与球体中心距离的增加呈指数级下降。如图 2.1 所示，太阳有明确的结构划分，从内到外可以分为三层：核心区（Core Zone）、辐射区（Radiation Zone）、对流区（Convective Zone）。对流区之外就是太阳的大气层，由光球（Photosphere）层、色球（Chromosphere）层和日冕（Corona）三层构成。一般认为，太阳的半径是从其中心到光球层边缘的距离。

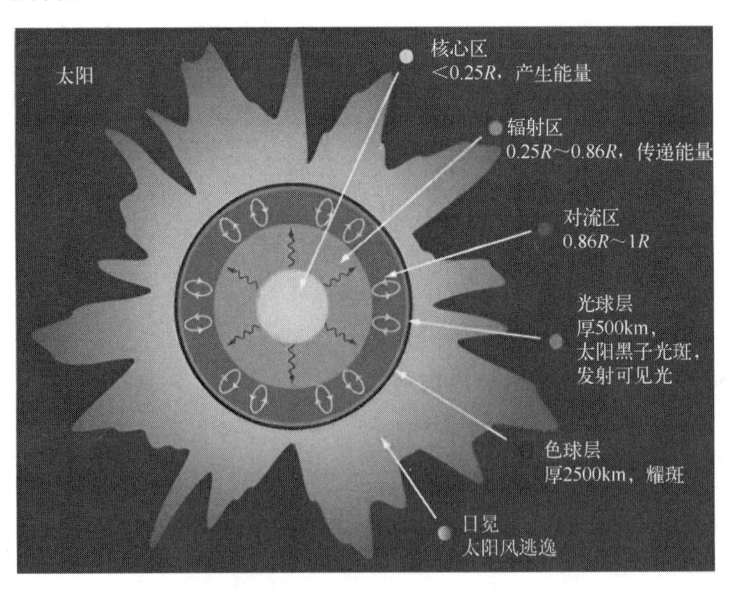

图 2.1　太阳结构

太阳核心区是唯一能够进行核聚变反应而产生巨大能量的区域，其温度高达 1.4×10^6K。核聚变反应释放的能量先后通过辐射和对流向外传输，温度也随之降低。能量到达光球层之后，重新向外辐射，平时人眼看到的就是太阳的光球层。光球层的厚度约为 500km，与

太阳 70×10^4km 的半径相比显得微不足道。光球层的温度约为 6000K，太阳的光和热几乎都是从光球层辐射出来的，因此太阳光谱（Solar Spectrum）实际上就是光球层的光谱。

太阳自身也在不断运动和变化，太阳表面存在黑子（温度较低的区域）和耀斑（温度较高的区域）。太阳黑子的活动周期约为 11 年，活跃时会对地球的磁场产生影响，严重时可能会对某些电子产品的功能造成影响。

2.1.2　到达地面的太阳能

地球的大气层会影响到达地面的太阳辐射，这取决于太阳辐射穿透大气层的距离和方向，以及大气层中吸收、散射、反射太阳辐射的物质的数量。大气层的组成成分比较稳定，主要有氮气、氧气、氢气、氦气等气体，成分固定的气体分子（如蒸汽、臭氧、二氧化碳等），悬浮的固态微粒（如烟、尘埃、花粉等）。当太阳辐射穿透大气层时，会被大气层中的分子和微粒吸收、散射或反射，从而导致太阳辐射被削弱。

大气层中吸收太阳辐射的物质主要包括氧气、臭氧、二氧化碳及蒸汽等。氧气约占大气层组成成分的 21%，主要吸收波长小于 0.2μm 的紫外光。因此，在到达地表的太阳辐射中几乎观察不到波长小于 0.2μm 的紫外光。臭氧主要存在于高度为 20～40km 的高层大气层中，在高度为 20～25km 处最为集中，而在底层大气层中几乎没有。臭氧吸收的太阳辐射占太阳总辐射的 2%左右，其主要有两个吸收带，一个处于短波光区（波长为 0.20～0.32μm），另一个处于可见光区（波长为 0.6μm）。大气层中的尘埃也会对太阳辐射起一定的吸收作用，上部尘埃层和下部尘埃层各吸收太阳总辐射的 1%左右。大气层中的二氧化碳和蒸汽是吸收红外和可见光区域太阳辐射的主要媒介，二氧化碳主要吸收红外区域的太阳辐射，吸收比例约为太阳总辐射的 8%，而蒸汽主要吸收可见光区域的太阳辐射，吸收比例约为太阳总辐射的 6%。

当太阳辐射穿过大气层时，大气层中的气体分子、水分子、尘埃等粒子会使太阳辐射发生散射。与吸收不同，散射不会把太阳能转变为粒子热运动的动能，而仅改变辐射方向，使直射光变为散射光，甚至使太阳辐射逸出大气层而无法到达地面。散射粒子的尺寸会影响太阳辐照度，散射一般可分为分子散射（Molecular Scattering）和粒子散射（Particle Scattering）。分子散射也称为瑞利散射（Rayleigh Scattering），其散射强度与波长的 4 次方成反比。大气层对长波辐射的散射能力较弱，而对短波辐射的散射能力较强。天空呈现蓝色的原因就是由于短波辐射的散射效应。随着波长的增加，散射强度也会增加，长波辐射和短波辐射之间的散射差异也会减小，甚至在部分情况下，长波辐射的散射强度会超过短波辐射。当空气中的颗粒较多时，天空会呈现乳白色甚至红色，这是散射效应造成的。

大气层对太阳辐射的反射主要是云层反射（Clouds Reflection），反射强度随着云量、云状与云厚的变化而变化。一般来说，云层对太阳辐射的反射率可达 50%甚至更高，因此云层对太阳辐射的影响很大，且随着气候的变化而变化。此外，地表高大的景物与建筑物也会对太阳辐射产生反射。

2.1.3　全球和我国的太阳能资源

1）全球的太阳能资源

全球太阳能资源的分布情况受到各地的纬度、海拔高度和气候条件的影响。通常以全年总辐射量来表示太阳能资源的丰富程度，单位可以是亿焦耳/(平方米·年)或兆焦耳/(立方米·年)。有时也用年日照时数（Annual Sunshine Time）来表示，其代表一年中超过一定辐射强度（210W/cm^2）的日照小时数。总体而言，美国西南部、非洲、澳大利亚、我国西藏、中东等国家或地区的全年总辐射量较大，因此在这些地方利用太阳能发电具有较大的优势。

2）我国的太阳能资源

我国幅员辽阔，有着十分丰富的太阳能资源。据估算，我国陆地表面每年接收的太阳能约为 50×10^{18}kJ。

从全年总辐射量的分布来看，西藏、青海、新疆、内蒙古南部、山西、陕西北部、河北、山东、辽宁、吉林西部、云南中部和西南部、广东东南部、福建东南部、海南岛东部和西部，以及台湾的西南部等地区的全年总辐射量很大。尤其是青藏高原地区，那里的平均海拔为4000m，大气层薄而清洁，透明度好，纬度低，日照时间长。四川和贵州两省的全年总辐射量最小，其中以四川盆地为最，那里雨多、雾多，晴天较少。例如，素有“雾都”之称的重庆市，平均年日照时数仅为 1152.2h，相对日照（特定地点在一段时间内接收到太阳能的相对量）为 26%，年平均晴天为 24.7 天，阴天达 244.6 天，年平均云量高达 8.4。

2.2 光伏、光热的发展背景

2021 年，中央财经委员会第九次会议指出，“十四五”是碳达峰的关键期、窗口期，要重点做好以下几项工作。要构建清洁、低碳、安全、高效的能源体系，控制化石能源总量，着力提高利用效能，实施可再生能源替代行动，深化电力体制改革，构建以新能源为主体的新型电力系统。要实施重点行业领域减污降碳行动，工业领域要推进绿色制造，建筑领域要提升节能标准，交通领域要加快形成绿色低碳的运输方式。要推动绿色低碳技术实现重大突破，抓紧部署低碳前沿技术研究，加快推广应用减污降碳技术，建立完善绿色低碳技术评估、交易体系和科技创新服务平台。要完善绿色低碳政策和市场体系，完善能源“双控”制度，完善有利于绿色低碳发展的财税、价格、金融、土地、政府采购等政策，加快推进碳排放权交易，积极发展绿色金融。要倡导绿色低碳生活，反对奢侈浪费，鼓励绿色出行，营造绿色低碳生活新时尚。要提升生态碳汇能力，强化国土空间规划和用途管控，有效发挥森林、草原、湿地、海洋、土壤、冻土的固碳作用，提升生态系统碳汇增量。要加强应对气候变化国际合作，推进国际规则标准制定，建设绿色丝绸之路。

此外，近年来，在应对全球变暖的大背景下，大力发展可再生能源以替代化石能源已成为众多国家能源转型的首选，节能环保的发电方式越来越受到各国的青睐。在目前众多备选的可再生能源中，太阳能无疑是未来最理想的能源之一，在各国的长期能源战略中占有重要地位。

2.2.1 光伏发电面临的问题

目前，成本仍然是制约光伏发电规模化发展的主要因素。图 2.2 所示为 1975—2021 年光伏电池板的价格。近年来，随着多晶硅材料价格的下跌，以及光伏电池板生产技术和效率的提高，光伏发电的成本已大幅下降。2021 年，光伏电池板每瓦价格下降至 0.32 美元，但仍然高于常规的发电成本。中国光伏产业取得巨大进步与美国、德国、日本等同属“第一集团”，但与发达国家最高水平相比，我国光伏产业仍存在差距，光伏产业的发展仍面临着诸多问题。

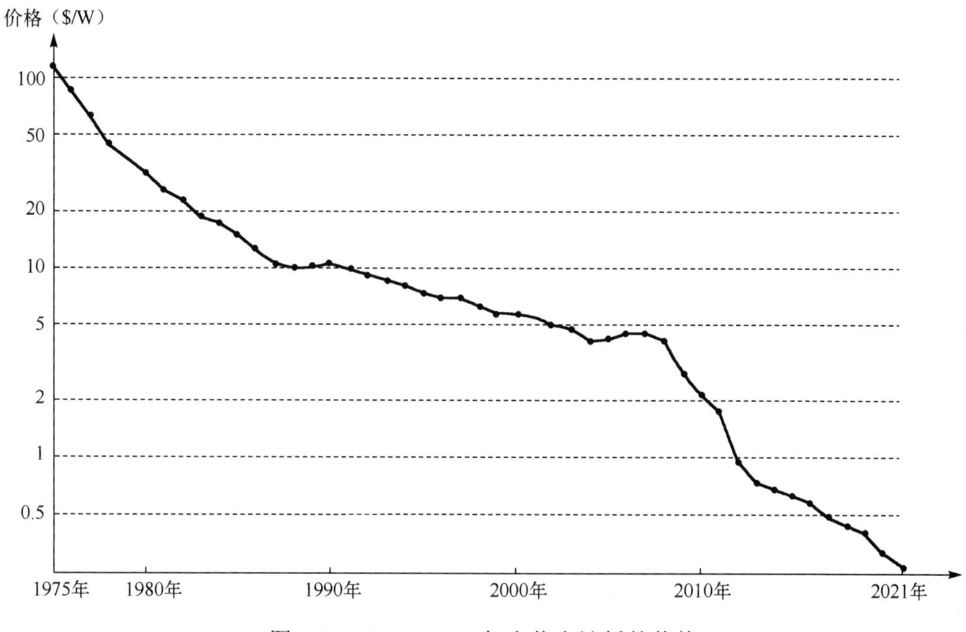

图 2.2 1975—2021 年光伏电池板的价格

（1）光伏发电技术的研究和产业化水平与国外相比存在差距，仍有部分核心技术掌握在国外企业手中。国内多晶硅的提炼纯度较低，因此我国用于制造光伏电池的高纯度多晶硅还要依赖进口，直接影响光伏电池的生产和产品成本，导致光伏发电的成本较高。

（2）部分光伏设备落后，专用原材料的国产化程度不高，国内部分光伏设备依赖进口，还有部分设备的性能指标和可靠性仍有待提高。我国光伏发电系统的国产化配套率较低，核心技术仍然需要进行研究和突破。

（3）硅材料部分依赖进口，同时国内生产的光伏产品多数销往国外，“两头在外”的市场格局使我国的光伏产业高度依赖国外市场。

2.2.2 光伏发电的前景

光伏发电被认为是 21 世纪最具发展前景的发电技术之一，也是利用太阳能的重要形式。预计在未来，光伏发电将逐渐取代部分常规能源发电，并成为全球能源供应的主要组成部分。发展光伏发电不仅可以解决化石能源的枯竭问题，还是保护生态环境、治理污染的重要途径，同时可助力我国航空航天事业的发展。化石能源在燃烧过程中会排放出大量污染物，如煤电的碳排放量为 796.7g/kW·h，燃油发电的碳排放量为 525g/kW·h，燃气发电的碳排放量为 377g/kW·h。而光伏发电的碳排放量为 33～50g/kW·h，仅为化石能源发电碳排放量的 1/20～1/10。因此，光伏发电被视为清洁低碳发电的一个良好选择。

我国光伏发电的发展潜力巨大，目前我国研发的光伏电池的光电转换效率可达 23%，实验室效率可达 25.6%。在未来，光伏发电将逐渐成为主流的能源利用形式，并将具有更广阔的发展前景。

如图 2.3 所示，近年来，全球光伏电站的装机容量总体呈指数级增长趋势，而我国光伏电站的装机容量在 2021 年达到了 300GW，预计我国光伏电站的装机容量将持续高速增长。

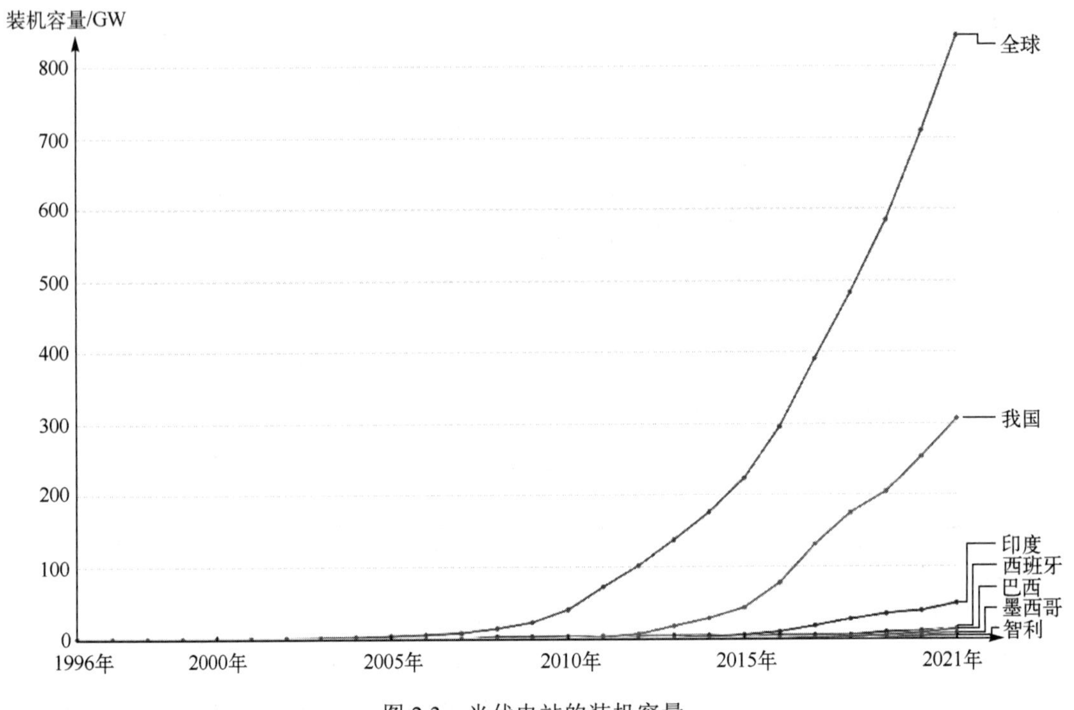

图 2.3 光伏电站的装机容量

此外，如图 2.4 所示，根据国家能源局发布的数据，2023 年 1—3 月光伏电站的新增装机容量为 33.66GW，同比增长约 154.81%；3 月光伏电站的新增装机容量为 13.29GW，同比增长约 466%。一季度光伏电站新增投资 522 亿元，同比增长 177.6%。值得注意的是，截至 3 月底，光伏电站的累计装机容量超越水电站，成为全国第二大电力来源。

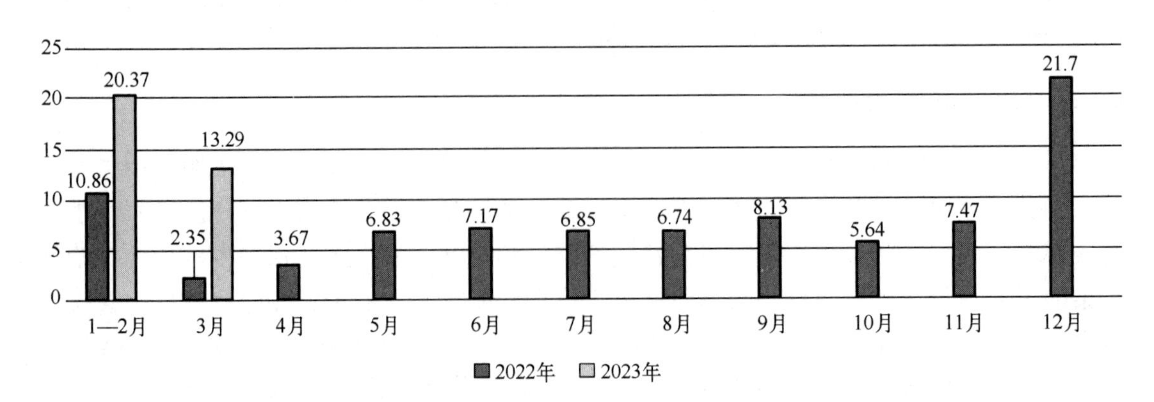

图 2.4 2022—2023 年 3 月光伏电站的新增装机容量（单位：GW）

2.2.3 光热发电面临的问题

我国光热发电市场初步形成了产业链，但在发展过程中也遇到了一些问题。首先是核心设备和关键配件缺乏实际项目运行经验；其次是无系统集成经验，具有开发、设计、施工、调试、运营全过程技术能力的人才缺乏。此外，我国不同集热方式的光热发电技术存在的问题如下。

1）槽式光热发电技术中存在的问题

目前，光热发电产业还有待关键技术的进一步突破，如提高太阳能集热管的效率，开发先进的热存储技术。槽式太阳能集热管主要使用直通式金属-玻璃集热管，集中使用了吸收膜层技术、玻璃与金属封接技术和膨胀波纹管技术等尖端科技。国内生产的金属-玻璃集热管只能用在小容量的热力系统中，不支持大容量、高参数机组的规模化发展。

2）塔式光热发电技术中存在的问题

尽管塔式光热发电技术起步较早，人们也一直希望通过尽可能多的定日镜将太阳辐射能量积聚到几十兆瓦的水平，但塔式光热发电系统的造价较高，产业化困难重重，光学设计的复杂性大大增加了建设成本。在塔式光热发电系统中，每个定日镜相对于中心塔有着不同的朝向和距离，需要单独进行二维控制，每个定日镜的控制方式也不相同，这增加了控制系统的复杂性和安装调试的困难程度。此外，塔式光热发电系统对太阳能集热器的装配精度和结构承载能力也有更高的要求，这增加了系统建设的成本。

3）碟式光热发电技术中存在的问题

目前，碟式光热发电系统的规模较小，高效发电技术还不成熟，尚处于试验研究阶段，在研究碟式光热发电系统的同时也需要发展太阳能斯特林热发电装置。与其他两种技术相比，碟式光热发电技术的开发风险更大，且投资成本较高。

2.2.4 光热发电的前景

我国光热发电以塔式光热发电技术为主，国外以槽式光热发电技术为主。如图 2.5 所示，根据国家太阳能光热产业技术创新战略联盟收集的数据，截至 2022 年年底，我国光热发电站的累计装机容量为 588MW，在全球光热发电站累计装机容量中的占比约为 8.3%，其中塔式光热发电技术的占比约为 63.1%，槽式光热发电技术的占比约为 25.5%，线性菲涅尔式光热发电技术的占比约为 11.4%。截至 2022 年年底，全球光热发电站累计装机容量约为 7050MW，其中槽式光热发电技术的占比约为 77%，塔式光热发电技术的占比约为 20%，线性菲涅尔式光热发电技术的占比约为 3%。全球光热发电结构与我国光热发电结构差异较大，主要原因在于槽式光热发电技术是全球最早实现商业化应用的技术，美国于 1984—1990 年期间先后投运了 9 座不同装机容量的槽式光热发电站，总装机容量达 354MW。2022 年，西班牙、美国光热发电站的装机容量分别为 2300MW、1837MW，其中槽式光热发电技术的占比分别为 97%、71.8%，而我国光热发电的发展较晚，因此以塔式光热发电技术为主。

光热发电技术具有非常广阔的前景，随着全球对可再生能源需求的增长及对清洁能源的重视，光热发电作为一种可持续且稳定的电力来源，在未来几年内有望得到广泛应用。相对于光伏发电，光热发电的优点在于它可以提供稳定持续的电力，使其成为满足基础电力需求的可靠选择。随着技术的进步和经济性的提高，光热发电有望成为未来电力的主要来源之一。目前，包括我国在内的许多国家已经出台了支持光热发电发展的政策，这些政策提供了补贴、税收优惠等激励措施，为光热发电项目提供必要的支持。此外，随着技术的不断进步，光热发电的成本也在不断降低，使其更具竞争力。预计在不久的将来，光热发电市场将迎来一轮新的增长。目前，许多公司已经开始在光热发电领域投入大量资金，以开发更先进的技术。此外，一些公司还在探索光热发电与其他可再生能源（如风能和潮汐能）相结合的可能性，以创造更多的电力来源，同时提高能源系统的互补性。总而言之，随着政府政策的推动和市场需求的增长，光热发电有望成为满足未来电力需求的重要组成部分。

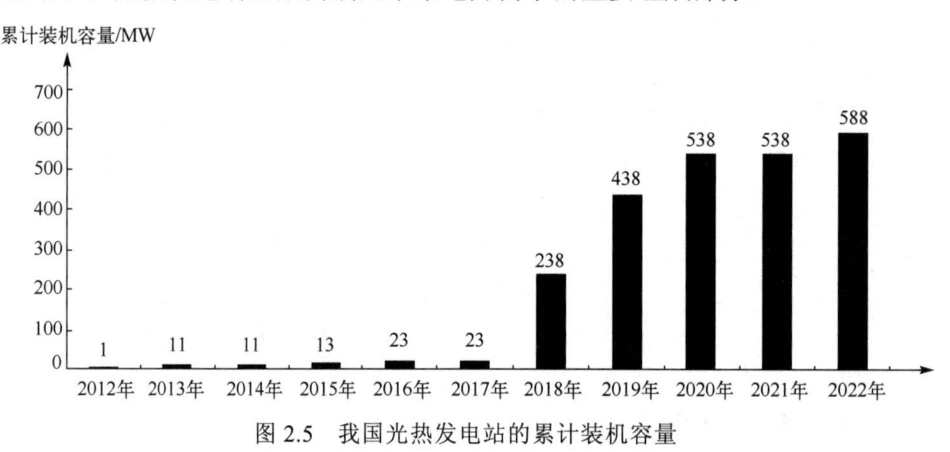

图 2.5 我国光热发电站的累计装机容量

2.3 光伏发电技术

2.3.1 光伏发电的概念

光伏（Photovoltaic）是太阳能光伏发电系统的简称，是一种利用光伏电池半导体材料的光伏效应，将太阳能直接转换为电能的新型发电系统，主要有独立运行和并网运行两种方式。光伏发电是利用半导体界面的光伏效应将光能直接转换为电能的一种技术，采用这种技术的系统的关键元件是光伏电池，制造光伏电池的材料主要是晶体硅，目前对钙钛矿光伏电池的研究是国内及国际的热点。光伏电池经过串联后进行封装保护可形成大容量的光伏电池组件，再配合功率控制器等部件就形成了光伏发电装置。

光伏发电是近几十年来国际上的研究开发热点，其主要优势在于通过光伏效应可直接获得高品质的电能，但成本较高和效率偏低依然是其发展的最大障碍。针对如何提高光伏转换效率、降低其应用成本，国际上已经做了大量的研究。随着材料、工艺及系统技术的不断进步，光伏发电取得了显著的进展，光伏电池的成本已大幅降低。然而，目前的成本仍然不够经济，离开政府的补贴，普通用户使用的初期投入高。尽管光伏转换效率较最初已有很大提高，但到达光伏电池板的大多数太阳辐射被反射或转换为热量释放，使得光伏电池板的绝对效率依然较低。

2.3.2　光伏发电的分类

1）独立光伏发电

独立光伏发电系统的组成部分包括光伏电池组件、蓄电池、控制器，其配置交流逆变器之后还能为交流负载供电。偏远地区的村庄供电系统、太阳能户用电源系统、太阳能路灯等都是可以独立运行的带有蓄电池的光伏发电系统。

2）并网光伏发电

与独立光伏发电不同的是，并网光伏发电系统产生的直流电经过并网逆变器转换成符合电网要求的交流电之后直接接入公共电网。并网光伏发电系统主要分为两种类型：带蓄电池和不带蓄电池。带蓄电池的并网光伏发电系统通常安装在居民建筑中，能够储存多余的电能以备不时之需；而不带蓄电池的并网光伏发电系统则没有储存电能的功能，因此一般安装在大型的设备或建筑上。不带蓄电池的并网光伏发电系统缺乏可调度性和备用电源功能，完全依赖于电网的供电，它的优点在于简化了系统结构，降低了成本，但在电网断电或发生故障时无法提供备用电源。

一般情况下，国家级发电站都是集中式大型并网光伏电站，其把所发电能直接输送到电网，由电网统一调配，给用户供电。其弊端是占地面积大、建设周期长、投资大。相比之下，分散式小型并网光伏发电系统，特别是光伏建筑一体化发电系统，具有投资小、建设快、占地面积小、成果见效快等优点，因此成为当前光伏发电领域发展的主流。

3）分布式光伏发电

分布式光伏发电系统特指在用户场地附近建设的光伏发电设施，其所发电能以用户自用为主，多余的电能则可以供给电网。分布式光伏发电系统遵循因地制宜、清洁高效、分散布局、就近利用的原则，充分利用当地的太阳能资源来替代化石能源或减少对化石能源的消耗。

分布式光伏发电系统的主要运行模式：在光照较好的条件下，系统的光伏阵列将太阳能转换为直流电，并集中输出到直流汇流箱，然后通过并网逆变器将直流电转换为符合电网要求的交流电，用于供给建筑自身的负载消耗，多余的或不足的电力通过连接电网来调节。

2.4　光伏发电原理与系统

光伏电池主要指利用光伏效应的电池。光伏（Photovoltaic）一词由英文单词 Photo（光子）与 Volt（伏特）组合派生而成。“光伏”二字说明了光子使电子移动产生电流，电能从光能中产生。

如图 2.6 所示，光伏发电组件主要由光伏组件、光伏汇流箱、SAJ 光伏逆变器组成，其产生的电能可直接输送给用户或通过电表并入电网。

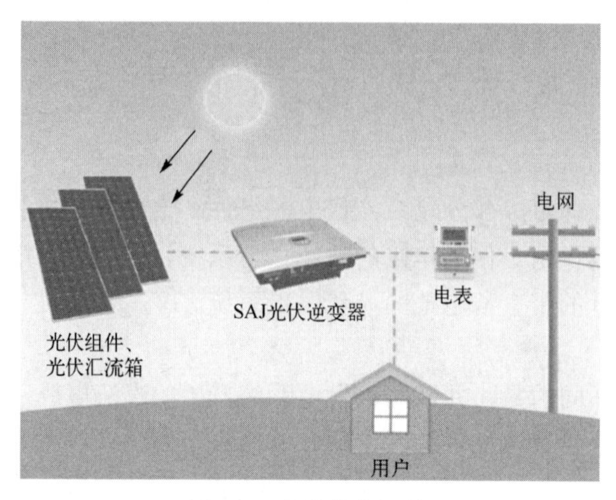

图 2.6 光伏发电组件

2.4.1 光伏发电技术的背景知识

基于光伏发电技术的太阳能发电系统利用光伏效应将太阳光中的能量转换为电能。光伏效应是指从太阳光中产生电能的现象，更准确地说，是从太阳的电磁光子能量中产生电能的现象。光伏电池是最基本的光伏组件，通常由硅（Si）等半导体材料制造而成。光伏电池的结构类似于二极管，但是典型的单个光伏电池提供约 0.6V 的端电压（Terminal Voltage）。因此，通常会制造多个光伏电池并将它们串联在一起形成光伏电池板，以提供更高的端电压。此外，为了获得更大的输出功率，光伏电池板可以通过串联和并联的方式进行连接，形成光伏阵列。光伏阵列的电流-电压（*I-U*）和功率-电压（*P-U*）特性会随着环境温度和太阳辐照度（每平方米的入射光能量）的变化而动态变化。例如，物理障碍物会阻碍光伏阵列中的各个光伏电池板接收的太阳光，这种现象被称为部分阴影。部分阴影、太阳辐照度和温度变化都会对光伏发电系统的能量产量产生影响。为了降低这些影响，需要使用集总电路参数来对光伏电池、光伏电池板和光伏阵列进行建模，并设计专门的电子系统，以优化光伏阵列或光伏电池板在不同温度、太阳辐照度和部分阴影条件下的性能。鉴于光伏电池的物理结构和特性类似于二极管，因此光伏电池的等效电路模型通常涉及一个或两个二极管。为了更好地理解光伏电池的工作原理，需要对静电场和力有一些基本了解，以便熟悉二极管的基本原理。

1）库仑定律

库仑定律（Coulomb's Law）是关于静止点电荷之间相互作用（库仑力）力的规律。1785 年，法国物理学家库仑由实验得出，真空中两个静止点电荷之间库仑力与它们电荷量的乘积成正比，与它们的距离的二次方成反比，库仑力的方向在它们的连线上，同性电荷相斥，异性电荷相吸，即

$$F = k\frac{Q_1 Q_2}{r^2} \tag{2-1}$$

式中，k 是库伦常数，取决于存在两种电荷的介质类型，在真空环境下，其值为 $9.0\times 10^9 \mathrm{Nm^2/C^2}$。库仑力的方向如图 2.7 所示。

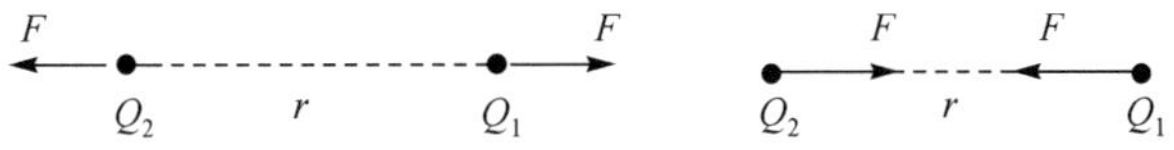

（a）同性电荷相斥　　（b）异性电荷相吸

图 2.7　库仑力的方向

【例 2.1】 两个点电荷的电荷量均为 1μC，极性相反，被刚性固定在真空中，相距 1mm，计算它们之间的库仑力的大小。

$$F = k\frac{Q_1 Q_2}{r^2}$$

$$F = 9.0\times10^{9}\times\frac{(1\times10^{-6})(1\times10^{-6})}{(1\times10^{-3})^2} = 9000\text{N}$$

事实上，这是一个相当大的力，足以举起一辆汽车。

2）静电场

如图 2.8 所示，考虑一个放置在空气中的正点电荷 Q_1（电荷量为 Q_1C）。如果另一个正点电荷 Q_2（电荷量为 Q_2C）被带到 Q_1 附近，它将受到库仑力的作用。库仑力的方向为径向向外（受到排斥作用），并且库仑力的大小随着 Q_2 接近 Q_1 而增加。可以说 Q_1 周围有一个电场，电场的来源是固定电荷 Q_1，这种场称为静电场。定量地，电场用电场强度 E 描述，即

$$E = \frac{F}{Q_2} \tag{2-2}$$

将式（2-1）代入式（2-2）中可得

$$E = k\frac{Q_1}{r^2} \tag{2-3}$$

电场强度 E 的大小由式（2-3）给出，电场的在某处的方向是放置在该点的正电荷所承受的库仑力的方向。

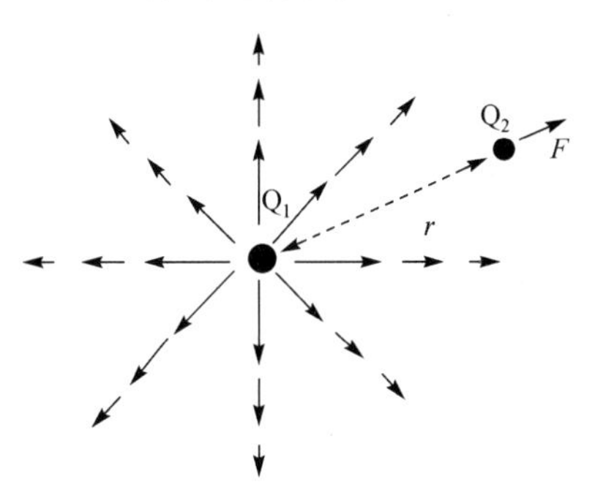

图 2.8　与正点电荷 Q 相关的电场大小和方向

3）静电场中的电位差

如图 2.9 所示，与上述点电荷产生的非均匀电场不同，在两个带相反极性电荷的平行板之间可以获得均匀的静电场。现在考虑置于静电场中的两个点，点 x_1 和 x_2，它们处于 x 轴的正半轴上。如果让 x_2 处的正测试电荷沿 x 轴负半轴方向移动（与静电场的方向相反），那么静电场在 x 轴正半轴方向上对正测试电荷施加一个力。因此，要使正测试电荷抵抗静电场施加的力，我们需要对正测试电荷做功，对有单位电荷量的正测试电荷所做的功等于其所受到的力与移动距离的乘积。

因此，在两点 x_1 和 x_2 之间移动一个有单位电荷量的电荷（单位电荷）所做的功为

$$W = E(x_1 - x_2) \tag{2-4}$$

将静电场中两点之间的电位差 U 定义为在两点之间传输单位电荷所做的功，即

$$U = E(x_2 - x_1) \tag{2-5}$$

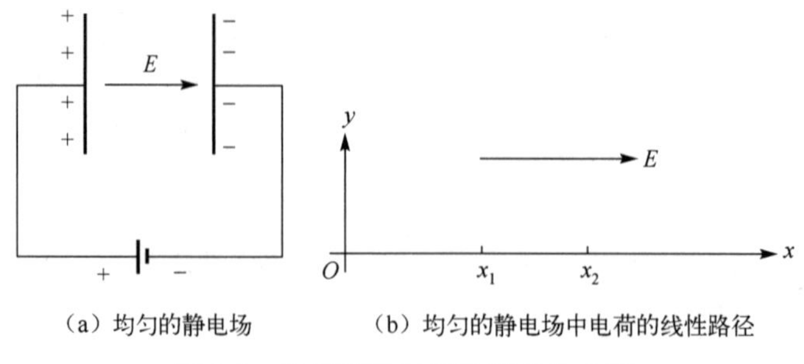

（a）均匀的静电场　　（b）均匀的静电场中电荷的线性路径

图 2.9　均匀的静电场及其中的电荷

事实上，点 x_1 处的电位比点 x_2 处高，因为从点 x_2 处到达点 x_1 处需要做功。因此，相反移动时，电位会升高。电势的单位是伏特（V），1V = 1J/C。因此，在均匀静电场中，相距为 d m 的两点之间的电位差由下式给出：

$$U = Ed \tag{2-6}$$

由于静电场中两点之间的电位差是移动一个单位电荷所需的能量，故移动电荷量为 qC 的电荷，所做的功（以 J 为单位）为

$$W = qU \tag{2-7}$$

4）势垒

在 PN 结中，由于电子、空穴的扩散而形成阻挡层，其两侧的势能差称为势垒，势垒的概念对于理解 PN 结的工作原理非常重要。考虑图 2.10 所示的均匀电场，负极板上的电子将被电场加速并移动到正极板上，在这种情况下，电子从电场中获得能量，或者说电场对电子做了功。假设两个极板之间的电位差为 1V，那么电子获得的能量是电子的电荷量乘以电位差（$W = 1.6\times10^{-19}$J）。因此，在处理小电荷时，我们使用不同的单位来测量能量，即电子伏特（eV）。若电子通过 1V 的电位差，我们说它获得了 1eV 的能量，即 1eV = 1.6×10^{-19}J。

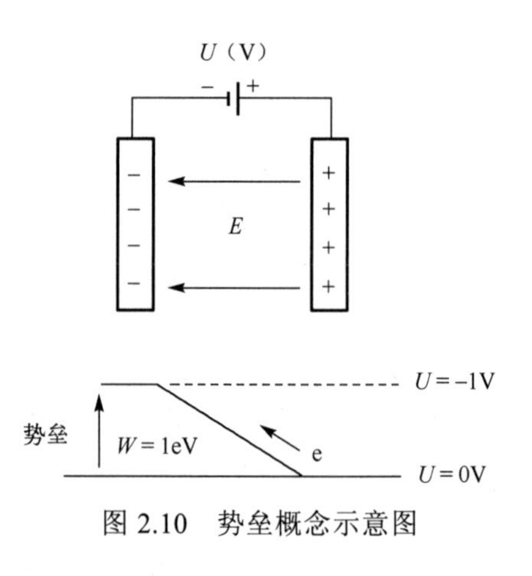

图 2.10　势垒概念示意图

假设需要将电子从正极板移动到负极板（抵抗电场施加在其上的力），那么必须克服电场做功。事实上，可以将电子必须爬上一个势垒类比于登山，要爬上这个势垒，电子需要一些能量，该能量至少等于势垒所提供的能量，接下来可以结合势垒的概念分析 PN 结的工作原理。

5）本征半导体

由于铜和铝具有可移动的载流子（负责传导电流的自由电子），于是它们被视为是良导体。在金属中，原子外壳中的电子（价电子）与母原子的结合较弱。每个原子可能有 1 个、2 个或 3 个电子，这些电子可以脱离其母原子而成为自由电子，从而在金属中自由移动，也可称这些电子离开了价带，进入了导带。这些自由电子完全以随机的方式移动，因此即使提供了闭合电路，它们也不能产生电流。然而，利用闭合电路及外部能源（如电池），可

以使这些自由电子在闭合回路中沿着一个方向移动。材料的电导率与自由电子的浓度 n 成正比，良导体每立方米约有 10^{28} 个自由电子，良好的绝缘体每立方米约有 10^{7} 个自由电子。对于本征半导体（纯半导体），自由电子的浓度介于这两个值之间。如图 2.11 所示，在硅的本征半导体中，每个原子有 4 个电子，每个原子的每个电子都被 4 个相邻原子中的 1 个共享。这种共享电子对称为共价键，每个原子与其相邻原子的连接用虚线表示，这种共价键可在电子和原子核之间产生强大的结合力。

6）空穴和电子作为电荷载体

在接近绝对零度的低温下，本征半导体表现出类似于绝缘体的性质。然而，在较高温度下，一些共价键会被热能破坏。如图 2.12 所示，一旦共价键断裂，电子就会从其位置上脱离，它们可以在本征半导体内自由移动，并且能够充当载流子来传导电流。当一个电子离开原子后，它会留下一个未被填充或不完整的键，我们称之为空穴。这使得来自相邻原子的自由电子可以轻松地进入并占据这个空穴。然而，当相邻原子的自由电子占据了空穴之后，它们又会留下与之等效的空穴。这个过程会继续下去，即另一个相邻原子的自由电子会占据前一个空穴，从而留下一个新的空穴。因此，当自由电子朝一个方向移动时，空穴会沿着相反的方向移动。

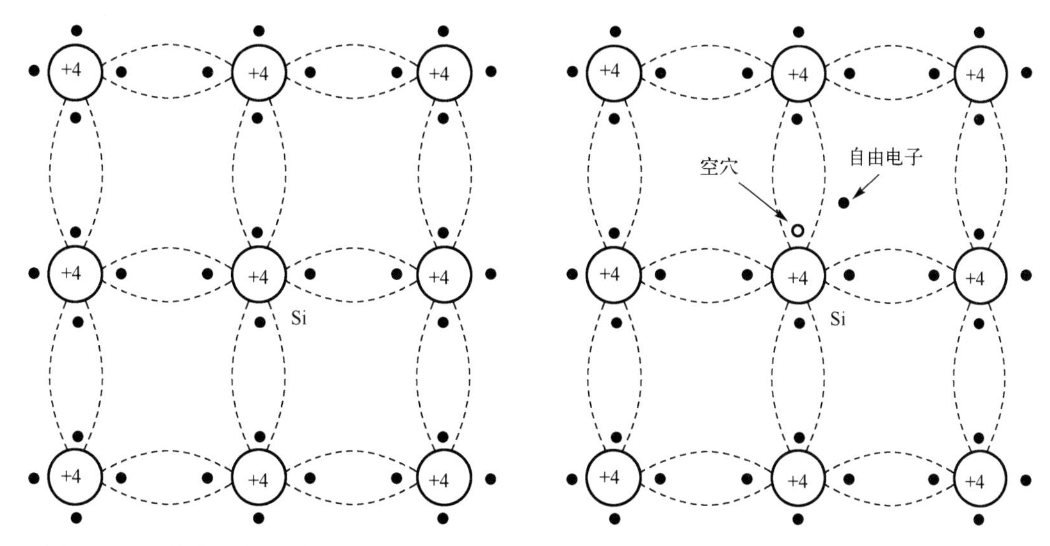

图 2.11　硅的本征半导体的二维晶体结构　　图 2.12　硅晶体中断裂的共价键

在本征半导体中，空穴的数量与自由电子的数量相同，本征半导体保持电中性。当本征半导体中的自由电子获得了足够的能量时，它们可以从价带跃迁到导带。在导带中，自由电子可以传导电流。当自由电子从价带跃迁到导带时，其所需的能量等于两个能带之间的带隙能量，该带隙能量数值取决于本征半导体材料。带隙能量以 eV 为单位，硅的带隙能量约为 1.12eV。因此，对于硅而言，一个电子需要获得 1.12eV 的能量，才能够从价带跃迁到导带，离开其原子核，并成为一个自由电子，从而参与电流的传导。在光伏电池中，这种能量来自太阳光；在普通二极管中，这种能量来自外部电压源（如电池）。

7）非本征半导体

掺杂工艺是指在本征半导体中添加杂质，使得新的半导体变为非本征半导体，从而提高半导体的导电性。根据掺杂类型的不同，非本征半导体可以分为两种：N 型半导体和 P 型半导体。如图 2.13 所示，如果掺杂原子是五价的（具有 5 个电子，如磷和砷），那么其中的 4 个电子将与本征半导体原子形成 4 个共价键，从而留下 1 个额外的自由电子作为载流子。由于其中的大多数载流子是自由电子，因此它被称为 N 型半导体。在热能的作用下，它会存在一些空穴作为少数载流子。掺杂到半导体中的五价原子向硅提供了额外的自由电子，因此这些原子被称为施主原子。

如图 2.14 所示，如果本征半导体中掺杂有三价原子（具有 3 个电子，如铟或硼），那么在原来的共价键中会留下 1 个空穴，这个空穴可以接受来自本征半导体的自由电子。由于大多数载流子是空穴，而少部分的载流子是自由电子，因此掺杂原子被称为受主原子，这种半导体被称为 P 型半导体。当本征半导体经过掺杂工艺使其内部载流子的浓度达到 10^8 个/平方米时，掺杂后的半导体在室温下的电导率会比本征半导体提高 24100 倍。因此，掺杂工艺不仅产生了有用的 P 型半导体和 N 型半导体，而且极大地提高了半导体的导电性能。

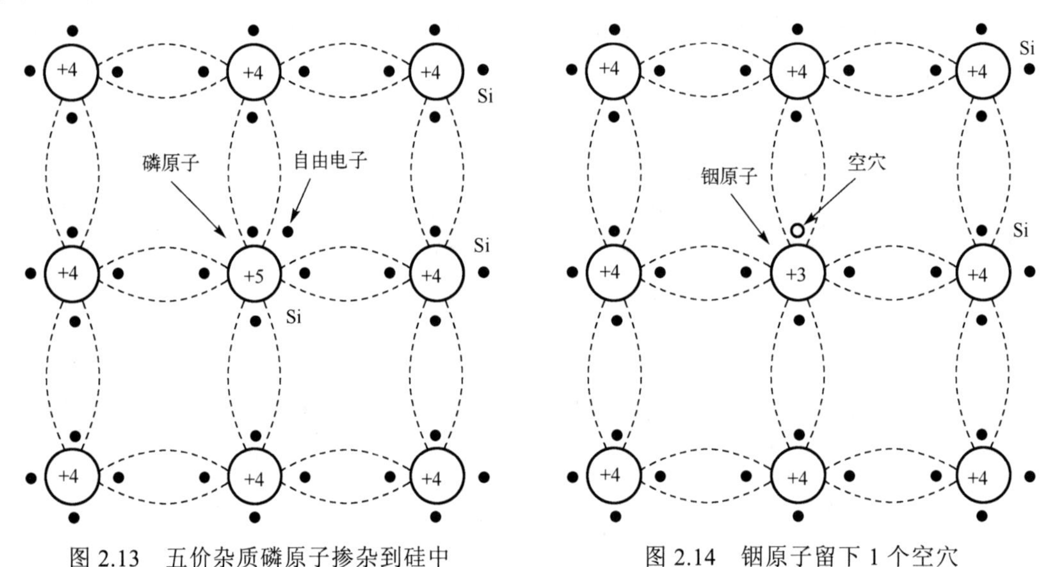

图 2.13 五价杂质磷原子掺杂到硅中

图 2.14 铟原子留下 1 个空穴

8）二极管

P 型（或 N 型）半导体本身就是可在任一方向传导电流的普通导体。当将 N 型半导体和 P 型半导体连接在一起时，它们形成了一个被称为 PN 结的结合区域，PN 结被认为是二极管的基础结构。二极管最重要的特性是它只允许电流沿着一个方向流动，因此其可以用作整流器。如图 2.15 所示，当半导体的一侧引入施主原子，另一侧引入受主原子时，就形成了 PN 结。由于施主原子在给予自由电子后，变成了正离子，因此用加号表示。同理，受主原子用负号表示。

在形成 PN 结的瞬间，N 型半导体中主要存在自由电子，而 P 型半导体中主要存在空穴。然而，由于 PN 结存在电荷密度梯度，来自 P 型半导体的空穴（P 型半导体中有多数载流子）将开始向 PN 结的右侧扩散（N 型半导体中有少数载流子）。同时，来自 N 型半导体的自由电子开始向左侧扩散，但这种扩散过程不能一直持续下去。在 N 型半导体中，正施主离子被多数自由电子中和，而在 P 型半导体中，负受主离子被多数空穴中和。因此，总体上，半导体保持电中性。一旦 PN 结附近的一些自由电子离开 PN 结并穿过 P 型半导体，它们会在周围留下未中和的正施主离子。同时，P 型半导体中的空穴穿过 PN 结，留下未中和的负受主离子。这些移动的自由电子和空穴会结合形成电子-空穴对，从而在 PN 结上产生静电势。这个静电势在 PN 结上形成一个静电场（内建电场），其方向是从右到左。换句话说，这个静电场阻止自由电子进一步从 N 型半导体穿过 PN 结进入 P 型半导体，同时阻止空穴进一步从 P 型半导体穿过 PN 结进入 N 型半导体。PN 结周围的区域会耗尽移动载流子，因此被称为耗尽层。在硅中，该层的宽度通常为 0.5μm。换句话说，在没有外部能源的情况下，多数载流子不能穿过 PN 结。为了使自由电子从 N 型半导体穿过 PN 结进入 P 型半导体，自由电子必须克服由静电势产生的势垒，这种能量必须来自外部能源，如电池。

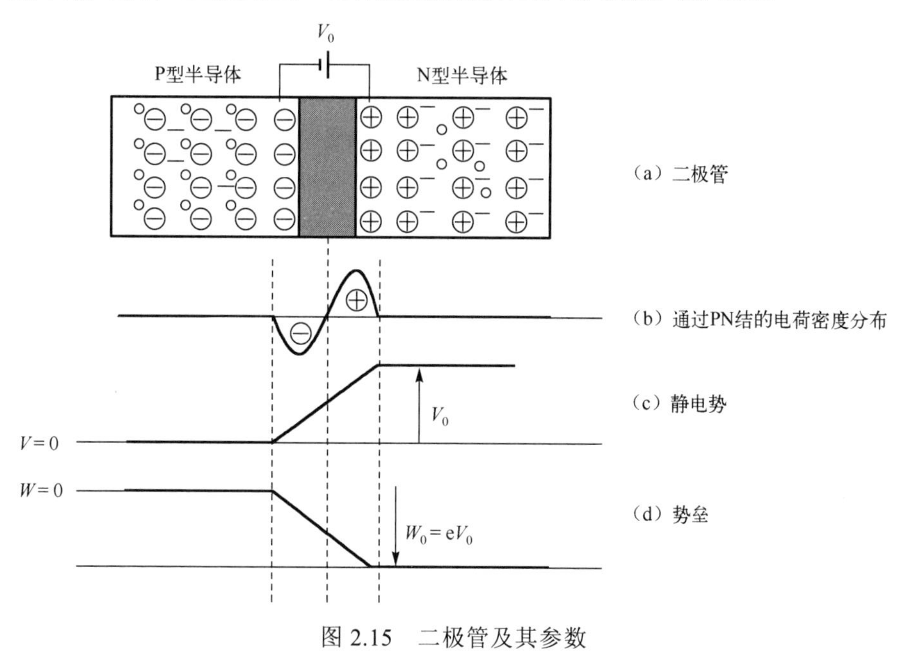

图 2.15　二极管及其参数

2.4.2　光伏电池特性

太阳每年向地球表面辐射约 5.7×10^{24}J 的太阳能，其中约 30%被反射回太空，地球上约有 4×10^{6}EJ 的可利用太阳能。目前可以使用两种方法利用太阳能：光热发电系统和光伏发电系统。在光热发电系统中，太阳能集热器用于收集太阳能并将其引导至特殊的锅炉，将水加热成蒸汽，进而驱动涡轮发电机组来产生电力。在光伏发电系统中，光伏组件用于将太阳能转换为电能。光伏发电系统的关键是光伏电池，它是一个简单的半导体器件，通常由一个半导体 PN 结组成，能够将太阳光中的能量转换为电能。

1）电磁能

到达地球表面的太阳光以电磁波的形式传播，电磁波由许多被称为光子的微小离散能量组成。光子具有两个基本特征参数：以赫兹（Hz）为单位的频率 f 和以米（m）为单位的波长 λ，两者通过光速 c（m/s）联系起来，具体的关系为

$$c=f\lambda \tag{2-8}$$

光子拥有一定的能量，以 eV 为单位，其与频率的关系为

$$E = hf \tag{2-9}$$

式中，h 为普朗克常数，等于 $6.626\times10^{-34}\text{J·s}$。

2）光谱辐照度、日照和辐射

光谱辐照度 I_λ 是用于表征日照的常用指标，它被定义为单位表面积在单位波长内接收到的功率，单位为 $\text{W/m}^2\mu\text{m}$。日照 G 为光谱辐照度在其波长上的积分，即

$$G = \int_{\lambda_1}^{\lambda_2} I_\lambda \mathrm{d}\lambda \tag{2-10}$$

日照的单位是瓦特每平方米（W/m^2），辐射是在给定时间段内日照的时间积分，因此它具有能量单位，如 $\text{kW·h/m}^2\text{·D}$ 或 $\text{kW·h/m}^2\text{·Y}$，并取决于用于积分的光谱辐照度的时隙。

【例 2.2】 太阳辐射的主要能量集中在 0.2～3μm 的波长范围内，在南京地区，面积为 0.3m^2 的光伏模块平均接收光谱辐照度为 $200\text{W/m}^2\cdot\mu\text{m}$ 的光，计算日照和一天（约 8 小时）接收的辐射。

日照为

$$G = \int_{0.2}^{3} 200\mathrm{d}\lambda = 560\,\text{W}/\text{m}^2$$

一天接收的辐射为

$$\text{Radiation} = a\int_0^8 G\mathrm{d}t = 0.3\times\int_0^8 560\mathrm{d}t = 1344\text{W}\cdot\text{h}\cdot\text{D}$$

3）光伏效应

光伏效应是指当太阳光的光子能量作用于材料表面时，激发位于材料内部的自由电子，从而产生电流的一种效应。这种效应的应用是光伏电池，也被称为太阳能电池。尽管光伏效应在 1839 年就被法国科学家贝克雷尔发现，但直到 20 世纪 50 年代末才出现了第一款真正商业化的光伏电池，并应用于美国的人造卫星先锋一号。

光伏电池可以将太阳能转换为直流电能，因此被广泛应用于各种领域，包括光伏发电系统、电子设备充电、农村电力供应等。光伏发电技术的发展已经使太阳能成为一种可持续、清洁和可再生的能源选择。

4）光伏材料

早期的光伏电池大多由高纯度的单晶硅制成，具有连续晶格结构。随着时间的推移，为了降低成本并简化制造过程，多晶硅光伏电池逐渐取代了单晶硅光伏电池。多晶硅由许多晶粒组成，相比于单晶硅，其更容易制备且成本更低。为了最大限度地吸收入射光子，晶体硅光伏电池的厚度通常较大，为 100～500μm。这是因为较厚的硅层可以提供更多的材料来吸收光线，从而提高光电转换效率。除了硅，砷化镓（GaAs）也是一种用于制造光伏电池的晶体材料。砷化镓具有良好的光吸收性能，并且具有比硅稍大的带隙。因此，砷化镓光伏电池的光电转换效率比晶体硅光伏电池更高。由于砷化镓材料较昂贵，所以它通常应用于一些对光电转换效率要求较高且可以接受较高成本的特殊环境中，如航天卫星和太阳能赛车。

制造光伏电池的方法之一是使用薄膜技术，以及使用非晶硅和碲化镉等材料。相较于传

统的晶体硅光伏电池技术，薄膜技术有一些优势：需要较少的材料，成本更低，更轻便。非晶硅的制备成本较低，光电转换效率也较低。此外，非晶硅在使用数月后往往会降解约 20%，然后趋于稳定。碲化镉的制备成本相对于晶体硅来说更低，同时具有比晶体硅更宽的带隙。

有机材料也可以用于制造光伏电池。然而，研究表明，有机材料的光电转换效率通常低于 5%。目前的研究重点放在新型光伏技术上，如使用多结光伏器件。这种器件采用了不同带隙的材料进行叠置，以最大化吸收光谱中的不同波长。截至目前，晶体硅（包括多晶硅和单晶硅）光伏电池仍约占光伏电池市场的 90%。

5）带隙能量理论

化学元素的原子序数是指该元素原子核中的质子数，也是与之相等的电子数。

例如，硅（Si）的原子序数是 14，这意味着硅原子核中有 14 个质子，同时有 14 个电子绕着原子核运行。这 14 个电子分布在不同的壳层中，每个壳层对应着特定的离散能级（也被称为能态或能带）。如图 2.16 所示，以硅原子为例，它有 3 个壳层：第 1 个壳层有 2 个电子（第一个能带）；第 2 个壳层有 8 个电子（第二个能带）；第 3 个壳层有 4 个电子（第三个能带）。硅原子中的电子占据了三个能带，每个能带对应着特定的能量值。能量值最高的能带是导带，而能带之间的带隙被称为禁带。如图 2.17 所示，在硅原子中，导带之前的一个能带被称为价带，价带中的电子决定了材料的电学特性，硅通常被表示为具有正四价电荷的原子核。最关键的带隙是导带之前的带隙，带隙能量（E_g）以 eV 为单位。硅的带隙能量为 $E_g = 1.12\text{eV}$。

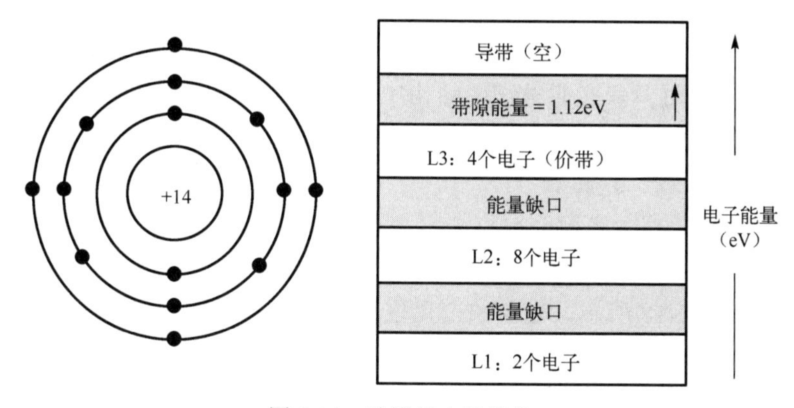

图 2.16　硅原子中的能带

只有当电子的能量至少等于两个能带之间的带隙能量时，电子才能从一个能带跃迁到另一个能带。这意味着，在硅原子中，电子必须获得大于或等于 1.12eV 的能量才能使其离开价带进入导带并成为可促进电流流动的自由电子。

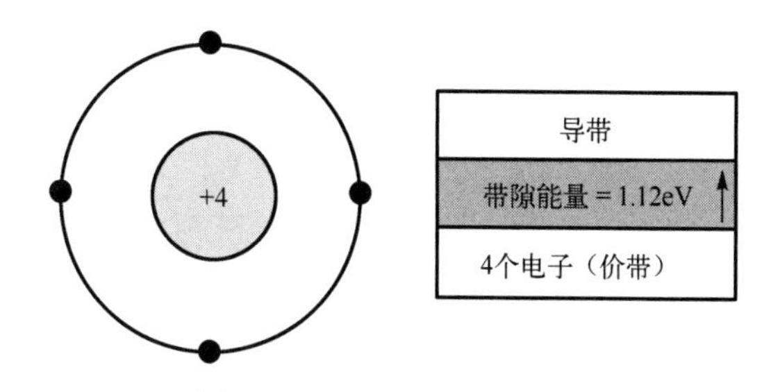

图 2.17　硅原子的带隙能量

导带中的自由电子具有最高能量值，只有这些自由电子才能促进电流流动。在金属中，部分导带被填充，因此金属可以导电。在绝对零度温度下，半导体的导带是空的，因此半导体在绝对零度温度下是良好的绝缘体。然而，随着半导体温度的升高，一些电子可以获得足够的能量脱离其母原子而跃迁到导带，这一现象被应用于热敏电阻的制造。类似地，当电子从较高能带跃迁到较低能带时，能量以光子的形式释放，利用这种原理可制造LED。在晶体硅光伏电池中，当大于1.12eV带隙能量的光子落在器件表面时，它能够促进电子从价带跃迁至导带，形成一个电子–空穴对，即光生载流子对，其中电子进入导带，而空穴则被认为是正电荷的载体，在半导体材料中移动。

【例2.3】 光子必须能够在硅中产生电子–空穴对的最低频率是多少？对应的最大波长是多少？

对于硅来说，$E_g = 1.12\text{eV}$，利用关系式 $E = hf$ 可得最低频率为

$$f_{\min} \geqslant \frac{E}{h} = \frac{1.12\times1.6\times10^{-19}}{6.626\times10^{-34}} \approx 2.7\times10^{14}\,\text{Hz}$$

对应的最大波长可根据 $c = f\lambda$ 得到，即

$$\lambda_{\max} = \frac{c}{f_{\min}} = \frac{3\times10^{8}}{2.7\times10^{14}} \approx 1.11\times10^{-6}\,\text{m}$$

因此，对于晶体硅光伏电池来说，频率小于 2.7×10^{14}Hz 或波长大于 1.11μm 的光子所携带的能量小于硅原子的带隙能量 1.12eV，无法产生电子–空穴对，能量基本上作为热量浪费。相对地，频率大于 2.7×10^{14}Hz 或波长小于 1.11μm 的光子具有大于 1.12eV 的能量，可产生电子–空穴对，而多余的能量在硅结构中再次作为热量浪费。这一理论解释了光伏电池的光伏转换效率存在理论最大极限的原因。

6）来自太阳的能量及其光谱

太阳光在到达地球表面之前需穿过大气层，大气层中含有许多不同大小的粒子和分子。因此，当太阳光穿过大气层时，会与这些粒子和分子发生碰撞、反射、散射和吸收，其光谱会发生变化。如图2.18所示，光谱的变化取决于穿过大气层的路径长度，最短的路径是当太阳在地面正上方时的路径。当太阳靠近地平线时，太阳光会穿过更多的大气层。将大气质量（AM）定义为太阳光穿过大气层时的路径长度 L_2 与太阳正好在地面正上方时的最短路径长度 L_1 的比值，即

$$\text{AM} = \frac{L_2}{L_1} = \frac{1}{\sin\alpha} \tag{2-11}$$

显然，AM 是衡量太阳光在到达地面之前必须通过大气层的距离的量度，也是衡量由于碰撞、反射、散射和吸收而损失的太阳能的量度。由于 AM 是光谱的一种特征，光伏设备的响应度取决于光谱，因此通常使用 AM 1.5 作为光伏设备的标准测试条件。此时，太阳与地平线的角度为42°。

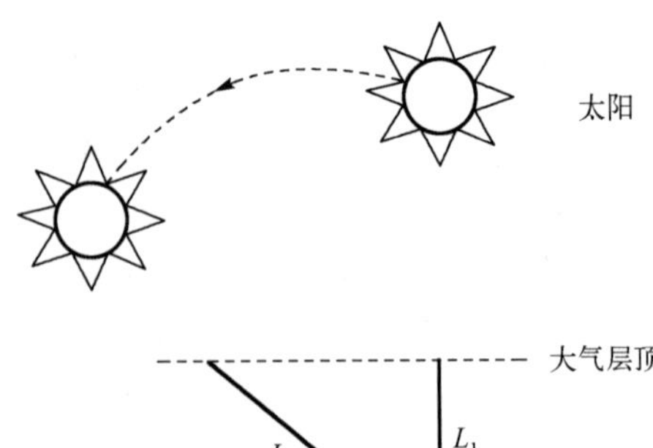

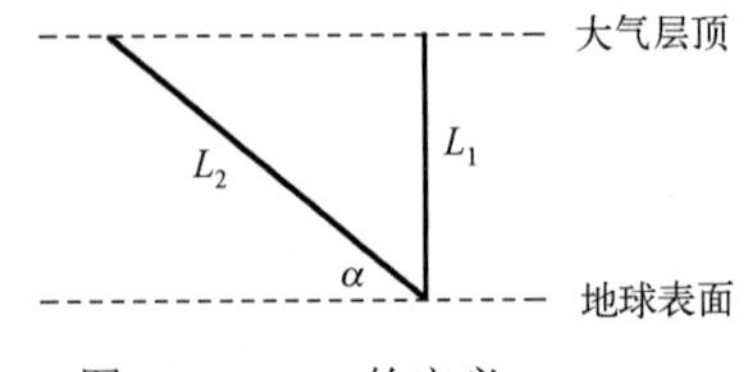

图2.18 AM的定义

7）通用光伏电池的运行

如图 2.19 所示，晶体硅光伏电池的结构类似于二极管，但 P 型层比 N 型层厚。首先，P 型层被安装在金属片基上；然后，安装较薄的 N 型层；最后，在 N 型层上安装金属网格以收集被释放的自由电子并作为负极端子。其中，金属网格允许光子通过半导体层，与半导体材料相互作用。

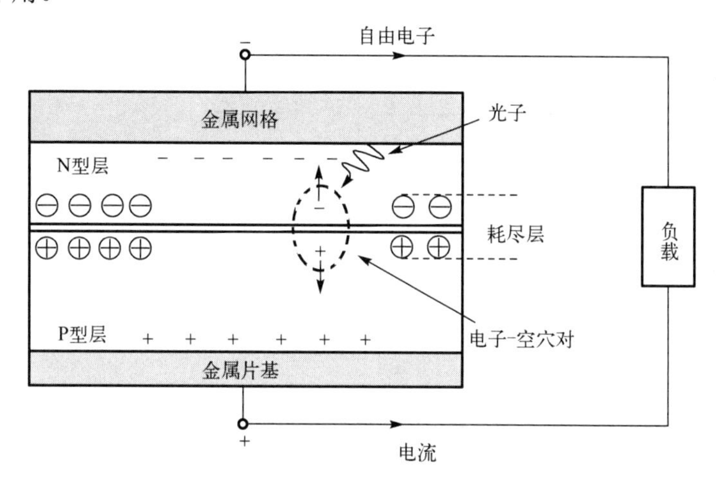

图 2.19　晶体硅光伏电池的结构

当能量大于或等于 1.12eV 的光子撞击 N 型层表面时，它可以将电子从价带中释放出来，并使其跃迁到导带，从而在 N 型层中产生电子-空穴对。然而，只有在 PN 结附近及少数载流子扩散长度内产生的电子-空穴对才有助于电流的产生。当在 N 型层中产生电子-空穴对时，它们携带的自由电子在内建电场的作用下到达 N 型层的顶侧。同理，当电子-空穴对在 P 型层中产生时，产生的空穴在内建电场的作用下到达 P 型层顶侧，从整体来看形成了一个与内建电场方向相反的电场，从而产生电流。此外，自由电子和空穴的复合会减少由光子作用产生的电流，因此其被视为损失效应。

2.4.3　光伏发电系统

如图 2.20 和图 2.21 所示，在系统层面，光伏电池板通常采用阵列方式布置。除采用阵列方式布置的光伏电池板外，还需要其他电气组件和机械组件来完善系统功能，包括逆变器、充电控制器、电缆、直流电断路器、仪表等。

1）系统组件

逆变器是大多数光伏发电系统中必不可少的组件，可将直流（DC）输出转换为交流（AC）输出。在普通的光伏发电系统组件中，逆变器的成本仍占较大比例。根据中国光伏行业协会（CPIA）公布的数据，2022 年，我国地面光伏发电系统的初始全投资成本约为每瓦 4.13 元。其中，组件成本约占投资成本的 47.09%，相较于 2021 年上升了 1.09 个百分点。非技术成本约占总成本的 13.56%，较 2021 年下降了 0.54 个百分点。预计 2023 年，随着产业链各环节新建产能的逐步释放，组件效率稳步提升，整体系统造价将显著降低，光伏发电系统初始全投资成本可下降至每瓦 3.79 元。从广义上讲，根据并入系统的类型，逆变器可分为以下 3 种。

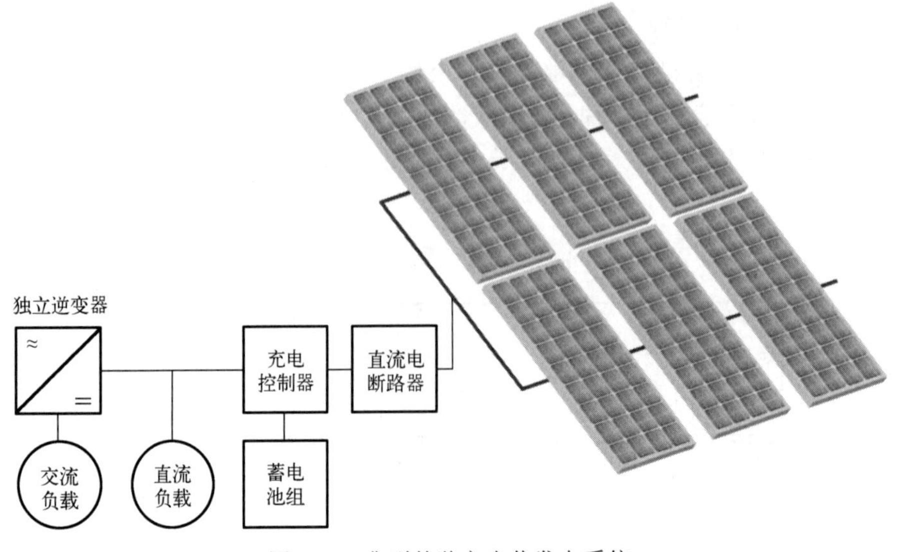

图 2.20 典型的独立光伏发电系统

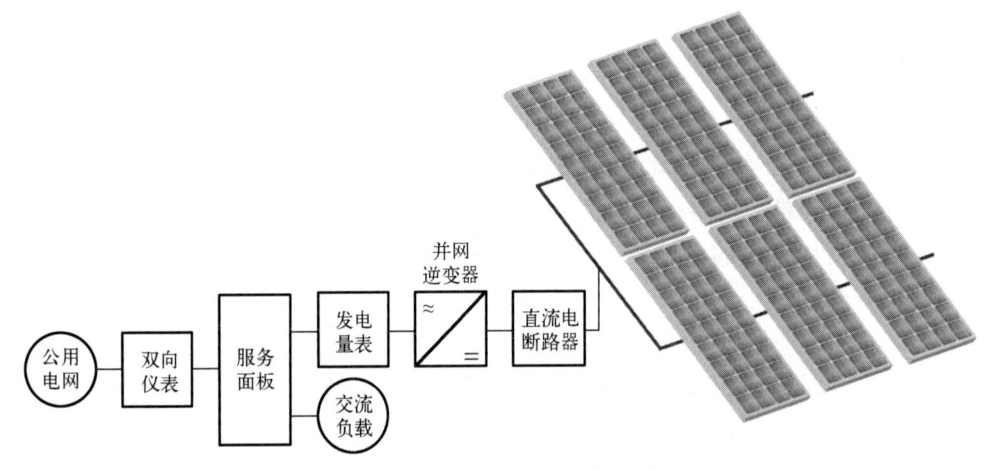

图 2.21 典型的并网光伏发电系统

① 独立逆变器：用于独立光伏发电系统中，其独立工作并能向电池组提供本地交流电源，不需要与公用电网连接。

② 并网逆变器：用于并网光伏发电系统中，这种逆变器将光伏直流电转换为交流电并反馈至交流电网。因此，并网逆变器需要与公用电网进行电压、频率和相位的匹配。

③ 混合型逆变器：一种集独立逆变器和并网逆变器的功能于一体的逆变器。

大多数光伏发电系统中普遍存在集成在逆变器中的最大功率跟踪器。最大功率跟踪器的作用是确保光伏阵列在最大功率点上工作，从而提供最大输出功率 P_{max}。在实际工作中，由于光照强度和温度等因素的变化，光伏电池的工作点可能会偏离最大功率点。如果将光伏阵列直接连接到负载上，那么其工作点将取决于负载的功率要求和光伏阵列当前的工作条件，最终工作点将位于负载的 *I-U* 曲线与光伏阵列的 *I-U* 曲线的交点处。

为了充分利用光伏阵列的能量输出，最大功率跟踪器会不断调整工作点，以使光伏阵列提供最大输出功率。它通过采集光伏阵列的电压和电流信息，利用专门的算法或控制器，精确计算出当前的最大功率点，然后相应地调整工作点，使光伏阵列能够以最佳效率工作。这样，最大功率跟踪器能够确保光伏发电系统在不同工作条件下都能实现以最大的功率输出，从而提高系统的性能和效率。

2）独立光伏发电系统设计

典型的独立光伏发电系统如图 2.20 所示。独立光伏发电系统设计期间的主要目标之一是确定主要系统组件（如光伏电池、独立逆变器、充电控制器和电池组）的尺寸。对于独立光伏发电系统来说，由于该系统独立运行，主要目标是实现能源供应（光伏发电和电池存储）和需求（负载消耗和潜在损失）之间的可靠平衡，一般的尺寸调整程序如下。

（1）确定关键设计月份的直流等效平均每日负载需求。

需要分析确定独立光伏发电系统的特殊情况月份（关键设计月份），该月份通常是负载消耗与可用太阳能输入之比最高的月份（通常是冬季）。一旦确定，可利用独立逆变器的效率来计算本月的直流等效平均每日负载需求。

$$W_{\text{demand（DC）}} = W_{\text{DC}} + \frac{W_{\text{AC}}}{\eta_{\text{inv}}} \tag{2-12}$$

式中，W_{DC} 是直流负载平均每日消耗，单位为 W·h；W_{AC} 是交流负载平均每日消耗（W_{DC} 和 W_{AC} 均指关键设计月份期间的数据）；η_{inv} 是独立逆变器的效率。

（2）确定独立光伏发电系统的尺寸。

单个光伏电池的输出电流和输出电压都很小，实际应用中通常将许多单个光伏电池串联和并联起来，构成光伏电池模块或光伏阵列。其总电压取决于串联单个光伏电池的数量，而总电流取决于并联单个光伏电池的数量。为了能够准确确定独立光伏发电系统具体需要多少个光伏阵列，以及需要多大的光伏电池，独立光伏发电系统的设计者需要了解以下问题。

① 每日、每周、每月该地区的电力需求的变化。

② 每日、每周、每月独立光伏发电系统所在区域的太阳辐射的变化。

③ 独立光伏发电系统的设定方向和倾角。

④ 该地区无日光，独立光伏发电系统需要依靠蓄电池工作的天数。

独立光伏发电系统尺寸的确定方法已经在许多文献中给出，也有计算机程序帮助工程师确定和计算独立光伏发电系统的尺寸和制造成本，以满足给定的区域和气候条件的能量要求。

例如，一个典型的晶体硅光伏电池约产生 0.6V 输出电压。为提高输出电压，一个光伏阵列通常由 60 个光伏电池串联在一起，输出电压约为 36V。另一方面，如果我们需要为铅酸电池充电，铅酸电池的额定电压为 12V，为了确保即使在多云的天气下也能为 12V 铅酸电池充电，一般需要保证总电压大于或等于 13V。因此，为了满足这一要求，需要将约 30 个光伏电池串联在一起。

3）并网光伏发电系统设计

典型的并网光伏发电系统如图 2.21 所示，并网光伏发电系统的设计通常在充分考虑预算、可用地面/屋顶面积、阵列布局、电网并网要求、公用事业价格等因素后确定光伏阵列的尺寸。然后，根据光伏阵列的尺寸及直流交流比（光伏阵列直流容量与并网逆变器交流容量的比值）确定并网逆变器的尺寸。

2.5 光热利用技术与分类

光热利用技术是指利用大规模阵列抛物面或碟式集热器高效收集太阳能，并将其转换为电能或用于其他服务的技术。因此，太阳能集热器通常会通过换热装置产生蒸气，并结合传统汽轮发电机的工艺达到发电的目的。

采用光热利用技术，避免了昂贵的硅晶光电转换工艺，可以大大降低太阳能发电的成本，而且光热利用技术具有其他形式的太阳能转换技术所无法比拟的优势，即利用太阳能加热的流体可以被储存在较大的容器（高温储热罐）中，从而达到储热的效果。当需要时，高温储热罐中的热能可以加热流体工质，并通过热力循环进行功率输出。在太阳能不足的情况下，辅助燃烧常规燃料来进行发电，保证机组的稳定输出。但储热和辅助发电并不是光热发电系统必需的环节，部分现有的光热发电站并不具备储热系统和辅助发电系统。

光热利用技术历史悠久，其最大优势在于高效利用太阳能。近年来，太阳能光热产业发展迅速，太阳能热水、太阳能空气集热等技术已得到广泛应用。然而，采用光热利用技术获得的能量的品质较低，这导致其应用范围受到一定的限制。如图 2.22 所示，近年来，光热发电站的装机容量逐年上升，光热发电取得了快速发展，但考虑到系统成本高和复杂性高的问题，其大规模推广仍然面临困难。

目前，主流的太阳能应用方式是将光伏和光热相结合，形成太阳能光伏光热综合利用系统。太阳能光伏光热综合利用系统将光伏电池与太阳能集热技术结合，在将太阳能转换为电能的同时，由集热组件中的冷却介质带走光伏电池的热量加以利用，同时产生电、热两种能量收益。国际上将太阳能光伏光热综合利用技术称为 PV/T 技术，该技术能够提高太阳能的综合利用效率，且能同时满足用户对高品质电力和低品质热能的需求。太阳能光伏光热综合利用技术将光伏发电技术和光热利用技术相结合，克服了单一技术的缺点。因此，它被视为提高太阳能利用效率、降低综合应用成本的有效手段，也是大规模利用太阳能的一个重要方向。

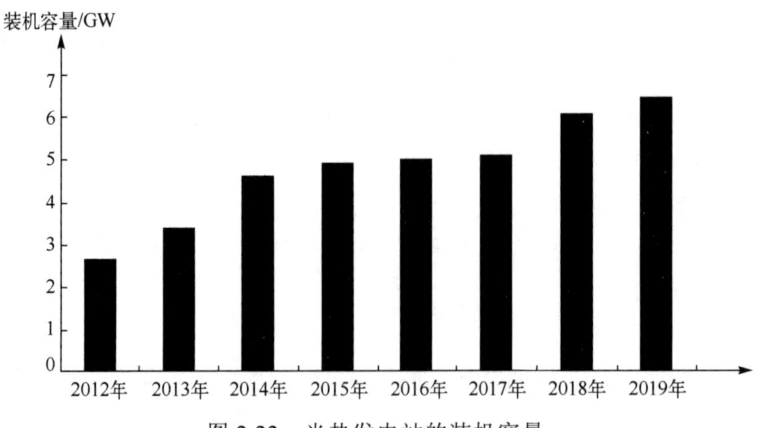

图 2.22 光热发电站的装机容量

2.5.1　太阳房

“太阳房”一词最早出现于美国。欧美的传统住房是封闭式的，采用石头或砖块建造，窗户多为纵向长而横向短，并未充分利用太阳光。芝加哥的一家报纸曾经把一个装有大面积玻璃窗的房子称为“太阳房”，这便是“太阳房”一词的由来，被动式太阳房模型如图 2.23 所示。

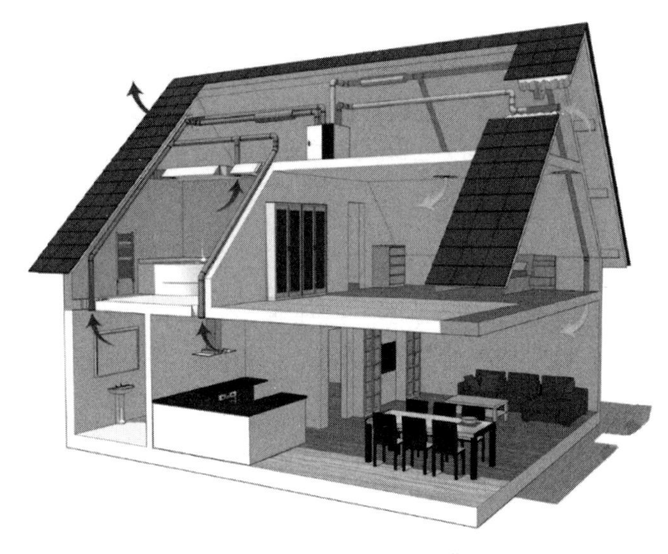

图 2.23　被动式太阳房模型

我国的住房多是开放式的，它与自然紧密相连，在建房时，自然而然地考虑到充分利用太阳能的必要性。我国有句民谣“我家有座屋，向南开门户”，自古以来，我国北方居民的重要房屋都是坐北朝南建设的，北、东、西 3 面以厚墙保温，南面则满开棂花门窗，以增加采光和吸收太阳能热量，这种布置可以认为是朴素的被动式太阳房。广义上的太阳房是指利用太阳能进行采暖和空气调节的环保型生态建筑，其利用房屋的朝向，通过多采集太阳能的热量，加强保温措施，尽量多储存热量来满足冬季采暖、夏季降温和空气调节的要求。

太阳房可以分为两大类：主动式太阳房和被动式太阳房。被动式太阳房不采用太阳能集热设备和任何其他机械动力，仅对建筑本身采取一定的防护措施，使建筑能够更加充分地利用太阳能，以增加冬季建筑室内的温度。

1）太阳房的原理

太阳房的原理基于“温室效应”。当太阳辐射穿过大气层、普通玻璃、透明塑料等介质时，会使被围护的空间内的温度升高。这些介质吸收太阳辐射并向外辐射能量，但向外辐射的能量主要是长波红外辐射，较难透过上述介质，于是这些介质包围的空间形成了温室，将能量储存和保持在室内，形成了有一定温度的空间。

被动式太阳房是利用“温室效应”的原理来解决采暖问题的一种建筑。它通过合理的建筑朝向和对周围环境的布置，设计建筑内部的空间结构，选择适当的体形系数，并采用节能建筑材料来最大限度地采集、保持、储存和分配太阳能的热量。同时，在夏季它能遮挡太阳辐射，并散发室内热量，以达到使建筑降温的效果，从而达到冬暖夏凉的目的。

太阳房的目标是在冬季尽可能多地吸收太阳能热量，减少热损失，并确保必要的热稳定性，这就需要处理好太阳能集热、保温和蓄热之间的矛盾关系。在设计时，需要优化比较，在确保冬季室内的温度满足采暖要求的同时，尽量减少太阳能热工措施的投资成本，并使单位投资所带来的节能效益最大化。

太阳房与普通住宅相比，加强了围护结构的保温性，增加了南向的采光，增强了窗户的密闭性能，而采取这些措施就要增加建筑成本。一般来说，经济较发达地区采取这些建筑措施所增加的成本应占其总建造成本的 5%～10%；而对于经济欠发达地区，由于原有的住宅建筑相对比较简陋，建造成本也较低，而新增加的保温采光设施在造价上可能比较高，因此其增加的成本可能要占总建造成本的 10%以上。此外，结合当地的实际资源情况，采用当地一些比较廉价的原材料加以改进替代，可以降低其建造成本。

2）被动式太阳房

被动式太阳房的类型有很多，按利用太阳能的方式划分，主要分为以下几种类型。

（1）直接受益式被动式太阳房。

如图 2.24 所示，直接受益式被动式太阳房是被动式太阳房中最简单也最常用的一种，它利用朝南的窗户直接接收太阳能。太阳辐射通过窗户直射到室内的地面、墙壁和其他物体上，使它们的表面温度升高，通过自然对流的方式进行能量交换，一部分能量被用于加热室内空气，而另一部分能量则储存在地面、墙壁等物体内部，以使室内温度维持在一定水平上。

这种利用南向窗户直接接受太阳能的被动式太阳房，是被动式太阳房中最简单的一种形式。窗户是获得太阳能的主要构件，同时是热损失最大的构件。因此，在被动式太阳房的设计中，处理好各朝向窗户的配置、尺寸、构造和隔热措施是非常关键的。

国家标准《严寒和寒冷地区居住建筑节能设计标准》（JGJ 26—2018）中有关于建筑体形系数和窗墙面积比的要求，在进行被动式太阳房的设计时可以参考。

① 建筑群的总体布置，单体建筑的平面、立面设计和门窗的设置，应考虑冬季利用日照并避开冬季主导风向，严寒和寒冷 A 区建筑的出入口应考虑防风设计，寒冷 B 区应考虑夏季通风。

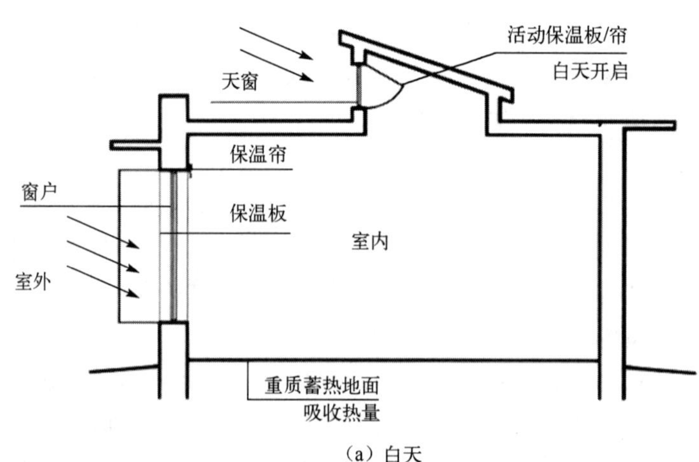

（a）白天

图 2.24　直接受益式被动式太阳房

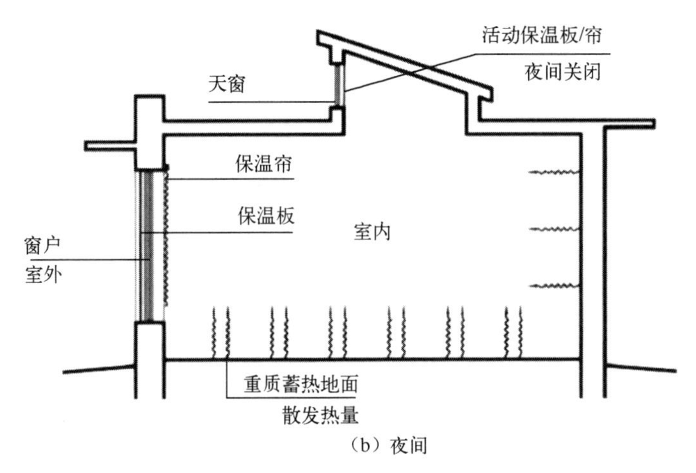

（b）夜间

图 2.24　直接受益式被动式太阳房（续）

② 建筑宜朝向南北或接近朝向南北。建筑不宜有设置三面外墙的房间，一个房间不宜在不同方向的墙面上设置两个或更多的窗。

③ 严寒和寒冷地区居住建筑的体形系数不应大于表 2.1 规定的限值。当体形系数大于表 2.1 规定的限值时，必须按照 JGJ 26—2018 中“围护结构热工性能的权衡判断”的规定进行围护结构热工性能的权衡判断。

④ 严寒和寒冷地区居住建筑的窗墙面积比不应大于表 2.2 规定的限值。当窗墙面积比大于表 2.2 规定的限值时，必须按照 JGJ26—2018 中“围护结构热工性能的权衡判断”的规定进行围护结构热工性能的权衡判断。

表 2.1　严寒和寒冷地区居住建筑的体形系数限值

	建筑层数	
	≤3 层	≥4 层
严寒地区	0.55	0.30
寒冷地区	0.57	0.33

表 2.2　严寒和寒冷地区居住建筑的窗墙面积比限值

朝向	窗墙面积比	
	严寒地区	寒冷地区
北	0.25	0.30
东、西	0.30	0.35
南	0.45	0.50

注：1. 敞开式阳台的阳台门上部透光部分应计入窗户面积，下部不透光部分不应计入窗户面积。

2. 表中的窗墙面积比应按开间计算。表中的“北”代表从北偏东小于 60°至北偏西小于 60°的范围；“东、西”代表从东或西偏北小于或等于 30°至偏南小于 60°的范围；“南”代表从南偏东小于或等于 30°至偏西小于或等于 30°的范围。

为了增加太阳光的收集量，首先应正确选择窗户的朝向。因为冬天太阳高度角小，南侧窗户的太阳光强烈，太阳光无法照到北侧窗户。所以，只有南侧窗户才能收集更多的太阳能，朝北或朝东、西的墙面应不开或少开窗户。

除了窗户的方向和大小比例设计，还要注意窗扇的密封性，尽量配有保温窗帘，以减少夜间从窗户向外的热损失。此外，围护结构应有良好的保温性能和蓄热性能。目前应用最普遍的蓄热建筑材料包括砖石、混凝土和土坯等。在炎热的夏季，有良好保温性能的热惰性围护结构能在白天阻滞热量传到室内，合理的组织通风可使夜间室外的冷空气流进室内，冷却围护结构内表面，延缓室内温度的上升。

直接受益式被动式太阳房由于热效率较高，室温波动较大，因此主要用于白天要求升温快的房间或只白天使用的房间，如教室、办公室、住宅的起居室等。如果窗户有较好的保温措施，也可以用于住宅的卧室等房间。

（2）集热蓄热墙式被动式太阳房。

集热蓄热墙式被动式太阳房采用间接式太阳能采暖系统。太阳光首先照射到置于太阳与房屋之间的一道玻璃罩盖内的深色贮热墙体上，然后向室内供热。具体而言，墙体外覆盖了玻璃罩盖，玻璃罩盖和墙体之间形成了一个空气夹层。墙体上可以贴上保温材料（如聚苯板或岩棉），而玻璃罩盖的背面则加有吸热材料（如铁皮），为区别两者，称贴有保温材料的为集热墙，未贴保温材料的为集热蓄热墙。

当太阳光透过玻璃罩盖照射在集热蓄热墙上时，空气夹层内的空气被加热而上升，通过上下两端的通风孔与室内空气进行自然对流循环，不断循环往复，室内温度逐渐升高，从而达到采暖的目的。如果在原有集热蓄热墙的基础上，加装翅片式、平板式或波形板式铁（铝）制吸热体，会极大地提高集热蓄热墙的效率。

集热蓄热墙式被动式太阳房在冬季、夏季的白天和夜间的工作情况如图 2.25 所示。

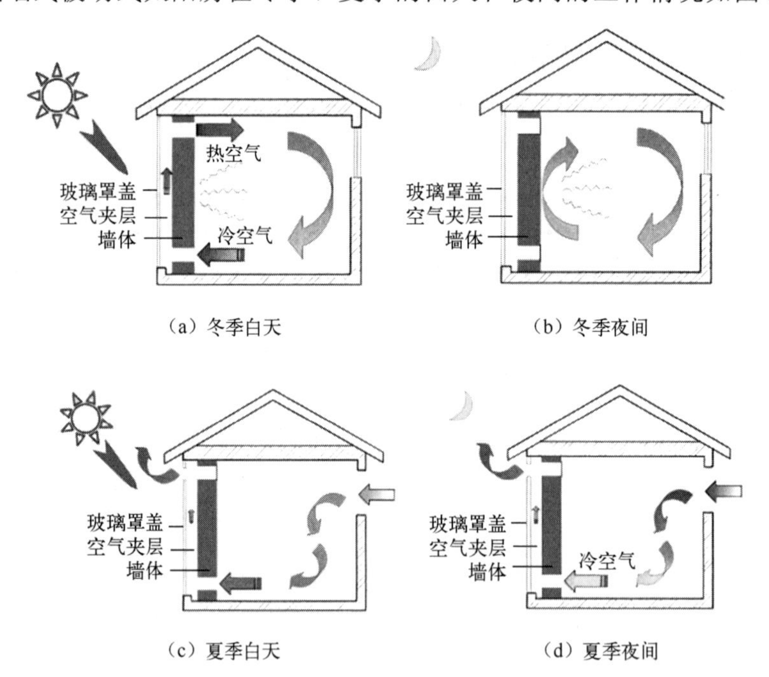

图 2.25 集热蓄热墙式被动式太阳房在冬季、夏季的白天和夜间的工作情况

集热蓄热墙式被动式太阳房的室内温度波动小，居住舒适，但热效率较低，常常要和其他形式的太阳房配合使用。例如，和直接受益式被动式太阳房及附加阳光间式被动式太阳房组成各种不同用途的被动式太阳房。同时可以调整集热蓄热墙的面积，满足不同房间对蓄热的需求。由于空气夹层中间容易积灰，不易清理，污染物影响集热效果，且立面涂黑不太美观，因此这种形式太阳房的应用有一定的局限性。

（3）附加阳光间式被动式太阳房。

附加阳光间式被动式太阳房是集热蓄热墙式被动式太阳房的一种扩展。它通过增加玻璃罩盖与墙体之间空气夹层的宽度，形成一个可利用的空间，即阳光间。在该种形式的太阳房中，阳光间的工作原理与直接受益式被动式太阳房相同，即太阳光穿过玻璃直接加热空气，从而达到供暖效果。而后部房间的采暖方式类似于集热蓄热墙式被动式太阳房。

附加阳光间式被动式太阳房如图 2.26 所示，这种形式的太阳房是在房间南侧附建一个阳光间，阳光间的围护结构全部或部分由玻璃等透光材料制作，屋顶、南墙和两面侧墙可以都采用透光材料，也可以屋顶不透光或屋顶、侧墙都不透光，阳光间的透光面宜加设保温窗帘，阳光间与房间之间的公共墙上开有门、窗等。阳光间得到太阳光照射升温后，热空气可通过门、窗进入室内，夜间阳光间的温度高于外部环境温度，可减少房间向外的热损失。

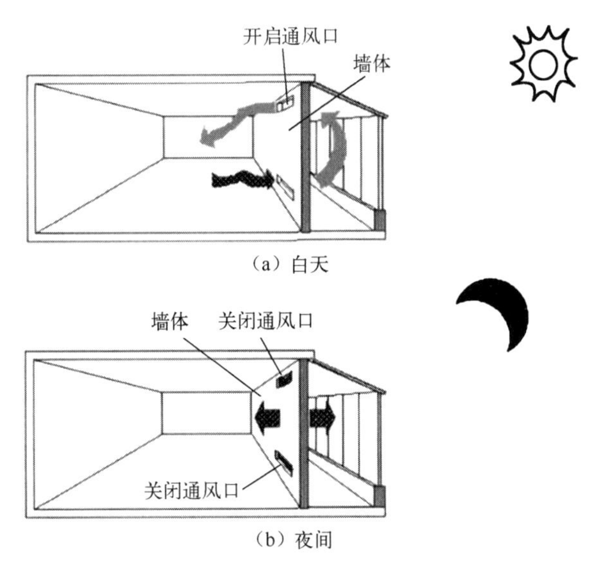

图 2.26　附加阳光间式被动式太阳房

（4）组合式被动式太阳房。

在实际应用中，以上几种被动式太阳房往往被结合起来使用，称为组合式被动式太阳房或复合式被动式太阳房。各地实践结果和测试资料表明，与同类普通房屋相比，组合式被动式太阳房的节能率可达到 60%以上。

（5）屋顶池式被动式太阳房。

图 2.27 所示为屋顶池式被动式太阳房在冬季、夏季的白天和夜间的工作情况，屋顶池式被动式太阳房兼有冬季采暖和夏季降温两种功能，适合冬季寒冷而夏季较热的地区。用装满水的密封塑料袋作为屋面蓄热体，将其置于屋顶顶棚之上，其上设置可水平推拉开闭的保温盖板。当冬季白天为晴天时，将保温盖板敞开，让水袋充分吸收太阳能，水袋所储热量通过辐射和对流传至下面房间，夜间则关闭保温盖板，减少向外的热损失。

夏季保温盖板的启闭情况与冬季相反。白天关闭保温盖板，隔绝太阳光及室外热空气，同时用较凉的水袋吸收下面房间的热量，使室温下降；夜间则打开保温盖板，让水袋冷却。保温盖板还可根据房间温度、水袋内水温和太阳辐照度自动调节启闭。

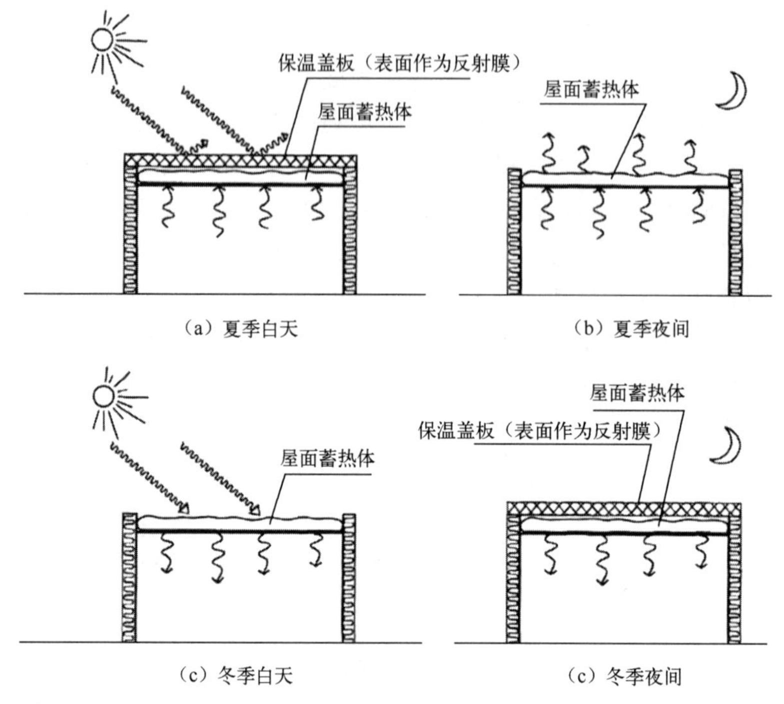

（a）夏季白天 （b）夏季夜间

（c）冬季白天 （c）冬季夜间

图 2.27 屋顶池式被动式太阳房在冬季、夏季的白天和夜间的工作情况

（6）自然对流回路式被动式太阳房。

如图 2.28 所示，自然对流回路式被动式太阳房的空气集热器应与采暖房间分开，这与特朗伯墙有些相似。

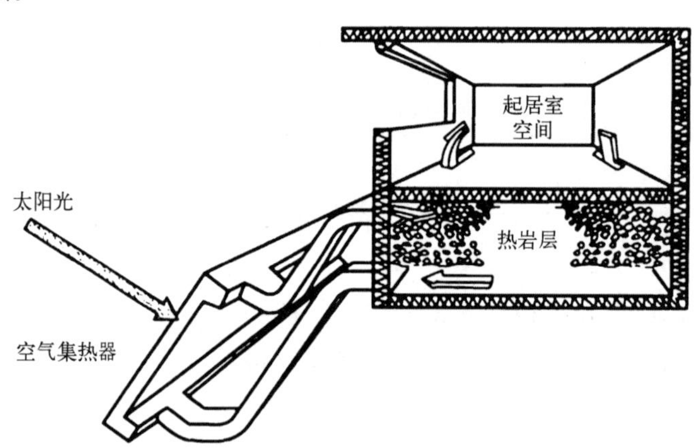

图 2.28 自然对流回路式被动式太阳房的工作原理

空气集热器是一种用于获取太阳能的装置，通常安装在太阳房的南窗下或南窗间墙上。它由以下部分组成：透明盖板（通常采用玻璃或其他透光材料）、空气通道、上通风口、下通风口、夏季排气口、吸热板和保温板。

空气集热器的制作方法：首先，在南墙窗下或窗间砌出一个凹槽，上、下各保留一个通风口；然后，将凹槽和通风口内部使用砂浆进行抹平，并安装保温板，保温板外面再覆盖一层涂成深色的金属吸热板，保温板和吸热板上应该留有与上、下通风口相对应的孔洞，使它们能够相互连接；最后，在最外层安装透明玻璃盖板，玻璃盖板可用木框、铝合金框或塑钢框，分格要少，尽可能减少框所产生的遮光现象，框四周要用砂浆或密封胶封严，防止灰尘进入，玻璃盖板上方要有活动排风口，以便夏季排风降温，室内通风口要有开启活门。

3）被动式太阳房热工设计

被动式太阳房热工设计期望达到的效果是使太阳房在冬季有尽量多的热量、尽量少的热损失和必要的热稳定性，即达到集热、保温和蓄热三者的统一。

被动式太阳房的热负荷是太阳房热工设计的基础，主要包括通过围护结构向环境的热损失和通过空气渗透的热损失。由于我国北方被动式太阳房的结构中重质材料多，热稳定性较好，因此也可以不考虑冬季开窗降温引起的热损失。

（1）所设计建筑的建筑物耗热量指标。

所设计建筑的建筑物耗热量指标应按下式计算：

$$q_{\mathrm{H}} = q_{\mathrm{HT}} + q_{\mathrm{INF}} + q_{\mathrm{IH}} \tag{2-13}$$

式中，q_{H} 为建筑物耗热量指标，单位为 W/m^2；q_{HT} 为折合到单位建筑面积上单位时间内通过围护结构向环境的热损失，单位为 W/m^2；q_{INF} 为折合到单位建筑面积上单位时间内建筑物空气渗透的耗热量，单位为 W/m^2；q_{IH} 为折合到单位建筑面积上单位时间内建筑物内部的耗热量，取值为 3.8W/m^2。

（2）被动式太阳房通过围护结构向环境的热损失。

折合到单位建筑面积上单位时间内通过围护结构向环境的热损失应按下式计算：

$$q_{\mathrm{HT}} = q_{\mathrm{Hq}} + q_{\mathrm{Hw}} + q_{\mathrm{Hd}} + q_{\mathrm{Hmc}} + q_{\mathrm{Hy}} \tag{2-14}$$

式中，q_{Hq} 为折合到单位建筑面积上单位时间内通过墙的传热量，单位为 W/m^2；q_{Hw} 为折合到单位建筑面积上单位时间内通过屋面的传热量，单位为 W/m^2；q_{Hd} 为折合到单位建筑面积上单位时间内通过地面的传热量，单位为 W/m^2；q_{Hmc} 为折合到单位建筑面积上单位时间内通过门、窗的传热量，单位为 W/m^2；q_{Hy} 为折合到单位建筑面积上单位时间内非采暖封闭阳台的传热量，单位为 W/m^2。

① 折合到单位建筑面积上单位时间内通过墙的传热量。

折合到单位建筑面积上单位时间内通过墙的传热量应按下式计算：

$$q_{\mathrm{Hq}} = \frac{\sum q_{\mathrm{Hq}i}}{A_0} = \frac{\sum \varepsilon_{\mathrm{q}i} K_{\mathrm{mq}i} F_{\mathrm{q}i} (t_{\mathrm{n}} - t_{\mathrm{e}})}{A_0} \tag{2-15}$$

式中，t_{n} 为室内温度，一般取值为 18℃，当外墙内侧是楼梯间时，则取值为 12℃；t_{e} 为采暖期室外平均温度，单位为℃；$\varepsilon_{\mathrm{q}i}$ 为外墙传热系数的修正系数；$K_{\mathrm{mq}i}$ 为外墙的平均传热系数，单位为 W/(m^2·K)；$F_{\mathrm{q}i}$ 为外墙的面积，单位为 m^2；A_0 为建筑面积，单位为 m^2；$\sum$ 代表对各个墙面求和，即对 i 求和。

② 折合到单位建筑面积上单位时间内通过屋面的传热量。

折合到单位建筑面积上单位时间内通过屋面的传热量应按下式计算：

$$q_{\mathrm{Hw}} = \frac{\sum q_{\mathrm{Hw}i}}{A_0} = \frac{\sum \varepsilon_{\mathrm{w}i} K_{\mathrm{w}i} F_{\mathrm{w}i} (t_{\mathrm{n}} - t_{\mathrm{e}})}{A_0} \tag{2-16}$$

式中，$\varepsilon_{\mathrm{w}i}$ 为屋面传热系数的修正系数；$K_{\mathrm{w}i}$ 为屋面的传热系数，单位为 W/(m^2·K)；$F_{\mathrm{w}i}$ 为屋面的面积，单位为 m^2。

③ 折合到单位建筑面积上单位时间内通过地面的传热量。

折合到单位建筑面积上单位时间内通过地面的传热量应按下式计算：

$$q_{\mathrm{Hd}}=\frac{\sum q_{\mathrm{Hd}i}}{A_0}=\frac{\sum K_{\mathrm{d}i}F_{\mathrm{d}i}(t_{\mathrm{n}}-t_{\mathrm{e}})}{A_0} \tag{2-17}$$

式中，$K_{\mathrm{d}i}$为地面的传热系数，单位为 $\mathrm{W/(m^2 \cdot K)}$；$F_{\mathrm{d}i}$为地面的面积，单位为 $\mathrm{m^2}$。

④ 折合到单位建筑面积上单位时间内通过门、窗的传热量。

折合到单位建筑面积上单位时间内通过门、窗的传热量应按下式计算：

$$q_{\mathrm{Hmc}}=\frac{\sum q_{\mathrm{Hmc}i}}{A_0}=\frac{\sum[K_{\mathrm{mc}i}F_{\mathrm{mc}i}(t_{\mathrm{n}}-t_{\mathrm{e}})-I_{\mathrm{ty}i}C_{\mathrm{mc}i}F_{\mathrm{mc}i}]}{A_0} \tag{2-18}$$

$$C_{\mathrm{mc}i}=0.87\times 0.70\times \mathrm{SC} \tag{2-19}$$

式中，$K_{\mathrm{mc}i}$为门、窗的传热系数，单位为 $\mathrm{W/(m^2 \cdot K)}$；$F_{\mathrm{mc}i}$为门、窗的面积，单位为 $\mathrm{m^2}$；$I_{\mathrm{ty}i}$为门、窗外表面采暖期的平均太阳辐射热，单位为 $\mathrm{W/m^2}$；$C_{\mathrm{mc}i}$为门、窗的太阳辐射修正系数；SC 为门、窗的综合遮阳系数；0.87 为 3mm 普通玻璃的太阳辐射透过率；0.70 为折减系数。

⑤ 折合到单位建筑面积上单位时间内通过非采暖封闭阳台的传热量。

折合到单位建筑面积上单位时间内通过非采暖封闭阳台的传热量应按下式计算：

$$q_{\mathrm{Hy}}=\frac{\sum q_{\mathrm{Hy}i}}{A_0}=\frac{\sum[K_{\mathrm{qmc}i}F_{\mathrm{qmc}i}\zeta_i(t_{\mathrm{n}}-t_{\mathrm{e}})-I_{\mathrm{ty}i}C'_{\mathrm{mc}i}F_{\mathrm{mc}i}]}{A_0} \tag{2-20}$$

$$C'_{\mathrm{mc}i}=(0.87\times \mathrm{SC_w})\times(0.87\times 0.70\times \mathrm{SC_n}) \tag{2-21}$$

式中，$K_{\mathrm{qmc}i}$为分隔封闭阳台和室内的墙、窗（门）的平均传热系数，单位为 $\mathrm{W/(m^2 \cdot K)}$；$F_{\mathrm{qmc}i}$为分隔封闭阳台和室内的墙、窗（门）的面积，单位为 $\mathrm{m^2}$；ζ_{i}为阳台的温差修正系数；$I_{\mathrm{ty}i}$为封闭阳台外表面采暖期的平均太阳辐射热，单位为 $\mathrm{W/m^2}$；$C'_{\mathrm{mc}i}$为分隔封闭阳台和室内的窗（门）的太阳辐射修正系数；$F_{\mathrm{mc}i}$为分隔封闭阳台和室内的窗（门）的面积，单位为 $\mathrm{m^2}$；$\mathrm{SC_w}$为外侧窗的综合遮阳系数；$\mathrm{SC_n}$为内侧窗的综合遮阳系数。

（3）被动式太阳房空气换气耗热量计算。

折合到单位建筑面积上单位时间内建筑物空气渗透的耗热量应按下式计算：

$$q_{\mathrm{INF}}=\frac{(t_{\mathrm{n}}-t_{\mathrm{e}})(c_{\mathrm{p}}\rho NV)}{A_0} \tag{2-22}$$

式中，c_{p}为空气的比热容，取值为 $0.28\mathrm{W \cdot h/(kg \cdot K)}$；$\rho$为空气的密度，单位为 $\mathrm{kg/m^3}$，取采暖期室外平均温度t_{e}下的值；N为换气次数，取值为 $0.5\mathrm{h^{-1}}$；V为换气体积，单位为 $\mathrm{m^3}$。

2.5.2 太阳灶

太阳灶是一种利用太阳直射辐射能的装置，通过聚光、传热和储热等方式获取热量，用于烹饪和加热水。人类利用太阳能进行烹饪和加热水已有 200 多年的历史。在过去几十年里，世界各国开发了多种不同类型的太阳灶，在发展中国家，太阳灶得到了广泛的推广和应用。

通常，太阳灶可以分为箱式太阳灶、聚光式太阳灶和综合型太阳灶。箱式太阳灶主要利用太阳辐射的直射和散射两部分的能量，但其灶温通常低于 200℃；聚光式太阳灶只利用太阳辐射的直射部分的能量，相对于箱式太阳灶来说，其功率大，平均温度可达 400℃，甚至焦点温度可高达 1000℃。聚光式太阳灶是目前使用得最多的一种太阳灶，其保有量已超过 30 万台。除了箱式太阳灶和聚光式太阳灶，还有综合型太阳灶，它们的设计结合了不同的聚光、传热和储热方式，如全天候自动跟踪太阳灶、室内聚光式太阳灶、组合式太阳灶、折叠式聚光太阳灶及全玻璃镜面反射太阳灶等。

如图 2.29 所示，聚光式太阳灶具有结构紧凑、拆装方便、质量轻等优点，焦点温度可达 1000℃以上，功率相当于 1000W 的电炉。只要有太阳光，一年四季都可使用，使用寿命可达 10 年以上，可满足煮、蒸、炖、炸等炊事活动的要求，安装简单，易于操作。

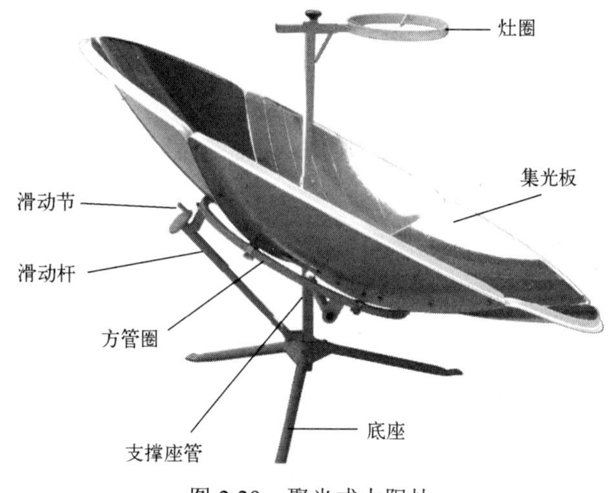

图 2.29　聚光式太阳灶

1）太阳灶的基本分类

（1）箱式太阳灶。

箱式太阳灶按结构不同可分为普通箱式、反射镜箱式、聚光箱式和轻便型箱式等。

（2）聚光式太阳灶。

聚光式太阳灶是目前大量使用的太阳灶，其大致可从以下几个方面进行分类。

① 按灶面光路设计不同分类：正抛太阳灶，其形状有正抛正圆、正抛矩形、正抛椭圆、正抛偏圆等；偏抛太阳灶，有半偏、全偏、超偏，其形状有扁圆、椭圆、矩形、碟形、异形等。

② 按灶面结构不同分类：有整体结构、两块结构、四块结构等。

③ 按灶面选材不同分类：有水泥混凝土、铸铁、铸铝、钢板、玻璃钢、钙塑料等。

④ 按灶面支撑不同分类：有中心支撑、托架支撑、翻转式支撑、灶面前支撑、吊架支撑等。

⑤ 按炊具支撑不同分类：主要有固定式和活动式两种。

⑥ 按跟踪调节形式不同分类：对太阳方位角跟踪有立轴式、轮转式和摆头式等形式。

2）箱式太阳灶

箱式太阳灶是利用黑色涂层吸收太阳能的原理制造的。它的主要结构为一个箱体，四周采用绝热材料保温。箱内表面涂有吸收率高的物质，上方覆盖着两层玻璃板，既可以透光又能达到保温的效果。当太阳能进入箱内时，它会被箱内的黑色涂层吸收，热能会储存在箱内导致温度不断上升。当投入热量与散出热量达到平衡时，箱内温度将停止上升，达到平衡状态。

（1）普通箱式太阳灶。

如图 2.30 所示，太阳灶的外形看起来像一只箱子，所以称其为普通箱式太阳灶。它由箱体、箱盖和活动支撑等部分组成。箱体的边框用木条（或其他材料）作为榫进行衔接，并且在木条内壁开好角槽，箱壁纸板被钉在这些角槽上，以将其固定在箱体中；然后，在箱体上边框内侧下沿再钉一圈木条，木条上粘一层绒布，以便将箱盖放置在上面；最后，为了加强密封，箱体内可再裱糊两层纸。

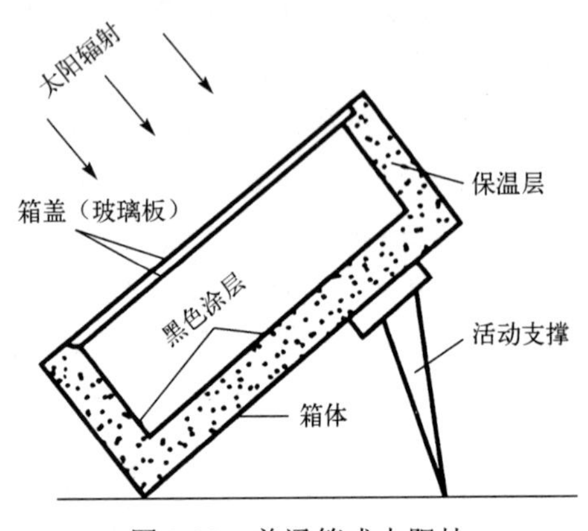

图 2.30 普通箱式太阳灶

箱盖是用两层玻璃板制成的，安放玻璃板前要先做好盖框，盖框大小应与箱体相匹配。用钉子将两层玻璃板钉在盖框上，四周用灰泥封实，防止透气和灰尘进入。

（2）加装平面反射镜的箱式太阳灶。

改进箱式太阳灶的一种简单易行的方法是在箱体四周加装平面反射镜，以提高箱式太阳灶的温度和功率。将平面反射镜镶接在边框并固定在任意角度上，调整平面反射镜的倾角可以使太阳光完全被反射进入箱内。平面反射镜可以采用普通的镀银镜面、抛光铝板或者将真空镀铝聚酯薄膜贴在薄板上制成。根据试制和使用情况，加装 1 块平面反射镜，箱式太阳灶的箱温最高可达 170℃；加装 2 块平面反射镜，箱温最高可达 185℃；加装 4 块平面反射镜，箱温最高可达 200℃，显著提高了集热效果。虽然平面反射镜数量的增加会使成本提高，但同时可以相应缩小箱式太阳灶的体积，从而使箱式太阳灶的总成本与之前相差无几。

图 2.31 和图 2.32 所示分别为加装平面反射镜的箱式太阳灶的简图与实物图。使用时转动箱体并调节支架，使太阳灶窗口正对太阳光。除直射进入窗口的太阳光外，其余部分将经平面反射镜反射进入太阳灶内部。此类太阳灶可根据需要加装 1～4 块平面反射镜，若平面反射镜的长度等于窗口长度，则安装角为 60°。加装平面反射镜的块数为 1、2、3 和 4 时，太阳灶的聚光度分别是 1.5、2、2.5 和 3。其中，图 2.31（b）展示了一种常用的加装平面反射镜的箱式太阳灶，它采用斜坡形的玻璃盖板，并在窗口的后面和前面各安装 1 块反射镜。在使用时，将太阳灶箱体平放在地面上，通过转动太阳灶使其朝向太阳光照射方向，并调节平面反射镜的角度，使反射光全部进入太阳灶内部。这种太阳灶的优点是可以省去支架，稳定可靠，使用方便，箱温可达到约 180℃。

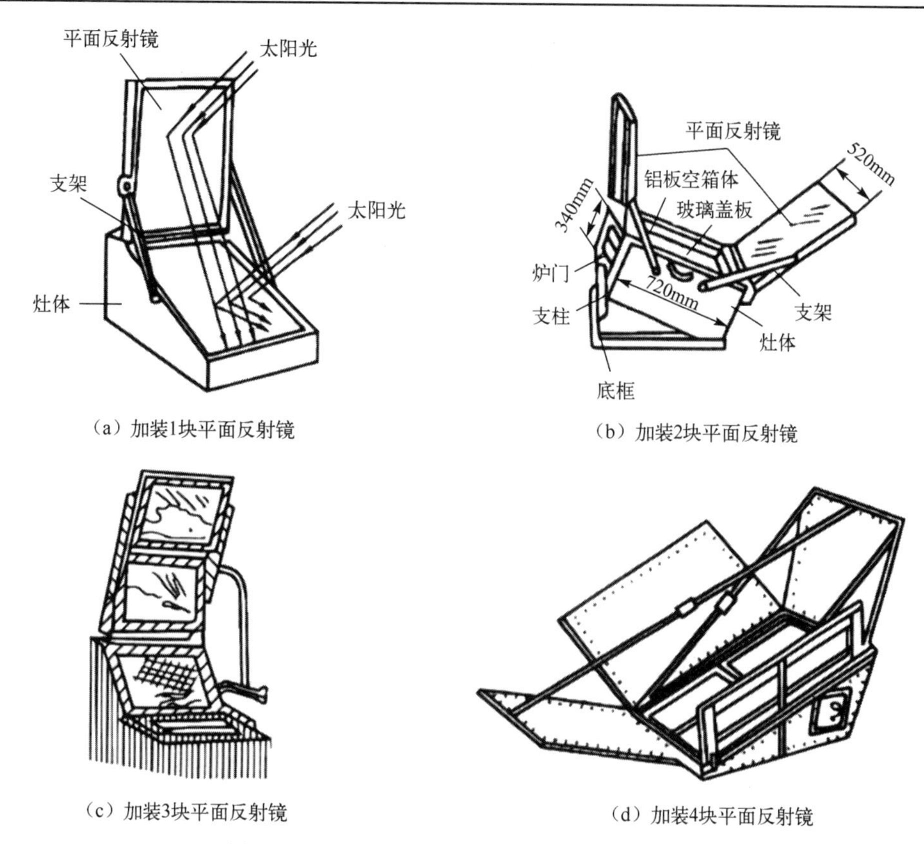

（a）加装1块平面反射镜　（b）加装2块平面反射镜

（c）加装3块平面反射镜　（d）加装4块平面反射镜

图 2.31　加装平面反射镜的箱式太阳灶的简图

图 2.32　加装平面反射镜的箱式太阳灶的实物图

（3）抛物柱面聚光箱式太阳灶。

箱式太阳灶受限于窗口面积，因此接收太阳能的效率较低，箱温不高。尽管加装平面反射镜可以提高聚光度，增加功率和箱温，但增幅有限。而且平面反射镜的利用率低于 50%，进入箱内的太阳能分散在整个箱体内和需加热的食物的上部，不利于温度的升高。相对而言，旋转抛物面聚光式太阳灶的功率可以设计得更大，使能量更集中，温度更高。然而，旋转抛物面聚光式太阳灶的制作较为困难，造价也较高，不易推广。此外，对于箱式太阳灶而言，其热损失也较大。

抛物柱面聚光式太阳灶是将箱式太阳灶和聚光式太阳灶的优点、缺点加以比较，吸收两种类型太阳灶的优点研制而成的。图 2.33 所示为抛物柱面聚光式太阳灶的箱体剖面图，太阳光通过箱盖窗口从上方直接入射，然后由箱体下面两侧的抛物柱面镜反射聚光后进入箱内，整体外形结构如图 2.34 所示。抛物面用铰链安装在箱体下面的框架上，外侧用活动支撑杆与箱体固定。拆去活动支撑杆后，可将抛物面折叠起来，便于放置和携带。

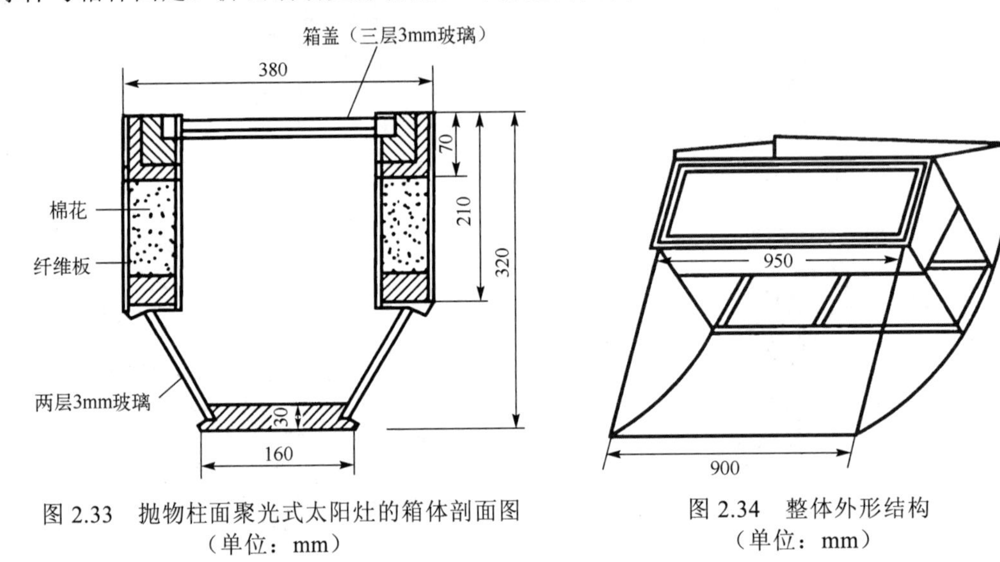

图 2.33 抛物柱面聚光式太阳灶的箱体剖面图（单位：mm）

图 2.34 整体外形结构（单位：mm）

该太阳灶的箱体较小、能量集中、热损失小、升温快，灶温可达 200℃。

3）聚光式太阳灶

聚光式太阳灶是一种利用旋转抛物面反光汇聚太阳直射辐射能进行炊事活动的装置。它利用了抛物面聚光的特性，极大地提高了功率和聚光度，使得锅底可达到 500℃的高温。因此，使用聚光式太阳灶可以方便地进行煮、炒食物和烧开水等各种炊事活动，有效地缩短了炊事时间。然而，与箱式太阳灶相比，聚光式太阳灶在设计制造方面更加复杂，并且成本也较高。

聚光式太阳灶有多种类型，根据其聚光方式的不同可以分为旋转抛物面聚光式太阳灶、偏轴抛物面聚光式太阳灶、折叠式聚光太阳灶、球面聚光式太阳灶、抛物柱面聚光式太阳灶、圆锥面聚光式太阳灶和线性菲涅尔聚光式太阳灶等。其中，旋转抛物面聚光式太阳灶具有强大的聚光特性，可以获得较高的温度，因此在实际中应用最为广泛。

（1）旋转抛物面聚光式太阳灶。

① 太阳灶的口径 D。

旋转抛物面聚光式太阳灶是一种利用反射原理来集中太阳能的设备，其通过将太阳光反射聚焦到一个点上来提供高温热能。在理想条件下，旋转抛物面聚光式太阳灶的口径 D 可以通过以下公式计算：

$$D = 2 \times f \times \tan\theta$$

式中，f 为旋转抛物面聚光式太阳灶的焦距，即抛物面顶点到焦点的距离；θ 为旋转抛物面聚光式太阳灶的聚光角度，即旋转抛物面聚光式太阳灶中太阳光被聚焦的角度范围，它代表旋转抛物面聚光式太阳灶聚焦太阳光的精度和集中程度。通常，聚光角度为 1°～3°，这样可以将太阳光有效地聚焦在一个小区域内。

② 旋转抛物面聚光式太阳灶的灶面。

旋转抛物面聚光式太阳灶的灶面由基面和反光材料两部分组成，是旋转抛物面聚光式太阳灶中至关重要的部件。旋转抛物面聚光式太阳灶的基面通常采用的材料和制作工艺主要为以下几种：通过模具将平板玻璃热弯成形；通过模具将塑料制成所需形状；用水泥、钢筋和金属网制成混凝土薄壳灶面；用锯末和石棉瓦材料加竹筋制成水泥薄壳结构；用薄型铸造工艺制成铸铁灶壳等，图 2.35 所示为用薄型铸造工艺制成的铸铁灶壳聚光式太阳灶。

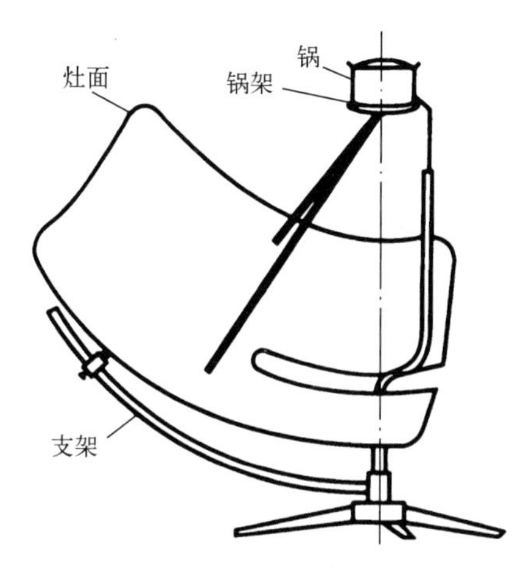

图 2.35　用薄型铸造工艺制成的铸铁灶壳聚光式太阳灶

③ 旋转抛物面聚光式太阳灶的锅架、支架和跟踪调节机构。

用于支撑锅具的锅架有两种安装方式。一种是将锅架支撑在地面上，这种方式稳定可靠。但是，此种方式要求旋转抛物面聚光式太阳灶的灶面跟踪太阳高度角变化的水平轴必须通过焦点。换句话说，在使用过程中，旋转抛物面聚光式太阳灶的灶面应该围绕锅底进行转动。由于灶面的转动，锅架的重心会发生较大的位移，因此调节起来较为费力。另一种是将锅架支撑在旋转抛物面聚光式太阳灶的灶面上，旋转抛物面聚光式太阳灶进行方位调节和俯仰调节时，锅架随灶面一起转动。在这种方式下，需要考虑的是如何使锅架在调节过程中保持水平。其中，最简单的方法是利用配重使锅架的重心位于通过锅架的水平轴的下方。这种方法的优点是旋转抛物面聚光式太阳灶的灶面可以围绕灶面重心的水平轴进行俯仰调节，调节起来相对省力且稳定。

（2）偏轴抛物面聚光式太阳灶。

旋转抛物面聚光式太阳灶在进行炊事活动时，要求锅具始终保持水平，不能随着光轴倾斜。因此，当太阳高度较高时，焦面与锅底基本平行，效果较好。然而，当太阳高度较低时，焦面与锅底形成的交角较大，导致部分光线射到锅具的侧面，影响太阳灶的效果。此外，锅具无法安装保温套以减少热损失，这也会影响效果。旋转抛物面聚光式太阳灶在夏季及中午使用时，效率较高；在其他季节及早、晚使用时，效率不高。其制作工艺复杂，体形庞大，不便于携带和存放。为了解决上述问题，偏轴抛物面聚光式太阳灶被成功研制出来。该太阳灶将抛物面中的一部分截割下来作为采光面，从而提高了采光效率。此外，该太阳灶还可以将矩形抛物面对折起来，方便携带和存放。

（3）折叠式聚光太阳灶。

由于旋转抛物面制作困难，因此可采用长条形抛物柱面镜制作折叠式聚光太阳灶。这种太阳灶具有设计和加工工艺简单，灶体轻便的优点。折叠式聚光太阳灶通常使用经过电解抛光和阳极氧化处理的铝片作为反射镜，其厚度约为 1mm。每条铝片可以很容易地按照预先在纸上绘制的抛物线进行手工弯曲，形成一段弯曲的柱形抛物面。然后，将弯好的铝片按照一定的顺序排列成阶梯状，并安装在箱框上，从而形成抛物反射面。这样，每一条铝片上投射的太阳光都会汇聚到锅底，达到聚光效果，折叠式聚光太阳灶如图 2.36 所示。

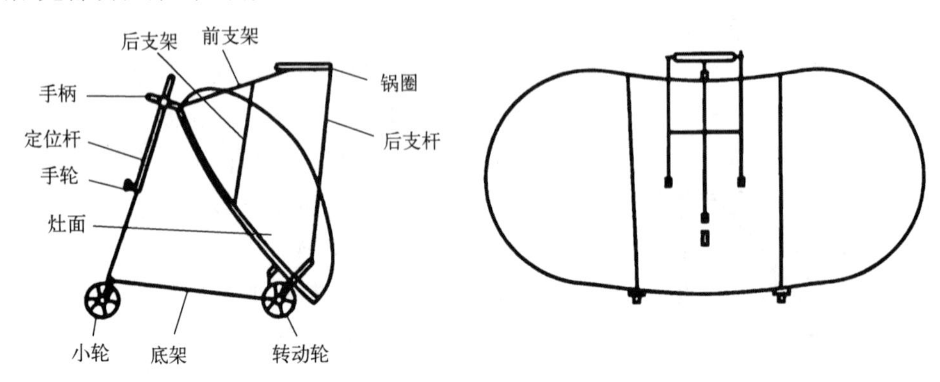

图 2.36 折叠式聚光太阳灶

4）综合型太阳灶

除上述太阳灶外，还有一些综合型太阳灶，这些太阳灶综合了箱式太阳灶和聚光式太阳灶的优点，并吸收了真空集热管技术和热管技术的研发成果，是新型的太阳灶。

（1）热管真空集热太阳灶。

如图 2.37 所示，将热管真空集热器和箱式太阳灶的箱体结合起来，就形成了热管真空集热太阳灶。

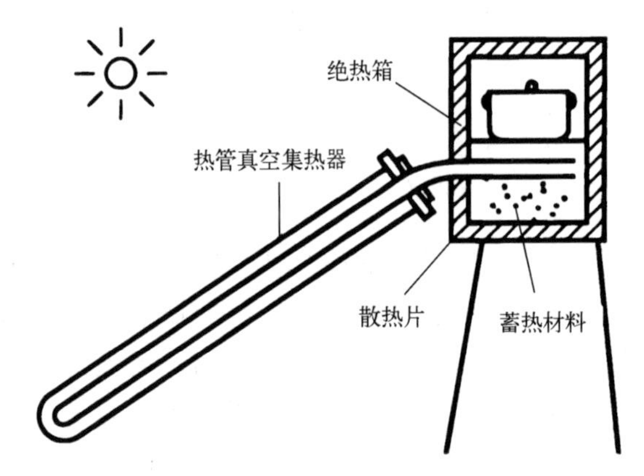

图 2.37 热管真空集热太阳灶

（2）储热室内太阳灶。

如图 2.38 所示，储热室内太阳灶是一种具有独特工作原理的太阳灶。它通过聚光器使太阳光聚集并照射到热管的蒸发端。太阳光照射在热管上，使其中的工质迅速蒸发。蒸发的工质中含有高温、高压的蒸汽，它通过热管迅速传导到热管的冷凝端。在热管的冷凝端，热量被传递给散热板，然后传递给换热器中的硝酸盐。硝酸盐是一种储能材料，它可以吸收和存储热量。通过高温泵和开关的控制，硝酸盐中的热量被传递给炉盘，利用到达炉盘的热量进行炊事活动。

（3）聚光双回路太阳灶。

如图 2.39 所示，聚光双回路太阳灶是一种在室内应用的太阳灶。其工作原理：首先，聚光器将太阳光聚集到吸热管，吸热管利用所获得的太阳能热量，将第一回路中的传热介质（一般为棉籽油）加热到非常高的温度（约 500℃）；然后，通过盘管换热器将热量传给锡，锡熔融后再把热量传给第二回路中的传热介质，使其温度达到约 300℃；最后，第二回路中的传热介质将热量通过炉盘传递给食物，用于加热和烹饪。

5）太阳灶的推广应用

目前，太阳灶已经发展成为一个较为成熟的产品。尤其是在过去二三十年间，世界不少国家研制和生产了各种不同类型的太阳灶。特别是在发展中国家，太阳灶受到了广大用户的好评，并得到了较好的推广和应用。

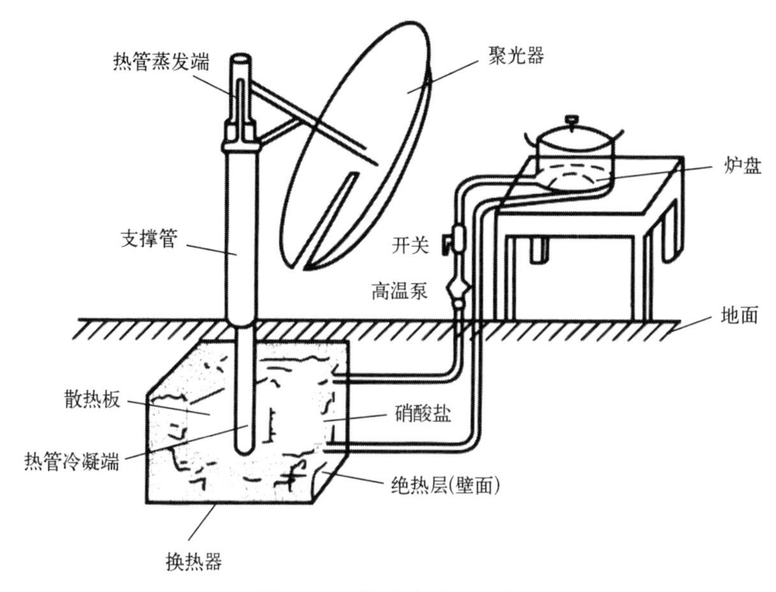

图 2.38　储热室内太阳灶

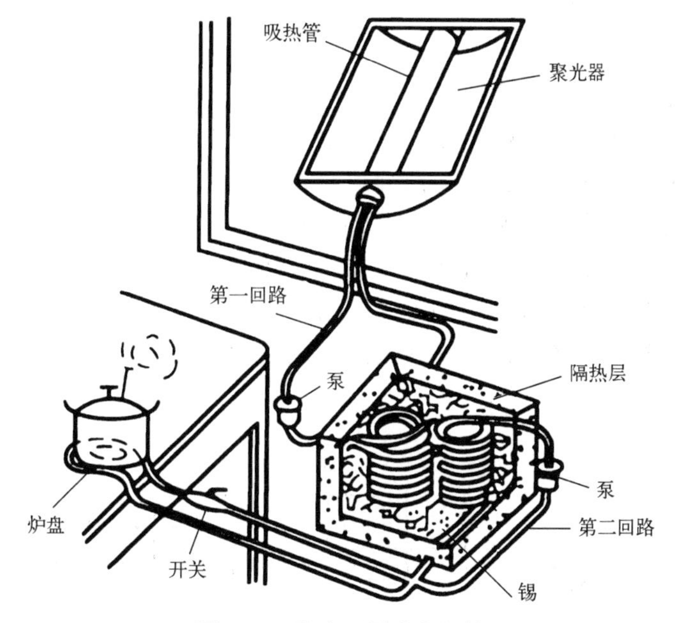

图 2.39　聚光双回路太阳社

截至 2023 年上半年，我国太阳灶的推广和应用主要集中在太阳能资源丰富的西部地区，如甘肃、青海、宁夏、西藏、四川和云南等地，而这与国家和地方政府的支持是分不开的。以农业农村部在四川省甘孜藏族自治州和青海省玉树藏族自治州的投资为例，他们共投资了 870 万元用于实施太阳能温暖工程项目，并已全面完成。在这两个自治州的 11 个县、88 个乡镇和 372 个村共计 22800 户牧民家庭中，每户都安装了一台太阳灶，实现了“一户一灶”的目标，这不仅为牧民提供了温暖，还为他们每年节约了约 1368 万元的劳动力成本。

2.5.3　太阳能吸收式制冷

太阳能吸收式制冷是利用热能直接制冷的最常用方式，其工作原理：在高温热源的加热下，发生器中的稀溶液沸腾，溶液浓度提高并进入吸收器，溶液中沸点较低的制冷剂气化并与吸收剂分离，分离出的制冷剂蒸气经冷凝后变成液体，冷凝后的制冷剂液体经节流降压，在蒸发器中蒸发产生制冷效应。蒸发后的制冷剂蒸气在吸收器中被浓溶液吸收，使浓溶液变回稀溶液，过程重复进行，吸收式制冷是依靠溶液中吸收剂浓度的变化来完成制冷循环的。

太阳能吸收式制冷系统的制冷性能系数可表示为

$$\mathrm{COP}=\frac{Q_0}{Q_1} \tag{2-23}$$

式中，Q_0为循环制冷量；Q_1为系统接收的太阳能。

常用的吸收式制冷溶液有①溴化锂-水溶液，其中溴化锂是吸收剂（沸点为1265℃），水是制冷剂；②氨-水溶液，其中氨是制冷剂（沸点是33.4℃），水是吸收剂。按照制冷剂的不同，太阳能吸收式制冷系统分为太阳能溴化锂吸收式制冷系统和太阳能氨-水吸收式制冷系统两大类。

（1）太阳能溴化锂吸收式制冷系统。

太阳能溴化锂吸收式制冷系统的工作原理如图2.40所示。在该制冷系统中，发生器中的溴化锂溶液由太阳能集热器的集热介质直接加热，溶液中的水分不断气化，溶液浓度提高，浓溶液进入吸收器。蒸汽在冷凝器中凝结后变成高压、低温的液态水，然后进入节流阀。节流后的低压液态水进入蒸发器吸收冷媒水的热量而蒸发，产生制冷效应。高温蒸汽进入吸收器，被吸收器中的溴化锂浓溶液吸收。溴化锂稀溶液通过溶液泵返回发生器，完成整个制冷循环。溶液换热器用于回收发生器高温浓溶液的热量以提高整个装置的热效率。

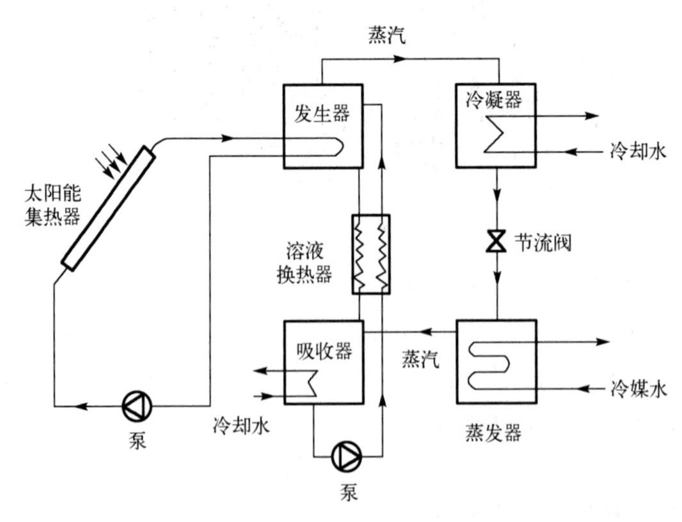

图2.40　太阳能溴化锂吸收式制冷系统的工作原理

太阳能溴化锂吸收式制冷系统中冷媒水的温度一般为 5～10℃，主要用于温度调节。单级太阳能溴化锂吸收式制冷系统的性能系数大约为 0.7。

太阳能溴化锂吸收式制冷系统主要存在两个缺点：一是系统在真空环境下工作，气密性要求高；二是溴化锂溶液对一般金属有较强的腐蚀性。因此，一方面要保证系统有很好的气密性，另一方面需要在溴化锂溶液中加入缓蚀剂，以保持溶液呈碱性，常用的缓蚀剂有铬酸锂和氢氧化锂。

（2）太阳能氨-水吸收式制冷系统。

太阳能氨-水吸收式制冷系统以水为吸收剂，氨为制冷剂，因此可以获得 0℃以下的制冷温度，满足冷冻、冷藏的需求。由于氨和水的沸点相差不大，在发生器中产生的氨蒸气中含有较多的蒸汽，所以为了提高氨蒸气的浓度，必须在发生器上部设置精馏装置。太阳能氨-水吸收式制冷系统的工作原理如图 2.41 所示。

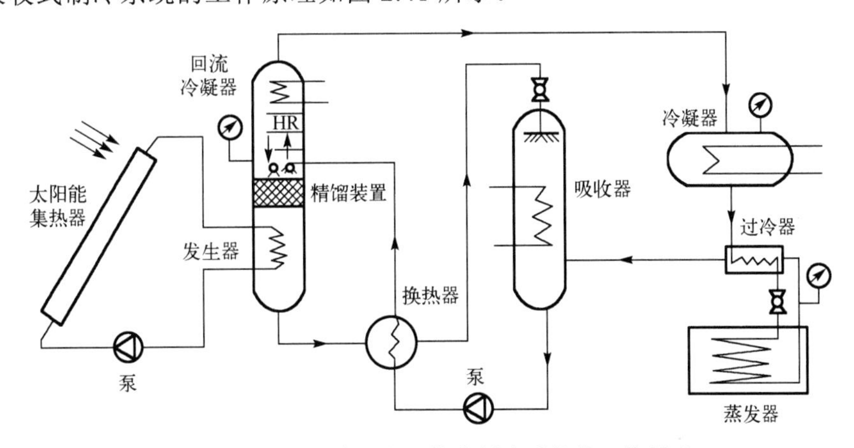

图 2.41　太阳能氨-水吸收式制冷系统的工作原理

太阳能氨-水吸收式制冷系统的结构复杂、体积庞大，主要用于制冷量大、制冷温度低的石油、化工等工业部门。

2.5.4　太阳能集热器

太阳能集热器的分类如图 2.42 所示。

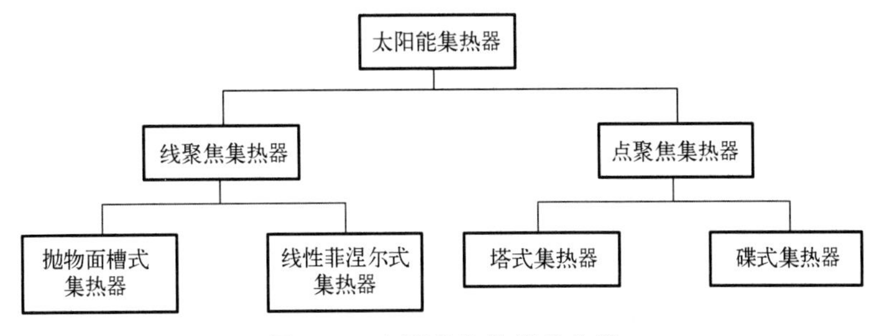

图 2.42　太阳能集热器的分类

① 抛物面槽式集热器：抛物面槽式集热器（Parabolic Trough Collector）由一系列抛物面形状的线性抛物线集热器组成，用于将太阳光反射到吸热管表面，如图 2.43 所示。抛物

面槽式集热器可以跟踪太阳的位置，为确保对吸热管的连续聚焦，通常采用单一跟踪系统。在该太阳能集热器中，热油、熔盐、水等作为传热流体，用于从吸热管中提取热量。据报道，槽式光热发电站每年的太阳能转换效率可达 15%。相较于光伏发电，与储热系统相耦合的槽式光热发电站具有显著的优势。图 2.44 展示了槽式光热发电站与储热系统的耦合，利用储热系统，槽式光热发电站能够在无光照期间持续供电。扫描下方二维码可查看槽式光热发电站的讲解。

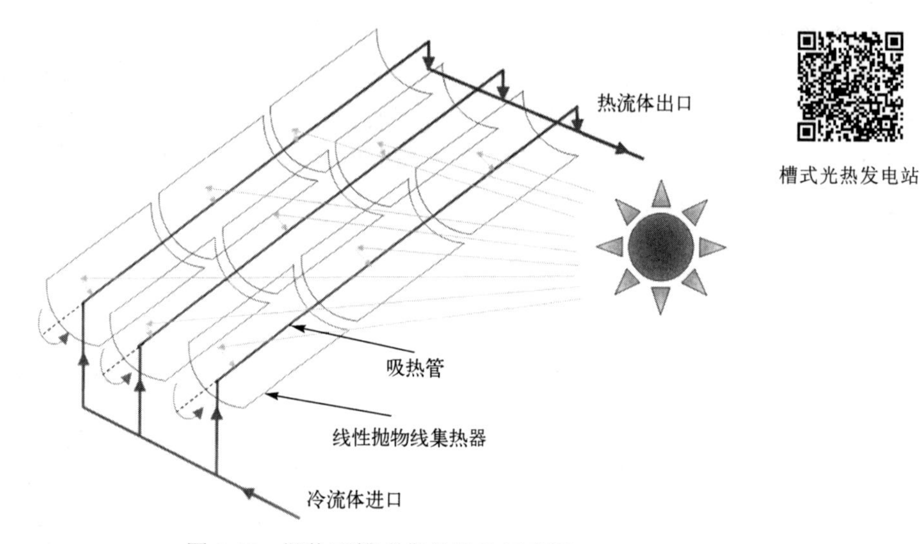

图 2.43　抛物面槽式集热器的示意图

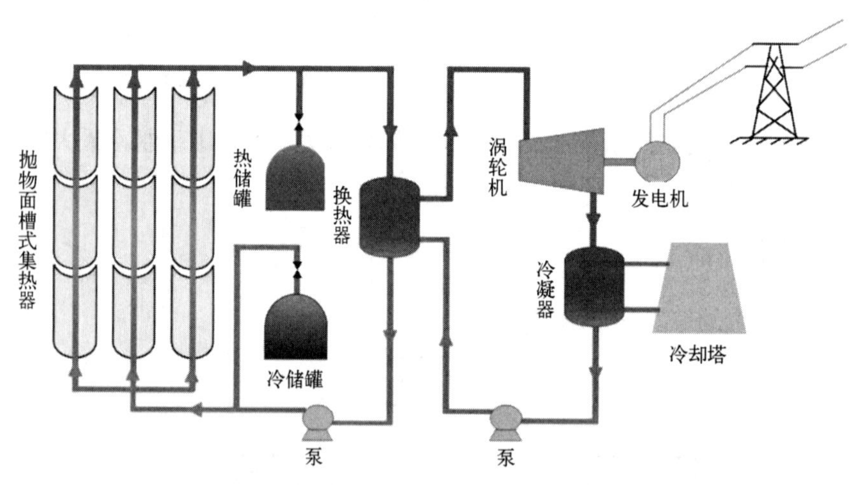

图 2.44　槽式光热发电站与储热系统的耦合

20 世纪 80 年代初期，以色列和美国联合组建了 LUZ 太阳能热发电国际有限公司。从成立开始，该公司就集中力量研究开发槽式光热发电系统。在 1985—1991 年的七年时间里，其在美国加州沙漠相继建成了 9 座槽式光热发电站，总装机容量为 354MW，并投入运营。经过努力，发电站的初次投资由 1 号发电站的每千瓦 4490 美元降到了 8 号发电站的每千瓦 2650 美元，发电成本从每千瓦时 24 美分降到了每千瓦时 8 美分。

此外，一个比较经典的槽式光热发电站为美国内华达州的 Solar One 槽式光热发电站。

该发电站于 2006 年开工，2007 年 6 月投入运行，总投资约为 2.66 亿美元。该发电站以导热油为传热介质，总装机容量为 64MW，年发电量超 1.3×10^8kW·h，镜场面积为 357000m^2。发电机组采用天然气补燃以防冻，配备储热系统。

② 线性菲涅尔式集热器：如图 2.45 所示，线性菲涅尔式集热器的工作原理与抛物面槽式集热器类似，不同之处在于线性菲涅尔式集热器采用菲涅尔结构的聚光镜代替了抛面镜，线性反射镜采用平面镜。在该太阳能集热器中，吸收器是固定的，线性反射镜跟踪太阳并将太阳光反射到吸收器表面。在早期，线性菲涅尔式光热发电系统与传统的化石燃料相结合，可以在阴雨天气和夜间继续产生电力。

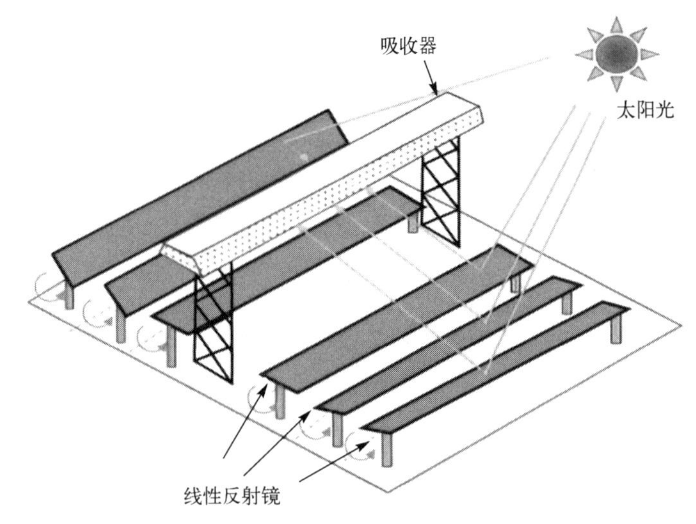

图 2.45　线性菲涅尔式集热器

线性菲涅尔式光热发电系统由于聚光倍数只有数十，因此集热的效率并不高，使得整个系统的年发电效率仅能达到 10%左右。但由于该系统具有结构简单，直接使用导热介质产生蒸气等特点，因此其建设和维护成本也相对较低。

③ 塔式集热器：图 2.46 所示为塔式集热器，塔式集热器由大量定日镜和接收器等组成，定日镜的表面积从 20m^2 到 200m^2 不等。接收器位于塔的顶部，它将热量传递到工质中。接收器和定日镜之间的距离可能长达 1km。接收器的设计主要基于热量传输类型、能量传输模式和使用的材料。塔式集热器中的接收器主要有两种类型：外部接收器和空腔接收器。外部接收器是一个圆柱体，该圆柱体由许多用于传递热量的锅炉管组成，定日镜将太阳能集中至锅炉管，通过锅炉管将热量传递给工质。空腔接收器与定日镜之间通常有一层透明的保护罩，形成一个封闭的空气腔。这样可以减少通过对流和辐射从接收器孔中流失的热量，提高接收器的热效率。扫描右方二维码可查看塔式光热发电站的讲解。

塔式光热发电站

1973 年，世界石油危机的爆发促进了人们对太阳能技术的研究与开发。相对于光伏电池的价格昂贵、效率较低，光热发电技术具有较高的效率，许多工业发达的国家都将光热发电技术作为国家研究开发的重点。在 1981—1991 年间，全球多个国家建设了许多装机容量超过 500kW 的光热发电试验电站。其中最主要的形式是塔式电站，其最大发电功率可达 80MW，其缺点主要为单位容量的投资成本较高，且降低光热发电的成本十分困难。

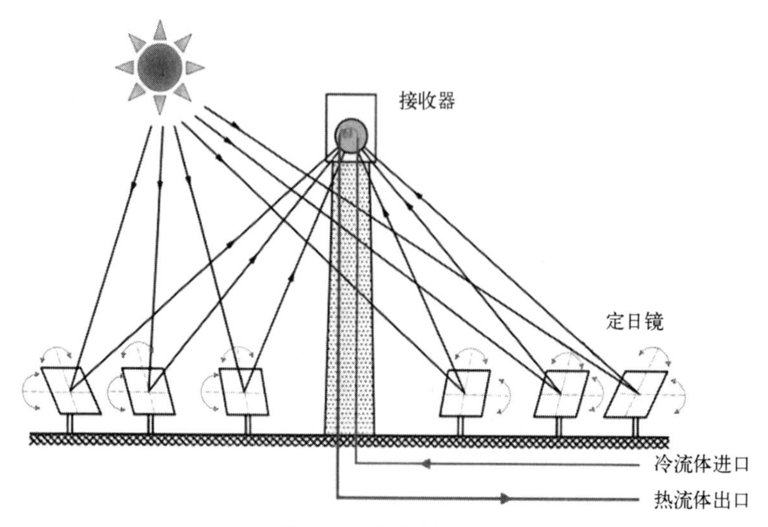

图 2.46 塔式集热器

④ 碟式（盘式）集热器：碟式集热器如图 2.47 所示。相较于其他太阳能集热器，碟式集热器具有相对较高的聚光效率，这意味着它可以更有效地将太阳能集中到接收器上，从而提高能量的利用效率。由于聚光效果优秀，因此碟式集热器主要应用于具有较高太阳辐射的边缘地区。

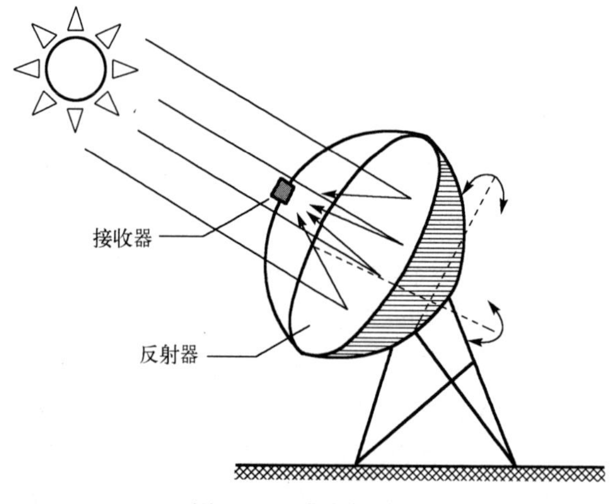

图 2.47 碟式集热器

2.6 光热发电技术原理与相关分析

光热发电技术是一种全新的新能源应用技术，与光伏发电技术不同，它将太阳能转换为热能，再将热能转换为电能。光热发电技术利用定日镜等采集太阳能，将传热介质加热到几百摄氏度的高温，传热介质经过换热器后产生高温蒸气，进而驱动涡轮发电机组产生电能，其中传热介质多为导热油与熔盐。整个光热发电系统通常分成四部分：集热系统、热传输系统、蓄热与热交换系统、发电系统。光热发电有两种形式：一种以蒸汽为传热介质，如图 2.48 所示；一种以熔盐为传热介质，如图 2.49 所示。以图 2.49 为例，在接收器接收到定日镜聚焦的太阳能后，产生的巨大热能会将冷盐加热至高温形成液体熔盐，高质量的液体熔盐一部分会与水发生热交换产生蒸汽驱动涡轮机，进而带动发电机做功发电。另一部分则可以储存起来，在夜间或阴雨天气继续利用，从而增强光热发电的稳定性。

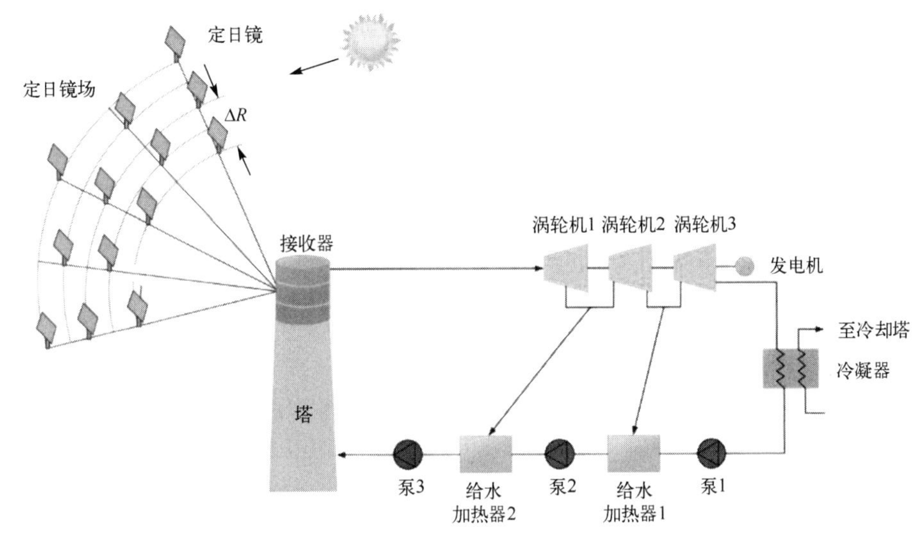

图 2.48　塔式光热发电系统（以蒸汽为传热介质）

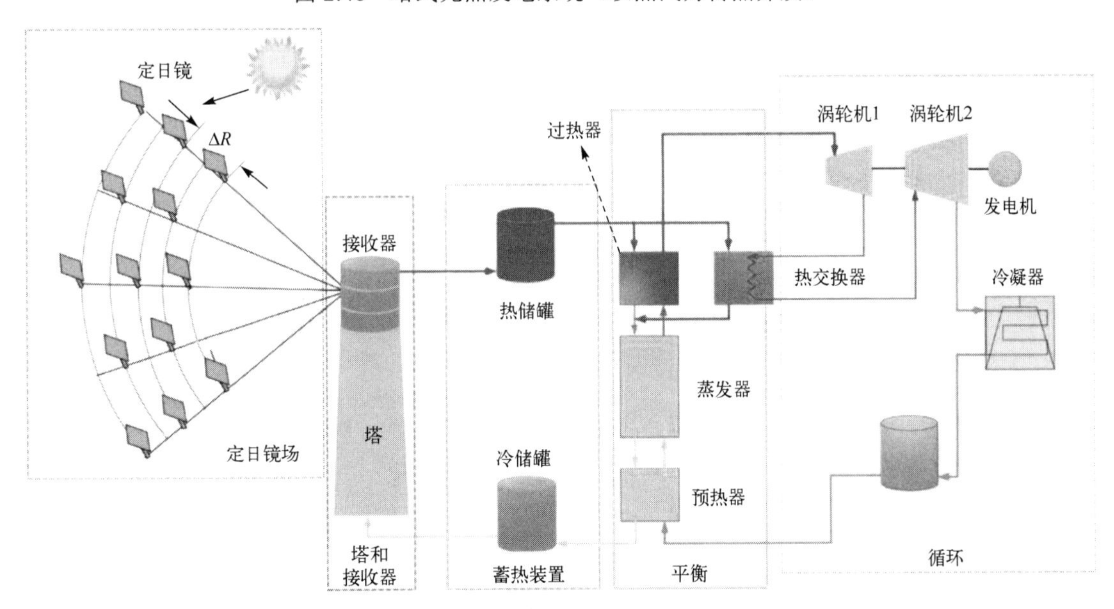

图 2.49　塔式光热发电系统（以熔盐为传热介质）

集热系统：集热系统由聚光装置、接收器、跟踪机构等部件组成。如果说集热系统是整个光热发电系统的核心，那么聚光装置就是集热系统的核心。聚光装置即聚光镜或定日镜等，其反射率、焦点偏差等均会影响发电效率。目前，国内生产的聚光镜与国外生产的聚光镜的效率相差不大，均可以达到 94%。

热传输系统：热传输系统是光热发电系统中的一个重要组成部分，其主要功能是将集热系统收集到的热能传输给蓄热与热交换系统。热传输系统通常利用传热介质来实现能量的传递，常见的传热介质包括导热油和熔盐等。理论上，熔盐的工作温度比导热油更高，因此可以获得更高的发电效率，熔盐在安全性方面也更具优势。热传输系统一般由预热器、蒸发器、过热器和再热器等部件组成。热传输系统的基本要求：传热管道损耗小、输送传热介质的泵功率小、热量传输的成本低。

蓄热与热交换系统：与光伏发电系统相比，光热发电系统在蓄热与热交换方面具有独特的优势。光热发电系统能够将太阳能储存起来，用于夜间发电，也可以根据电网中负载的需求灵活调度发电。蓄热装置通常由真空绝热材料或使用绝热材料包覆的蓄热器构成。蓄热与热交换系统对储热介质的要求：储热密度大、来源丰富、价格低廉、性能稳定、无腐蚀性、安全性好、传热面积大、导热性能好等。目前，我国正在不断研究和探索各种新的蓄热技术和材料。一些专家提出采用价格低廉的固体蓄热材料（如陶瓷等）以降低发电成本并提高系统性能，这些新技术和材料的应用有望进一步改善光热发电系统的效率和可靠性。

发电系统：发电系统是光热发电系统中的重要组成部分，主要包括汽轮机、燃气轮机、低沸点工质汽轮机、斯特林发动机等设备，可根据光热发电系统的热能温度等级、热量和蒸气压力等要求，选择合适的发电装置。对于大型光热发电系统来说，当其热能温度等级与火力发电系统基本相同时，可选用常规的汽轮机；当其工作温度在 800℃以上时，可选用燃气轮机。对于小功率或者低温的光热发电系统来说，可选用低沸点工质汽轮机或斯特林发动机。需要注意的是，尽管光热发电系统的发电部分与火力发电系统类似，但在设计上仍存在一定的区别。光热发电系统对发电设备有一些特殊要求，如频繁启停、快速启动、低负荷运行和高效性等。光热发电技术的发展衍生了不同的介质选择。传统将水作为工质的光热发电系统已经不再是主流系统，目前最主流的是熔盐介质光热发电系统。熔盐介质光热发电系统将熔盐作为传热和储热介质，工作温度为 290～560℃。

图 2.50 展示了光热发电站的太阳能集热器效率、循环效率和整体效率。很明显，太阳能集热器效率随着工作温度的升高而降低；循环效率随着工作温度的升高而提高；整体效率随着工作温度的升高有一定程度的提高，然后逐渐降低。

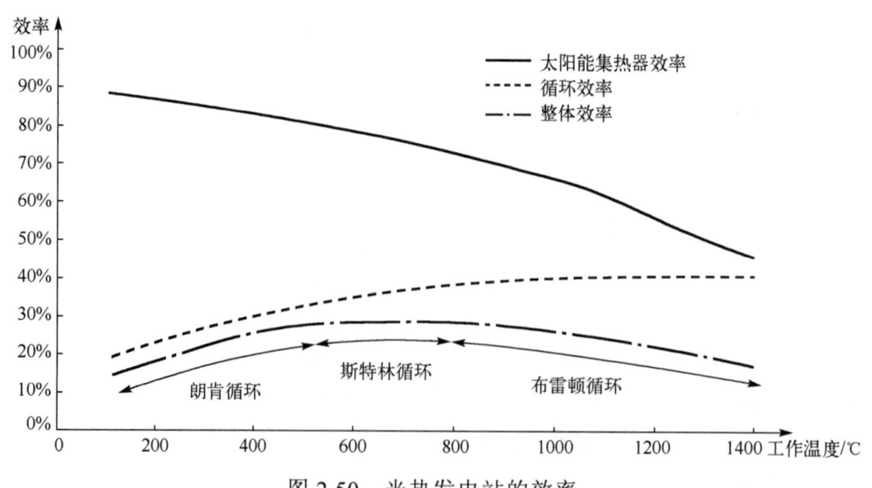

图 2.50　光热发电站的效率

2.6.1　塔式光热发电系统理论分析

定日镜场：太阳辐射的能量由放置在地面上的一组平面镜（称为定日镜场）反射至中央的接收器上，以获得高度集中的太阳能，入射到接收器表面的总功率 $\dot{Q}_{\text{inc}}$（W）由下式计算：

$$\dot{Q}_{\text{inc}} = A_{\text{field}} \times \rho_{\text{field}} \times I_{\text{bn}} \times \eta_{\text{field}} \times \Gamma \tag{2-24}$$

式中，A_{field}、ρ_{field}、I_{bn}、η_{field}和Γ分别为表面积（m^2）、平面镜反射率、入射水平光束辐射（W/m^2）、总场效率和由清洁问题引发的修正系数。

接收器：美国桑迪亚国家实验室的琼斯为接收器开发了一个简单的模型，其中接收器热效率 η_{inc} 被视为输入变量，输出为达到传热流体出口温度设定值时的质量流率 $\dot{m}_{\text{HTF,demand}}$：

$$\dot{m}_{\text{HTF,demand}} = \frac{\eta_{\text{inc}} \times \eta_{\text{rec}}}{(c_{\text{HTF}} \times (T_{\text{HTF,hot}} - T_{\text{HTF,cold}}))} \tag{2-25}$$

式中，η_{rec}、c_{HTF}、$T_{\text{HTF,hot}}$ 和 $T_{\text{HTF,cold}}$ 分别是塔热效率、传热流体比热容、传热流体出口温度设定值和传热流体入口温度。

接收器被视为长度为 Δx 的单管，通过考虑多种传热机制对其进行建模，包括入射辐照通量 $\dot{q}_{\text{inc}}$（W）、外部对流热损失 $\dot{q}_{\text{conv}}$（W）、与环境的辐射交换 $\dot{q}_{\text{rad}}$（W）和单管表面反射的能量 $\dot{q}_{\text{ref}}$（W），如图 2.51 所示。

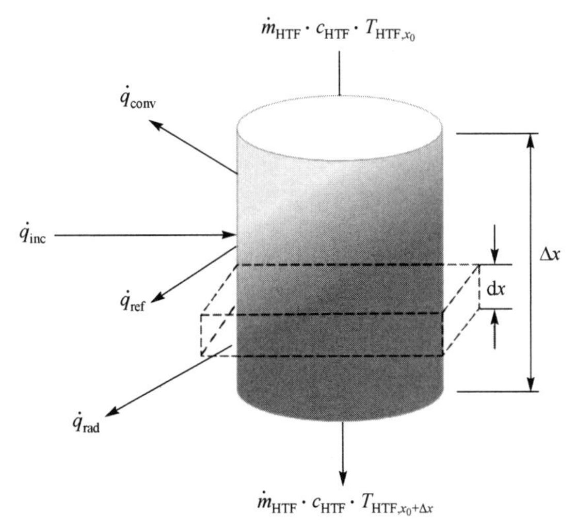

图 2.51　能量平衡示意图

对于每个微分元件 dx，整体稳态能量平衡由以下公式确定：

$$\dot{q}_{\text{fluid}} = \dot{q}_{\text{inc}} - (\dot{q}_{\text{ref}} + \dot{q}_{\text{rad}} + \dot{q}_{\text{conv}}) \tag{2-26}$$

入射辐照通量的积分形式如下：

$$\dot{q}_{\text{inc}}(x) = D_{\text{tube}} \times n_{\text{t}} \times \int_{x_0}^{x_0+\Delta x} P''_{\text{fluid}}(x)\text{d}x \tag{2-27}$$

$$\dot{q}_{\text{inc},x} = P''_{\text{fluid}} \times \Delta x \times D_{\text{tube}} \times n_{\text{t}} \tag{2-28}$$

式中，P''_{fluid}为通量分布，单位为 W/m^2；n_{t}为每个面板中的管数；D_{tube}为单管的外径，单位为 m。

单管表面反射的能量表示为

$$\dot{q}_{\text{ref}}(x) = (1-\alpha) \times D_{\text{tube}} \times n_{\text{t}} \times \int_{x_0}^{x_0+\Delta x} P''_{\text{fluid}}(x)\text{d}x \tag{2-29}$$

$$\dot{q}_{\text{ref},x} = (1-\alpha) \times D_{\text{tube}} \times n_{\text{t}} \times P''_{\text{fluid}} \times \Delta x \tag{2-30}$$

式中，α为塔表面的半球形吸收率。由于塔表面是不透明的，所以反射率为 $1-\alpha$。

与环境的辐射交换为

$$\dot{q}_{\text{rad}}(x) = \sigma \times \varepsilon \times \pi \times \frac{D_{\text{tube}}}{2} \times F_{\text{t,s}} \times n_{\text{t}} \times \int_{x_0}^{x_0+\Delta x} (T_{\text{s}}^4(x) - T_{\text{amb}}^4)\text{d}x \tag{2-31}$$

$$\dot{q}_{\text{rad},x} = \sigma \times \varepsilon \times \pi \times \frac{D_{\text{tube}}}{2} \times F_{\text{t,s}} \times n_{\text{t}} \times (T_{\text{s},x}^4 - T_{\text{amb}}^4) \times \Delta x \tag{2-32}$$

式中，σ为黑体辐射常数，其值为 $5.67\times10^{-8}\text{W/(m}^2\cdot\text{k}^4)$；$\varepsilon$为发射率，取值为 0.88；$F_{\text{t,s}}$为可视因子，约为 0.6366；$T_{\text{s}}$为单管外表面的温度，单位为 K；$T_{\text{amb}}$为外部自由空气的温度，单位为 K。

外部对流热损失为

$$\dot{q}_{\text{conv}}(x) = h_{\text{m}} \times D_{\text{tube}} \times n_{\text{t}} \times \int_{x_0}^{x_0+\Delta x} (T_{\text{s}}(x) - T_{\text{amb}})\text{d}x \tag{2-33}$$

$$\dot{q}_{\text{conv},x} = h_{\text{m}} \times D_{\text{tube}} \times n_{\text{t}} \times \Delta x \times (T_{\text{s},x} - T_{\text{amb}}) \tag{2-34}$$

式中，h_{m}为外部空气对流换热系数，单位为 $\text{W/(m}^2\cdot\text{K)}$。

由传热流体得到的能量$\dot{q}_{\text{fluid}}$为

$$\int_{x_0}^{x_0+\Delta x} \text{d}T_{\text{HTF}} = \int_{x_0}^{x_0+\Delta x} \frac{\dot{q}_{\text{fluid}}(x)}{\dot{m}_{\text{HTF}} \cdot c_{\text{HTF}}(x)}\text{d}x \tag{2-35}$$

$$T_{\text{HTF},x_0+\Delta x} - T_{\text{HTF},x_0} = \frac{\dot{q}_{\text{fluid},x} \times \Delta x}{\dot{m}_{\text{HTF}} \times c_{\text{HTF},x}} \tag{2-36}$$

式中，$\dot{m}_{\text{HTF}}$为单管内部传热流体的质量流量，单位为 kg/s；T_{HTF}为单管内部传热流体的温度，单位为 K；c_{HTF}为单管内部传热流体的比热容，单位为 $\text{J/(kg}\cdot\text{K)}$。

内管壁和传热流体之间的传热热阻和对流换热热阻分别表示为

$$R_{\text{cond}} = \frac{\ln\left(\dfrac{D_{\text{tube}}/2}{D_{\text{inner}}/2}\right)}{(\pi \times 2 \times \Delta x \times k_{\text{tube}} \times n_{\text{t}})} \tag{2-37}$$

$$R_{\text{conv}} = \frac{1}{(h_{\text{inner}} \times \Delta x \times D_{\text{inner}} \times \pi/2 \times n_{\text{t}})} \tag{2-38}$$

式中，D_{inner}为单管的内径，单位为 m；k_{tube}为单管的导热系数，单位为 $\text{W/(m}\cdot\text{K)}$；$h_{\text{inner}}$为内部传热流体的对流换热系数，单位为 $\text{W/(m}^2\cdot\text{K)}$。

传热的温差由下式得出：

$$T_{s,x} - T_{HTF,ave,x} = \dot{m}_{HTF} \times c_{HTF,x} \times (T_{HTF,x_0+\Delta x} - T_{HTF,x_0}) \times (R_{cond} + R_{conv}) \tag{2-39}$$

2.6.2 光热发电技术 4E 分析

在光热发电系统中，对能量（Energy）、㶲（Exergy）、环境（Environment）和经济（Economy）方面进行分析有助于衡量太阳能发电的可行性和利用效率，有助于确定系统中能量的可用性、组件的损耗情况，以及系统的环境效益和经济效益。其中，㶲分析基于熵增原理，用于确定系统从资源中获得的最大可用能量。通过㶲分析，我们可以确定系统中可能出现的能量损失情况，并定量确定造成的能量损失，有助于改进系统中能量效率低下的环节，提高系统的整体效率，表 2.3 所示为采用不同集热方式的光热发电系统的能量效率和㶲效率。

表 2.3　采用不同集热方式的光热发电系统的能量效率和㶲效率

集热方式	能量效率（%）	㶲效率（%）
抛物面槽式	23.26	32.76
线性菲涅尔式	12.17	17.21
塔式	31.24	24.50
抛物面碟式	33.56	29.40

1）能量分析

能量效率是系统产生的净电力与反射器接收的能量的比值，反射器接收的能量由下式给出：

$$\dot{Q}_i = I_{bn} A_{ap} \tag{2-40}$$

式中，I_{bn} 为正常光束辐射，单位为 $W \cdot m^{-2}$；A_{ap} 为反射器表面积，单位为 m^2；$\dot{Q}_i$ 为反射器接收的能量，单位为 kW。

接收器接收的能量由下式给出：

$$\dot{Q}_r = \dot{Q}_i \eta_{opt} \tag{2-41}$$

式中，$\dot{Q}_r$ 为接收器接收的能量，单位为 kW；η_{opt} 为光学效率。

反射器的能量效率为

$$\eta_{i,c} = \frac{\dot{Q}_r}{\dot{Q}_i} \tag{2-42}$$

传输到接收器中的传热流体的能量由下式给出：

$$\dot{Q}_u = \dot{m}_f \times (H_{f,out} - H_{f,in}) \tag{2-43}$$

式中，$\dot{Q}_u$ 为传输到接收器中的能量，单位为 W；$H_{f,out}$ 为出口流体的此焓；$H_{f,in}$ 为入口流体的比焓，单位为 J/kg。

接收器的能量效率由下式给出：

$$\eta_{I,\mathrm{r}}=\frac{\dot{Q}_{\mathrm{u}}}{\dot{Q}_{\mathrm{r}}} \tag{2-44}$$

在太阳能场中，太阳能集热器的能量效率由下式给出：

$$\eta_{I,\mathrm{sf}}=\frac{\dot{Q}_{\mathrm{u}}}{\dot{Q}_{\mathrm{i}}} \tag{2-45}$$

产能模块（Power Block）的能量效率由下式给出：

$$\eta_{I,\mathrm{PB}}=\frac{\mathrm{PG}_{\mathrm{net}}}{\dot{Q}_{\mathrm{u}}} \tag{2-46}$$

式中，$\mathrm{PG}_{\mathrm{net}}$ 为净发电量。

因此，光热发电站的能量效率为

$$\eta_{I,\mathrm{o}}=\eta_{I,\mathrm{sf}}\times\eta_{I,\mathrm{PB}}=\frac{\mathrm{PG}_{\mathrm{net}}}{\dot{Q}_{\mathrm{i}}} \tag{2-47}$$

2）㶲分析

总发电量与反射器获得的㶲之比称为光热发电站的㶲效率，反射器获得的㶲为

$$\dot{\mathrm{E}}\mathrm{x}_{\mathrm{i}}=\dot{Q}_{\mathrm{i}}\times\left[1-\frac{4T_{\mathrm{amb}}}{3T_{\mathrm{sun}}}\times(1-0.28\ln f)\right] \tag{2-48}$$

式中，f 为修正系数，取值为 1.3×10^{-5}，定义为太阳辐射与周围辐射的比值；T_{amb} 为环境温度，单位为 K；T_{sun} 为太阳温度，单位为 K。

在接收器中，吸收的㶲由下式给出：

$$\dot{\mathrm{E}}\mathrm{x}_{\mathrm{r}}=\dot{Q}_{\mathrm{r}}\times\left(1-\frac{T_{\mathrm{amb}}}{T_{\mathrm{r}}}\right) \tag{2-49}$$

故太阳能集热器的㶲效率为

$$\eta_{\mathrm{II,c}}=\frac{\dot{\mathrm{E}}\mathrm{x}_{\mathrm{r}}}{\dot{\mathrm{E}}\mathrm{x}_{\mathrm{i}}} \tag{2-50}$$

通常由接收器提供的㶲为

$$\dot{\mathrm{E}}\mathrm{x}_{\mathrm{u}}=\dot{m}_{\mathrm{f}}\times(\dot{\mathrm{E}}\mathrm{x}_{\mathrm{o}}-\dot{\mathrm{E}}\mathrm{x}_{\mathrm{i}})=\dot{m}_{\mathrm{f}}\times[(H_{\mathrm{f,out}}-H_{\mathrm{f,in}})-T_{\mathrm{amb}}\times(s_{\mathrm{f,out}}-s_{\mathrm{f,in}})] \tag{2-51}$$

接收器的㶲效率为

$$\eta_{\mathrm{II,r}}=\frac{\dot{\mathrm{E}}\mathrm{x}_{\mathrm{u}}}{\dot{\mathrm{E}}\mathrm{x}_{\mathrm{r}}} \tag{2-52}$$

太阳能集热器的㶲效率由下式给出：

$$\eta_{\mathrm{II,sf}}=\frac{\dot{\mathrm{E}}\mathrm{x}_{\mathrm{u}}}{\dot{\mathrm{E}}\mathrm{x}_{\mathrm{i}}} \tag{2-53}$$

产能模块的㶲效率由下式给出：

$$\eta_{\mathrm{II,PB}}=\frac{\mathrm{PG_{net}}}{\dot{\mathrm{E}}\mathrm{x_u}} \tag{2-54}$$

光热发电站的㶲效率为

$$\eta_{\mathrm{II,o}}=\eta_{\mathrm{II,sf}}\times\eta_{\mathrm{II,PB}}=\frac{\mathrm{PG_{net}}}{\dot{\mathrm{E}}\mathrm{x_i}} \tag{2-56}$$

在线性菲涅尔式光热发电站中，能量损失和㶲损失分别主要发生在冷凝器和太阳能集热器部分。图 2.52 所示为线性菲涅尔式光热发电站的能量和㶲流向图，对于线性菲涅尔式光热发电站而言，最高的能量损失发生在冷凝器中，其次为接收器、太阳能集热器、给水加热器等，能量损失分别为 32.73%、30.68%、23.49%、1.54%；最高的㶲损失发生在太阳能集热器中，其次是接收器、汽轮机、给水加热器等、冷凝器，㶲损失分别为 55.53%、17.24%、6.72%、2.18%、2.00%。

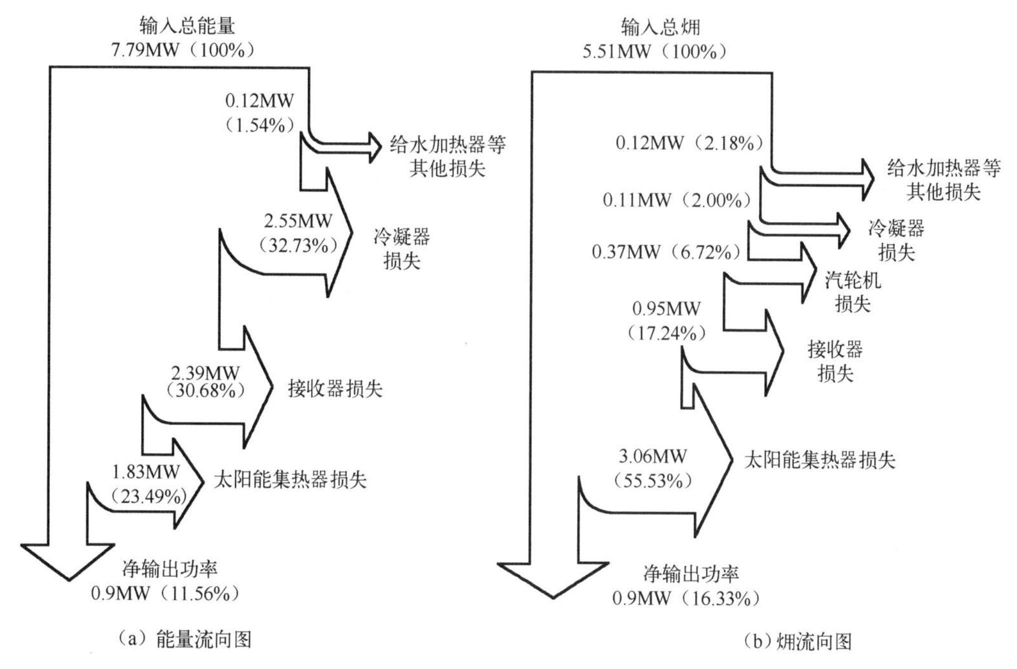

图 2.52　线性菲涅尔式光热发电站的能量和㶲流向图

3）环境分析

与传统燃煤发电站相比，光热发电站在其工作过程中不会向大气中排放大量颗粒物和温室气体。光热发电站的关注点主要集中在制造材料和处理废物方面。在建设过程中，光热发电站可能需要使用某些材料，这些材料可能会对环境造成一定的影响。此外，废物处理是一个重要的环节，需要确保废物能够得到适当的处理，以减少对环境的潜在影响。抛物面槽式光热发电站是一种常见的光热发电站类型。在该类发电站的建设过程中，每产生 1kW·h 的电力，大约会排放 24g 二氧化碳。与之相比，传统燃煤发电站每产生 1kW·h 的电力，其温室气体排放量约为 840g 二氧化碳、5.8g 二氧化硫、2.9g 氮氧化物。可见，光热发电站在温室气体排放方面具有明显的优势。

4）经济分析

在经济方面，主要根据平准化度电成本、净现值、收益成本比和投资回收期对光热发电站进行经济分析。采用不同集热方式的光热发电站的平准化度电成本如表 2.4 所示，平准化度电成本是指将项目整个生命周期内的成本与发电量进行平准化后，经计算得到的发电成本。它取决于运营和维护成本，以及固定资本成本。固定资本成本包括发电模块成本、太阳能集热器成本、基础设施成本和其他相关成本。运营和维护成本包括设备成本、太阳能场组件更换成本、管理费用、水处理费用、劳动力成本和服务费用等。

表 2.4 采用不同集热方式的光热发电站的平准化度电成本

集热方式	抛物面槽式	线性菲涅尔式	塔式	抛物面碟式
平准化度电成本（美元/kW·h）	0.099	0.150	0.109	0.133

2.7 光伏光热实例

近年来，在应对全球气候变暖的大背景下，大力发展可再生能源以替代化石能源已成为众多国家能源转型的大势所趋，节能环保的发电方式越来越受到各国的青睐。目前，在众多备选的可再生能源类型中，太阳能无疑是最理想的能源之一，在各国中长期能源战略中占有重要地位。

目前，光伏发电技术日趋成熟，达到了商业使用所要求的能级。其优点是设备简单易操作，但也有着电能难以储存、具有一定波动性、会对电网产生冲击的缺点，这也是单一的光伏发电，以及水力发电、风电等其他常规可再生能源发电共同面临的发展瓶颈。而光热发电技术可与储热系统或火力发电结合，从而实现连续发电，并且稳定性高、兼容性强、便于调节。此外，光热发电设备的生产过程绿色环保，光热发电产业链中基本不会出现光伏电池板生产过程中的高耗能、高污染等问题。因此，光热发电技术具有其他发电方式不可比拟的优势。光热发电被视为未来取代煤电的最佳备选方案之一，已成为可再生能源领域开发应用的热点。

近十年，光热发电行业发展迅速。太阳能资源开发相对较早的美国、西班牙两国，无论在技术上还是在商业化进程上，都在全球位列前茅。其他太阳能资源丰富的国家也相继出台了各种经济扶持和激励政策，宣布兴建更多的光热发电站，大力发展光热发电产业。从目前的形势来看，全球范围内已经掀起了新一轮的投资和建设热潮，并且不断有新的市场加入，全球光热发电系统的总装机容量持续增长，光热发电行业正展现出蓬勃发展和繁荣的景象。

2.7.1 光伏实例

1）航空航天

在太空中，飞船、卫星等航天器的飞行主要依赖电池提供动力，而这些电池主要通过光伏电池帆翼获取能量。高效的光伏电池板是维持这些航天器正常运转的基础动力来源。

光伏电池板在航空航天领域扮演重要角色的原因主要有以下两个方面。首先，太阳是整个太阳系的能量来源，太阳向外辐射，使得整个太阳系充满能量。将航天器从地球发射到固定轨道需要大量能量，而航天器携带的燃料是有限的。为了完成航天任务，航天器必须在外太空中就地取材地获取能源。太阳能是无处不在的，光伏电池板可将太阳能转换为电能的能力确保了航天器在外太空获取能源的可靠性。其次，外太空中可能存在各种恶劣的环境问题，而光伏电池板具有极其稳定的性能和质量。在国内，一般光伏电池板的使用寿命已经可以达到 25～30 年，而在航空航天领域中使用的高效光伏电池板具有更高的质量和性能保障。

（1）太阳能飞机。

1974 年 11 月 4 日，世界上第一架太阳能飞机“Sunrise I”在 4096 块光伏电池的驱动下缓缓地离开了地面，这次成功的飞行标志着太阳能飞行时代的来临。在此后的二十几年中，由于相关技术的落后，太阳能飞行的发展缓慢。2015 年 8 月，国际无人机系统大会上展出了一款名为 Solara 60 的无人机。该无人机可载重约 113kg，最大飞行速度为 97km/h，最大飞行高度为 19.8km。据称，该无人机可持续飞行长达 5 年之久。

Solar Impulse 是由美国和西班牙合作开发的太阳能飞机，它向我们展示了一种完全独立于燃料的飞行器的潜力。Solar Impulse 不依赖于传统的燃料供应，无须在飞行过程中补充燃料或通过着陆进站。该飞机的整个机翼上覆盖着光伏电池板，这些光伏电池板能够从太阳辐射中获取足够的能量来驱动飞机，如图 2.53 所示。若该飞机在将来得以实现，将改变燃油飞机时代，并为全球气候变化做出重大贡献。

（2）空间站。

2016 年 9 月 15 日，我国在酒泉卫星发射中心用长征二号运载火箭将天宫二号空间实验室发射升空。据悉，天宫二号空间实验室是我国第一个真正意义上的太空实验室，采用了实验舱和资源舱两舱构型，全长 10.4m，最大直径为 3.35m，重 8.6t，光伏电池板（刚性）展宽约为 18.4m，具体构型如图 2.54 所示。

图 2.53　Solar Impulse 太阳能飞机

图 2.54　天宫二号空间实验室

随着技术的发展，应用在空间实验室的光伏电池板取得了许多进步。如图 2.55 所示，天和核心舱第一次使用了大面积柔性光伏电池翼。在展开之前，柔性光伏电池翼的体积非常小，质量很轻。展开后，它的面积变得很大，天和核心舱的两个柔性光伏电池翼展开后的总面积可达到 134m^2，单个翼片就可以提供 9kW 的电能。据称，整个天宫空间站建成后，柔性光伏电池翼将能够提供 100kW 的电能。

柔性光伏电池翼采用超薄型轻质复合材料作为基板，并严格控制了防护胶层的涂覆厚度，以应对宇宙空间的极端环境。与传统的刚性或半刚性光伏电池翼相比，柔性光伏电池翼在完全收拢后的厚度相当于一本书的厚度，仅为刚性光伏电池翼厚度的 1/15。如图 2.56 所示，我国天宫空间站的大多数光伏电池板采用柔性光伏电池翼。

图 2.55 天和核心舱

图 2.56 天宫空间站

（3）探测器。

2020 年 7 月 23 日，天问一号探测器在海南文昌成功发射升空。如图 2.57 所示，天问一号探测器由环绕器、着陆器、巡视器三个部分组成，巡视器的主要能量来源是光伏电池板。它采用了适应火星环境的三结砷化镓光伏电池板，这是我国最先进的实用性光伏电池技术之一。在 25℃环境中，这种光伏电池板可以实现约 30%的输出效率，并且采用了电除尘技术，可以清除光伏电池板上的火星尘埃。为完成为期 90 天的巡视探索任务，天问一号探测器装备了 4 块光伏电池板，以确保火星车能够获得充足的能量供应和储备。

回看过往，光伏发电在太空发展进程中扮演着重要角色，天宫二号、天舟一号、嫦娥工程、北斗卫星……，近几十年，中国人探索宇宙的步伐迈得更快、更远，而光伏发电也持续为中国的航天事业贡献力量，光伏为航空航天事业保驾护航。

2）发电——青海塔拉滩光伏电站

如图 2.58 所示，青海塔拉滩光伏电站是我国最大的光伏发电基地，它位于我国青海省海南藏族自治州共和县塔拉滩，这里曾是半荒漠化草地，占青海省总土地面积的 99%。2012 年，青海塔拉滩光伏电站在此诞生了，经过这些年的不断努力，青海塔拉滩光伏电站已经颇具规模，总面积从最初的 70 多平方千米到现在达到了 609km^2。青海塔拉滩光伏电站如今已是光伏发电高地，以光伏为主的新能源装机总量可达到 8430MW，2022 年完成发电量 2.126×10^{10}kW·h。

图 2.57 天问一号探测器

图 2.58 青海塔拉滩光伏电站

2.7.2 光热实例

由于塔式光热发电系统的综合效率高，更适合于大规模、大容量商业化应用，因此综合判断，未来塔式光热发电技术可能是光热发电的主要技术。

（1）西班牙 Andasol 槽式光热发电站。

图 2.59 所示为 Andasol 槽式光热发电站，其位于西班牙太阳能资源丰富的 Andalusia 附近，是欧洲第一个商业化运营的槽式导热油光热发电站，该发电站由三个装机容量为 50MW 的项目组成。

Andasol 槽式光热发电站的经典意义在于，它是全球首个配置了大规模熔盐储热系统的商业化光热发电站。通过增加 7.5h 的储热系统，该发电站的年发电小时数大大增加，容量因子达到了 38.8%。受到 Andasol 槽式光热发电站的启发，此后西班牙很多槽式光热发电站的储热容量都设置为 7.5h。

（2）西班牙 Gemasolar 塔式光热发电站。

如图 2.60 所示，Gemasolar 塔式光热发电站位于西班牙塞维利亚附近，是 Torresol Energy 旗下的标志性发电站，装机容量达 19.9MW，于 2011 年 5 月开始试运行。

图 2.59　Andasol 槽式光热发电站

图 2.60　Gemasolar 塔式光热发电站

Gemasolar 塔式光热发电站采用了创新的熔盐传热技术，即使是在黑夜或日照不足的冬季，该发电站也能够在一年中的多个月份实现 24 小时不间断发电。作为全球首个将塔式光热发电系统和熔盐传热/储热介质结合的商业化光热发电站，Gemasolar 塔式光热发电站的运行成为熔盐型塔式光热发电技术发展的重要里程碑。

（3）美国 Solana 光热发电站。

如图 2.61 所示，Solana 光热发电站位于美国亚利桑那州凤凰城西南 70 英里的 Gila Bend 附近。该发电站于 2010 年底开始建设，并于 2013 年完工，是当时世界上最大的槽式光热发电站，也是美国第一个配备熔盐储热系统的光热发电站。该发电站的总装机容量为 280MW，年发电量高达 9.44×10^{8}kW·h，可满足 7 万个家庭的用电需求。

（4）美国 Ivanpah 光热发电站。

如图 2.62 所示，Ivanpah 光热发电站位于美国加利福尼亚的 Mojave 沙漠，距离洛杉矶西南方向约 64km。该发电站于 2014 年 2 月投产，总规划装机容量为 392MW。由三座装机容量分别为 133MW、133MW 和 126MW 的塔式光热发电站构成，占当时美国总投运光热发电站装机容量的30%左右，也是全球目前装机容量最大的光热发电站。

图 2.61　Solana 光热发电站

图 2.62　Ivanpah 塔式光热发电站

（5）美国 Crescent Dunes 光热发电站。

如图 2.63 所示，Crescent Dunes 光热发电站位于美国内华达州的托诺帕。该发电站由 SolarReserve 公司负责开发，并于 2015 年投入运营，其发电量足以满足 7.5 万个家庭的用电需求。该发电站的投运证明了塔式熔盐技术在 100MW 级大型发电站上应用的可靠性。

（6）我国新疆维吾尔自治区光热基地。

2022 年 7 月 4 日，新疆维吾尔自治区发展和改革委员会发布一项决定，将在哈密地区建设光热基地，这标志着全球最大的光热基地将正式在新疆维吾尔自治区建立。该光热基地的设计总装机容量为 150 万千瓦，其中包括 135 万千瓦的光伏发电和 15 万千瓦的光热发电。建成后，光热基地将采用储热型光热发电站以提高调峰能力，有效解决光伏发电的间歇性和不稳定性问题。该项目旨在构建以新能源为主体的电力系统，并探索“光（热）储”一体化开发，在该领域做出示范。

图 2.63　Crescent Dunes 光热发电站

2.7.3　光伏光热组合实例

如今，为了更好地对太阳能加以利用，通常将光伏与光热组合起来，以提升能源的利用效率。图 2.64 所示为迪拜光伏光热组合电站，迪拜阿联酋马克图姆太阳能园区第四期 950MW 发电项目工程为全球最大的光伏光热组合发电项目。该项目原为 700MW 光热发电项目，后增加 250MW 光伏机组。目前，项目由原“光热”发电站转变为“光热+光伏”组合发电站。该项目已被正式命名为 Noor Energy 1 CSP-PV Project。该项目中的光热发电部分主要由一个 100MW 的塔式光热发电站和三个 200MW 的槽式光热发电站组成，总装机容量为 700MW。

图 2.64　迪拜光伏光热组合电站

2.7.4 光热发电与光伏发电的区别

① 应用范围：光热发电适用于集中式大规模发电；光伏发电适用于集中式、分布式发电。

② 储热系统：光热发电通过介质（熔盐、水等）进行储热，使用寿命长、损耗小；光伏发电使用电化学进行储热，使用寿命短、损耗大。

③ 技术水平：光热发电技术与光伏发电技术都相对成熟，都有技术的持续突破。

④ 优、劣势：光热发电的优势在于储热成本低、效率高、年发电小时数长，与其他热发电可有效耦合，但对地理条件要求高；光伏发电的优势在于技术和产业已成熟，但生产和维护过程中存在环境污染，稳定性有待提高。

光热发电与光伏发电的主要区别如表 2.5 所示。

表 2.5 光热发电与光伏发电的主要区别

	光热发电	光伏发电
应用范围	适用于集中式大规模发电	适用于集中式、分布式发电
储热系统	通过介质（熔盐、水等）进行储热，使用寿命长、损耗小	使用电化学进行储热，使用寿命短、损耗大
技术水平	相对成熟，有技术的持续突破	相对成熟，有技术的持续突破
优势	储热成本低、效率高、年发电小时数长，与其他热发电可有效耦合	技术和产业已成熟
劣势	对地理条件要求高	生产和维护过程中存在环境污染，稳定性有待提高

2.8 光热发电技术的最新进展及未来方向

近年来，光伏电站在太阳能发电站中占据主导地位。光伏电站通过光伏电池将太阳能转换为电能，具有成本低、技术成熟、易于部署等优势。经过长时间的发展，光热发电站的组件成本有所下降，但仍略高于光伏电站。但光热发电站的发电量通常是光伏电站的 1.5～3 倍，即在相同的条件下，光热发电站的电能输出更高。然而，光热发电站也面临着较高的成本挑战。为了降低光热发电站的成本及克服其他缺点，研究人员不断改进太阳能集热器、功率模块、传热流体和储热系统等关键组件的设计和性能。

2.8.1 在太阳能集热器上的改进

太阳能集热器在提高太阳能发电站的效率方面发挥着关键作用，通过改善太阳能集热器的反射特性，可以显著提高太阳能发电站的性能，反射器需具备的特性如图 2.65 所示。当前，研究人

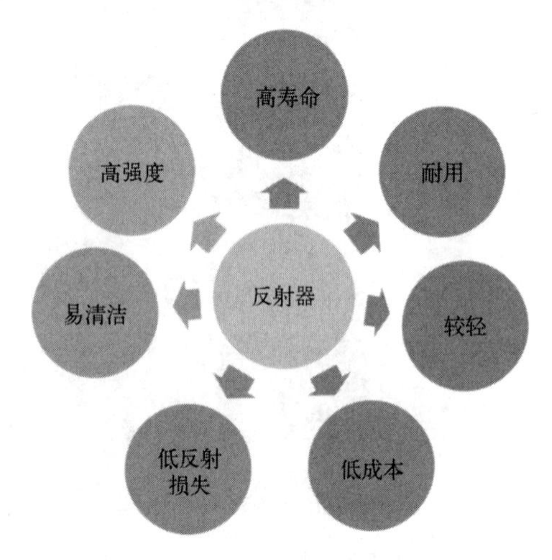

图 2.65 反射器需具备的特性

员正在进行关于薄膜反射器的研究，这种薄膜反射器相较于传统的银聚合物镜面反射器具有更高的反射率。提高反射率最简单的方法之一是减小反射器的厚度，减小反射器的厚度可使太阳光更好地反射到聚光器上，提高能量的聚集效率。研究人员通过不断优化材料和工艺，设计出更薄的反射器，以提高太阳能集热器的性能。

在传统的线性菲涅尔式光热发电系统中，由于使用了梯形腔，接收器的光和热损失较高。在紧凑型线性菲涅尔式集热器中，每排反射器使用两个平行的接收器，通过连续的反射器将太阳辐射集中在接收器的两侧。此外，可以通过使用二次反射器和真空接收器来最小化接收器的热损失。使用二次反射器的目的是将太阳辐射重新聚集在接收器表面，使得接收器表面可均匀加热并达到500℃的高温。真空接收器则通过在接收器周围建立真空层，减少接收器与环境之间的热传导和对流，从而减少热损失。

2.8.2　在传热流体上的改进

世界上现有的大多数光热发电站都使用热流体和熔盐作为传热流体。研究人员对各种传热流体进行了研究，包括水/蒸汽、液态金属、压缩气体（如二氧化碳、氮气、氦气），并在传热流体中添加了纳米颗粒。传热流体应具备热稳定性高、寿命长、蒸气压低、化学稳定性高、经济可行性高等理想特性。美国桑迪亚国家实验室对粒子接收器进行了可视化研究，结果发现其工作温度可以达到1000℃左右。纳米颗粒从塔顶下落至塔底，并在行进过程中被加热。热量从纳米颗粒转移到传热流体，这种方法可以显著降低热能存储的成本。在直接粒子接收器中，纳米颗粒直接受到太阳的照射，具有较高的太阳能热转换效率，直接粒子接收器的不足之处在于难以控制纳米颗粒的流速和损失。然而，在间接粒子接收器中，纳米颗粒损失可能会被消除，但管子和纳米颗粒之间的传热阻力会增加。

近年来，研究人员致力于在光热发电系统中使用超临界二氧化碳作为传热流体。马斯达尔研究所太阳能平台（MISP）开发了一个100kW的光热发电站，采用45个反射器阵列将太阳辐射集中到塔顶的吸热器中。在这个系统中，超临界二氧化碳是中央接收器中的传热流体。使用超临界二氧化碳作为传热流体的优点是无毒、不易燃、临界点密度高、流体成本低、腐蚀性小。此外，当二氧化碳进入临界点时，压缩二氧化碳所需的功更少。超临界二氧化碳可发挥其特殊性质来提高光热发电的效率。在超临界状态下，二氧化碳的密度和比热容都会显著增加，从而提升热传递的效果。此外，超临界二氧化碳具有较高的热稳定性和化学稳定性，使其成为可靠的传热流体。然而，使用超临界二氧化碳作为传热流体也存在一些挑战。例如，设计和建造中央接收器需要考虑高压和高温环境下的材料选择和安全性。此外，超临界二氧化碳的工作参数需要精确控制以实现最佳性能。

光热发电技术是用于发电以减少化石燃料使用的主要技术之一。在抛物面槽式集热器、线性菲涅尔式集热器、塔式集热器和碟式集热器这四种太阳能集热器中，抛物面槽式集热器和塔式集热器最常被用于光热发电系统。除发电外，光热发电系统还可以应用于工业过程加热，利用太阳能进行工业加热可以减少对化石燃料的需求，降低碳排放并提高环境可持续性。

2.8.3 光伏发电未来发展方向

1）提高光电转换效率

未来，光伏电池的材料、结构和制造工艺将会有更大的改进，以提高光电转换效率。科学家们开始研究新型光伏材料，以提高光伏电池的转化效率和稳定性。其中，非晶硅薄膜太阳能电池、有机分子材料和钙钛矿太阳能电池等新型材料被广泛研究和使用。采用多层结构、纳米结构设计的光伏电池，以及采用自动化生产线和智能制造技术等，都有望提高光伏电池的光电转换效率。

2）降低光伏发电成本

降低光伏发电成本是光伏发电技术未来发展的另一个重要方向。目前，仍需要进一步降低成本，以提高光伏发电的竞争力。未来，降低光伏发电成本的方法主要包括以下几个方面：提高光伏电池的光电转换效率，以提高发电量；采用更加高效的光伏组件和逆变器，以提高系统效率；降低光伏发电系统的安装和维护成本，以降低总体成本。

3）实现光伏发电的智能化

实现光伏发电的智能化是光伏发电技术未来发展的另一个重要方向。随着物联网、人工智能、大数据等技术的不断发展，光伏发电系统可以实现更加智能化的管理和运营。例如，通过智能监测和预测，可以实现光伏发电系统的故障预警和维护管理；通过智能控制和优化，可以实现光伏发电系统的最优化运行，提高发电效率和降低成本；通过智能交互和服务，可以实现光伏发电系统的用户体验和价值提升。

4）推广光伏发电的应用场景

推广光伏发电的应用场景是光伏发电技术未来发展的另一个重要方向。目前，光伏发电主要应用于分布式发电、屋顶发电、农村电网和光伏电站等场景。未来，随着城市化和工业化的不断发展，光伏发电将会有更广泛的应用场景。例如，光伏发电可以应用于建筑一体化、公共交通、新能源汽车充电等场景，为城市发展提供更多的清洁能源。

第3章 生 物 质

3.1 生物质简介

煤炭、石油、甘蔗、玉米和稻草等富含碳的物质是化学能的良好储存库，也被称为碳基燃料。这些物质内储存着大量能量，通过充分燃烧，这些物质会消耗氧气（O_2）并释放二氧化碳和热能。碳基燃料可分为两种类型：化石燃料和生物燃料。其中，煤炭和石油等化石燃料是经过数百万年形成的富碳物质，而甘蔗、玉米和稻草等生物燃料来源于最近生长或形成的有机物质，也被称为生物质。与石油、天然气、焦油砂、煤炭和油页岩等碳基资源不同，生物质是可再生物质。生物质的组成与常规的化石燃料相似，它的利用方式也与常规的化石燃料相似。但生物质的种类繁多，不同的生物质具有不同的特点和属性，其利用技术远比化石燃料复杂且多样。

生物质是指来源于所有已死亡或仍在生命活动过程中的植物和动物的物质，是生物质能的载体，包括专门种植用作燃料的能源作物（如快速生长的树木）、农业残余物和副产品（如稻草、甘蔗纤维和稻壳），以及林业、建筑和其他木材加工行业的残留物。生物质燃料指的是由生物质制成的燃料，包括固体燃料（如木材）、液体燃料（如生物柴油和生物乙醇），以及气体燃料（如生物甲烷）。传统的生物质能是已知的历史上最古老的能源之一，自从人类学会如何使用火，就一直在使用它。实际上在许多发展中国家，传统的生物质能仍然是当地人们取暖、烹饪和照明的主要能源。

生物质包含地球上生物圈中的所有生物。生物圈的范围为海平面以上约 10km 至海平面以下 10km，包括大气圈底部（可飞翔的鸟类、昆虫、细菌等）、岩石圈的表面（一切生物的“立足点”）、水圈的全部（距离海平面 150m 内的水层）。虽然生物圈只占据地球表面的一薄层，但它储存了来自太阳的大量能量，并且这些能量大部分是我们可以利用的。生物质能是继石油、天然气和煤炭之后的第四大能源，与太阳能、风能、水能和潮汐能相比，其是唯一可存储和运输的可再生能源。

3.2 生物质能的形成、来源与利用转化

3.2.1 生物质能的形成

生物质能是太阳能的一种表现形式，它储存在生物质材料的含碳化合物中。如图 3.1 所示，植物通过光合作用，从大气中吸收二氧化碳和水，并从太阳中吸收能量，合成生物质材料。以植物进行光合作用生成葡萄糖（$C_6H_{12}O_6$）为例，在这个过程中，6 个二氧化碳

分子与 6 个水分子在太阳的输入能量的作用下发生化学反应生成 1 个葡萄糖分子和 6 个氧气分子，其总化学反应式为

$$6CO_2 + 6H_2O \xrightarrow{光} C_6H_{12}O_6 + 6O_2$$

光合作用是一个比较复杂的化学反应过程，从表面上看，光合作用是一个简单的氧化还原过程，但实质上包括一系列的光化学步骤和物质转变过程。现有资料显示，整个光合作用大致可分为下列 3 大步骤：①原初反应，包括光能的吸收、传递和转换；②电子传递和光合磷酸化，形成活跃的化学能[ATP（腺苷三磷酸）和 NADPH（还原型辅酶Ⅱ）]；③碳同化，把活跃的化学能转变为稳定的化学能（固定二氧化碳，形成糖类）。

光合作用的全过程分为如下 2 个阶段。

（1）光反应阶段：需要光照，在叶绿体内基粒的囊状结构上进行。首先将水分子分解成还原性氢（H）和氧气；然后将 ADP（腺苷二磷酸）和无机磷合成 ATP，从而把能量保存在 ATP 内。太阳辐射中对植物光合作用有效的光谱成分称为光合有效辐射（Photosynthetically Active Radiation，PAR），波长为 380～710nm，与可见光基本重合。不同颜色的光发挥着不同的作用，充分利用和调整光谱可最大限度地促进光合作用，有助于植物生长，常用的光谱响应曲线如图 3.2 所示。

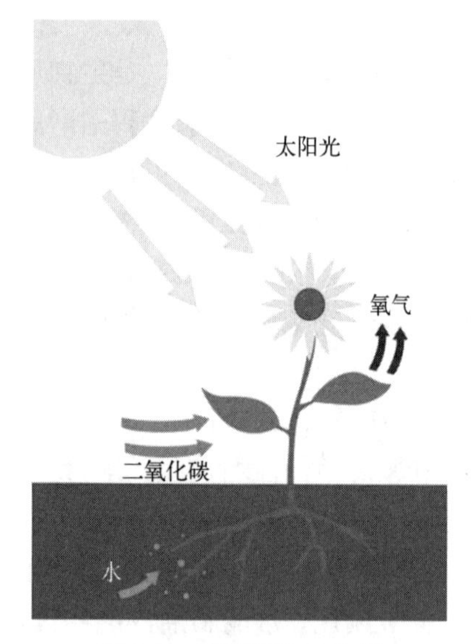

图 3.1 植物的光合作用

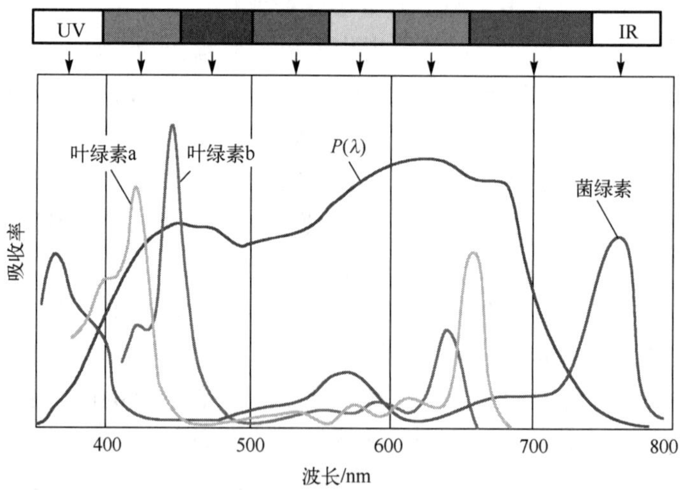

图 3.2 常用的光谱响应曲线

（2）暗反应阶段：不需光照，在叶绿体内的基质中进行。首先进行二氧化碳的固定；然后其中一些三碳化合物接受 ATP 释放的能量，被氢还原，再经过一系列复杂的变化，形成糖类。ATP 内活跃的化学能转变为糖类等有机物中稳定的化学能。

表 3.1 所示为光合作用不同阶段的反应情况对比。

表 3.1 光合作用不同阶段的反应情况对比

反应情况	光反应阶段	暗反应阶段
反应实质	将光能转化为化学能，释放氧气	同化二氧化碳形成 CH_2O（酶促反应）

续表

反应情况	光反应阶段	暗反应阶段
反应时间	短促，以微秒计	较缓慢
反应条件	色素、光、ADP和酶	无须色素和光，需要多种酶
反应场所	在叶绿体内基粒的囊状结构上进行	在叶绿体内的基质中进行
物质转化	$2H_2O \rightarrow 4[H]+O_2\uparrow$ （在光和叶绿体中的色素的催化下） $ADP+Pi \rightarrow ATP$ （在酶的催化下）	$CO_2+C_5 \rightarrow 2C_3$ （在酶的催化下） $C_3+[H] \rightarrow CH_2O+C_5$ （在ATP供能和酶的催化下）
能量转化	光能先转化为电能再转化为活跃的化学能，并将其储存在ATP中	ATP中活跃的化学能转化为糖类等有机物中稳定的化学能

光合作用的产物是储存在植物中的葡萄糖和释放到大气中的氧气。在这个过程中，植物从周围环境中吸收水、二氧化碳和太阳能，并将氧气释放到大气中。而当植物燃烧时，则会消耗氧气并释放二氧化碳和热能，与光合作用的过程正好相反。此外，碳是生物质中的关键元素，并且存在于构成生物的许多化合物中，生物质中的富碳化合物包括葡萄糖、纤维素、半纤维素、木质素、脂质和蛋白质。其中，仅包含碳、氢和氧的化合物统称为碳水化合物，是生物质中主要的能量来源。

3.2.2　生物质能的来源

生物质能的两大主要来源：一个是为了获取生物质能而专门种植的农作物，可以称之为能源作物；另一个就是废弃物，包括农业、林业、工业和人们生活中的废弃物。

1）能源作物

能源作物可以直接作为燃料，也可以转化为其他的生物质燃料。例如，木材可以直接燃烧，也可以用于发酵制取乙醇。随着社会对替代化石燃料和降污减排的需求日益迫切，以及某些地区拥有闲置耕地的情况，能源作物近年来越来越受欢迎。当然，发展能源作物也要考虑当地的气候、土壤等因素。能源作物包括林业作物和农作物两种。

（1）林业作物。传统的林业作物需要很长的生长周期，而专门用于获取能量的林业作物的生长周期要短得多。这种作物只需生长2～4年，就可将其树干砍下作为生物质资源，而树桩还会继续生长，这个循环大约能持续30年。据报道，国外每公顷（1公顷 = 10000m^2）林地每年可收获30t以上的能源作物。

（2）农作物。较常见的用作生物质资源的农作物有甘蔗、玉米和小麦（见图3.3）等，它们通常被转化为液体燃料。还有一类生物质资源，主要是植物的种子，如葵花子、油菜籽、黄豆等，它们被转化后可以作为柴油的替代品，这就是通常说的生物柴油。

2）废弃物

废弃物包括农业的废弃物、林业的废弃物、动物的排泄物、城市生活垃圾及工业废弃物等。无论是农业的废弃物、林业的废弃物还是工业的废弃物，都是生物质能的潜在来源，它们都含有丰富的有机物，直接将其燃烧便可以得到能量。工业废弃物里面含有塑料等一些不容易燃烧或降解的物质，所以能否将废弃物都称为可再生能源还存在一些争议。

（1）林业废弃物。在砍伐和加工树木的同时，总会产生许多木屑（见图 3.4）或锯屑，甚至整块木头被遗弃。如果不加以利用，它们会在自然界中腐化成为其他作物的养料。随着科技的进步，许多国家都开始利用这些林业废弃物来发热、发电。例如，澳大利亚有 6%的电力来自林业废弃物提供的能量。

图 3.3 小麦

图 3.4 木屑

（2）温带农作物废弃物。从世界范围来看，小麦和玉米是温带非常普遍的农作物，它们一年可以产生十多亿吨废弃物，也就是说含有 15～20EJ 的能量。但它们的利用率很低，通常只被用作饲料或用于填充床上用品。

（3）热带农作物废弃物。与温带不同的是，热带最主要的农作物是甘蔗和水稻。据估算，它们的总能量大约为 18EJ，和温带的农作物接近。它们也是一个非常重要的生物质能来源。

（4）动物的排泄物。动物的排泄物经过发酵所释放的气体是温室气体的主要来源。据估算，美国 10%的甲烷（CH_4）来自动物的排泄物。如果没有很好地处理这些排泄物，那么会对水体造成污染。如果排泄物的含水量比较低，可以将它们直接燃烧。家禽的排泄物与秸秆、木屑等废弃物混合，每吨的能量可达到 9～15GJ，当然，这取决于水的含量。

（5）城市生活垃圾。在工业发达国家，每个家庭一年要产生 1t 以上的垃圾，而这 1t 垃圾里面含有大约 9GJ 的能量。城市生活垃圾的处理方法一般有 3 种：填埋、燃烧和厌氧消化。无论哪一种处理方法，垃圾都要经过一定的处理，至少应该把金属和一些可能产生辐射的物质从垃圾中去除掉。因此，垃圾处理都要配套垃圾分类的设备。

3.2.3 生物质能的利用转化

在生物质中提取能量大多是通过直接或间接燃烧实现的，一般都会伴随着消耗氧气并释放热能和二氧化碳。例如，甲烷燃烧：1 个甲烷分子由 1 个碳原子和 4 个氢原子组成，1 个氧气分子由 2 个氧原子组成。在燃烧过程中，1 个甲烷分子与 2 个氧气分子反应，化学反应式如下：

$$CH_4 + 2O_2 \rightarrow CO_2 + 2H_2O + \text{热能}$$

在化学反应式的输入端（左侧），能量以化学能的形式存储在燃料（甲烷）和氧气中，而在化学反应式的输出端（右侧），能量以二氧化碳、水中的化学能的形式存在并释放热能，输入端和输出端化学能的差称为能量含量，也称为燃料的能量密度。燃烧燃料时，若知道燃料的化学式及其分子中化学元素的相对原子质量，就可以计算出燃烧一定量的燃料所排放的二氧化碳量。例如，碳原子和氧原子的相对原子质量分别是氢原子质量的 12 倍和 16 倍。这可以在平衡的化学反应式中表示为

$$CH_4 + 2O_2 \quad \rightarrow \quad CO_2 + 2H_2O$$
$$12 + 4\times1 + 2\times2\times16 \rightarrow 12 + 2\times16 + 2\times(2\times1+16)$$

由此可知，燃烧 16t 甲烷会释放 44t 二氧化碳，即燃烧 1t 甲烷会产生 2.75（=44/16）t 二氧化碳。已知化学反应式输入端和输出端之间的能量差约为每吨 55GJ，因此甲烷的能量密度为 55GJ/t 或 55MJ/kg。相比之下，煤炭的能量密度为 24GJ/t，是产生二氧化碳最多的能源之一，因为它的化学成分中碳元素的含量占比较高。燃料的能量密度的定义为燃烧 1kg 给定物质释放的能量，通常以 MJ/kg 或 kW·h/kg 表示。表 3.2 所示为一些燃料的能量密度。

表 3.2 一些燃料的能量密度

燃料	质量能量密度（GJ/t）	体积能量密度（GJ/m^3）	燃料	质量能量密度（GJ/t）	体积能量密度（GJ/m^3）
木材（烘干）	18	9	木片（30%含水量）	12.5	3.1
煤炭（国内）	24	25	家用取暖油	43	36
芒草	13	2	捆扎稻草	15	1.5
玉米粒（风干）	19	14	甘蔗渣	17	10
木材（风干）	15	9	纸（报纸）	17	9
家庭垃圾	9	1.5			

煤炭、石油和天然气等化石燃料的能量密度很高，在能量需求相同的情况下，它们的体积比生物质燃料小得多，也易于储存运输。而生物质燃料的来源比较复杂，经常含有很多水分，能量密度低，而且分解速度很快，不利于长期保存，这些因素导致了生物质燃料运输和储存成本的增加。大多数生物质燃料的原始状态都是固体，直接燃烧比较方便。但如果要长距离运输，一般都要事先经过处理，如分类、破碎、成型、脱水等。近年来，有很多研究致力于将生物质转化为其他更易利用的能量形式，图 3.5 所示为对生物质进行利用的现状。目前，主要的生物质转化技术包括①直接燃烧；②压缩成型；③气化；④热裂解；⑤化学转化；⑥生物转化。

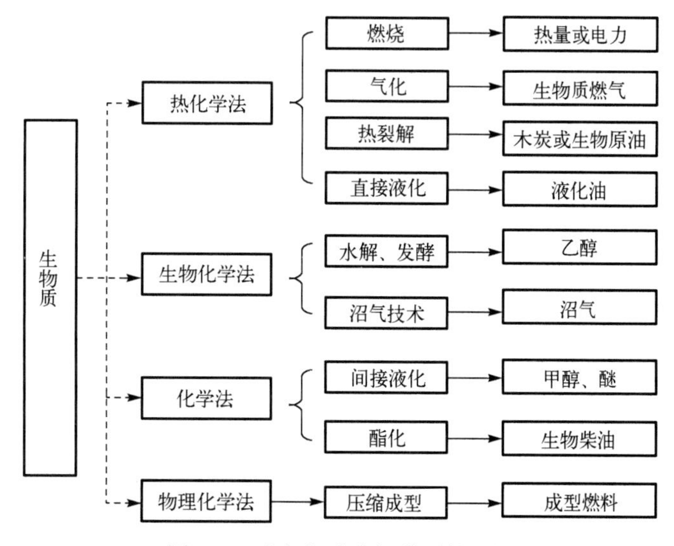

图 3.5 对生物质进行利用的现状

生物质能是人类历史上最早使用的能源之一，与人类的生产生活密切相关，其作为可再生能源，具有无限的可持续性，同时能减少化石燃料的使用，达到保护环境的目的。

3.3 直接燃烧

3.3.1 生物质燃料的特性

生物质燃料和传统的固体燃料——煤炭相比，主要有以下差别。

（1）含碳量少。生物质燃料的含碳量不会超过 50%（质量分数），相当于褐煤的含碳量。特别是固定碳的含量明显比煤炭少。所以生物质燃料的燃烧时间短，而且能量密度低。

（2）含挥发分多。生物质燃料中的碳大多和氢结合成相对分子质量较低的碳氢化合物，其在一定温度下热分解，析出挥发分，挥发分所含能量占其所有能量的一半以上。所以生物质燃料容易被点燃，要充分利用挥发分中的能量，空气和温度不足会导致燃烧不充分，容易产生黑烟。

（3）含氧量多。生物质燃料的含氧量明显多于煤炭，使得生物质燃料容易被点燃，且不需要太多的氧气供应。

（4）密度小。生物质燃料的密度小，比较容易烧尽，灰渣中残留的碳量少，但对生物质燃料的运输不利。

由于生物质燃料从结构上有以上这些特点，所以在直接燃烧时，为了提高燃烧效率，在空气供给、燃烧室容积和形状，以及燃料添加口等方面也相应地有所不同。

3.3.2 生物质燃料的燃烧过程

与煤炭的燃烧类似，生物质燃料的燃烧过程可以分为预热、干燥、挥发分析出和焦炭燃烧等阶段。当生物质燃料被送入炉膛后，生物质燃料表面的可燃物被引燃，温度逐渐升高，生物质燃料中水分首先吸热而蒸发。干燥的生物质燃料吸热升温发生分解，析出的挥发分与空气相混合，形成具有一定浓度的氧气与挥发分的混合物。当温度和浓度两个条件都已具备时，挥发分首先燃烧，并为其后的焦炭燃烧提供了条件。生物质燃料表面的可燃物燃烧所放出的热能逐渐积聚，通过传导和辐射向内层扩散，从而使内层的挥发分析出，继续与氧气混合燃烧，并放出大量的热量。此时，生物质燃料中剩下的焦炭被挥发分包围着，炉膛中的氧气不易接触到焦炭表面，焦炭难以燃烧，在挥发分减少后，氧气接触到焦炭，焦炭开始燃烧。随着焦炭的燃烧，不断产生灰分，将剩余的焦炭包裹，妨碍它继续燃烧。这时适当人为地加以搅动或加强通风，都可以加强剩余焦炭的燃烧，从而减少灰分中残留的焦炭。

以上几个阶段实际上是连续进行的。当挥发分燃烧后，气体便不断向上流动，边流动边反应形成扩散火焰。由于空气与可燃气体的混合比例不同，因而形成各层温度不同的火焰。若空气与可燃气体的混合比例恰当，则燃烧速度快，温度高；若空气与可燃气体的混合比例不恰当，则燃烧速度慢，温度低。实际应用中应控制好进风量。

可以看出，生物质燃料的燃烧主要有2个阶段，即挥发分的燃烧和焦炭的燃烧，前者较快，约占燃烧时间的10%，后者约占燃烧时间的90%。生物质燃料的燃烧有以下特点。

（1）生物质燃料的密度小，挥发分含量高。在250℃时，热分解开始，在325℃时，热分解就已经十分活跃了，在350℃时，挥发分可以析出80%。挥发分析出的时间很短，如果空气供给得不合适，挥发分有可能燃烧不完全就被排出，产生黑烟，甚至是浓黄色的烟。所以生物质燃料的燃烧一定要控制好进风量，采取一定的措施使含有大量能量的挥发分充分燃烧。

（2）挥发分逐渐析出和燃尽后，生物质燃料的剩余物为疏松的焦炭，气流运动会将一部分炭粒裹入烟道，形成黑絮，所以通风过强会降低燃烧效率。

（3）挥发分烧完后，焦炭被灰分包裹，从而使空气较难渗透进去，易有残炭遗留，此时要加强空气的流动以提高其渗透能力，使焦炭尽量燃尽。

综上所述，生物质燃料的直接燃烧和煤炭的直接燃烧有所不同，特别是在空气供给、燃烧室形状和体积的要求方面有着显著的差别。了解上述知识将有助于提高生物质燃料直接燃烧的效率。

3.3.3 生物质直接燃烧利用形式

1）农/林业废弃物焚烧技术

农/林业废弃物焚烧技术是一种基于高温氧化反应的能源转化技术，对政府推行可持续发展战略具有积极的现实意义。在发展中国家，农/林业废弃物无处倾泻，成为污染源，将其以焚烧的形式转化成能量，不仅可以避免危害人类健康及环境，还能在提供能量的同时对当地的经济发展起到促进作用。

农/林业废弃物焚烧技术与传统的能源转化方式相比，优势明显。首先，将农/林业废弃物转化成有价值的能量，实现了资源的有效利用；其次，焚烧过程中可以通过能量回收的方式实现废物资源的循环利用；最后，将农/林废弃物转化为有用能量可以有效地缓解资源短缺的困境。此外，农/林业废弃物焚烧技术还可以促进产业的升级转型，培育新的经济增长点。然而，农/林业废弃物焚烧技术也存在一些问题，主要是存在污染环境的风险。如何减少废气中污染物的排放，是农/林业废弃物焚烧技术研发和应用中需要重点关注的问题。此外，对于较偏远地区的农/林业废弃物，运输也增加了其综合成本。因此，在开展农/林业废弃物焚烧技术应用时，应根据当地实际情况进行总体规划，采用综合利用的方法，如开发垃圾发电、热水供应等多个项目，并进行严格的环保管理和监测，最大程度地降低对环境和人类健康的影响。

2）城市生活垃圾焚烧技术

图3.6所示为城市生活垃圾焚烧工艺流程。城市生活垃圾焚烧技术是指对城市生活垃圾进行预处理后，通过高温氧化反应将其转化为无害物质和能量的技术。该技术可以有效地减少垃圾的体积和质量，同时将有机物转化成热能和动力，具有明显的环保和资源利用效益。

城市生活垃圾焚烧技术具有很多优点。首先，可以有效减少垃圾的数量和体积，节省垃圾填埋场的空间；其次，可以将有机物转化成有用的能量，降低对化石燃料的依赖；最后，可以降低垃圾对环境和公共卫生的影响，实现环保的目的。与农/林业废弃物焚烧技术一样，城市生活垃圾焚烧技术也存在一些问题。首先，焚烧过程中可能会排放一些污染物，并对空气质量和人类健康造成一定影响；其次，焚烧设施的投资和运行成本较高，需要投入大量的资金、人力和物力；最后，需要对垃圾的分类、运输和储存等前期工作进行有效管理和规划。因此，在城市生活垃圾焚烧技术的应用中，需要综合考虑环境、经济和社会效益，科学合理地进行方案设计和实施，确保其有效且可持续。

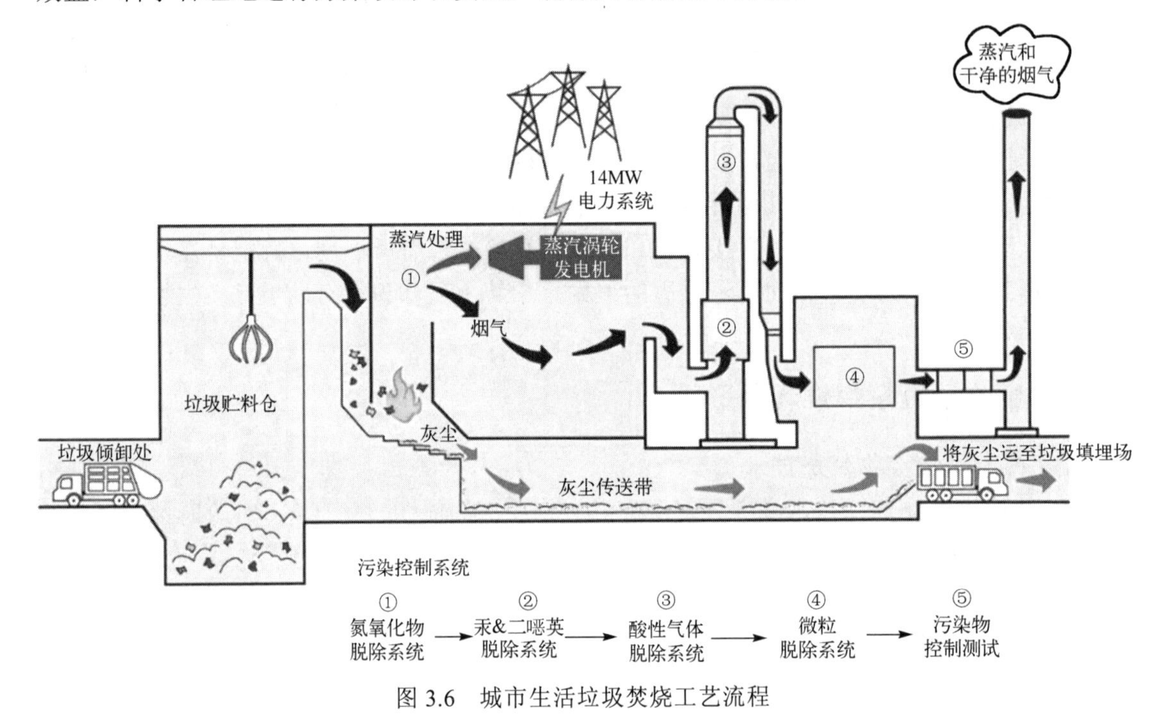

图 3.6　城市生活垃圾焚烧工艺流程

3）生物质锅炉技术

生物质锅炉技术是一种利用生物质燃烧产生高温蒸汽的能源转化技术。通常情况下，生物质锅炉的燃料来源包括各种木材、植物残渣、秸秆、饲料、废弃物等。

图 3.7 所示为一种家用生物质锅炉。生物质锅炉的运行大致分为以下几个步骤：首先，生物质燃料燃烧释放出高温热能；然后，将热能传递给锅炉的水管，水管中的水因此被加热成为高温蒸汽；最后，高温蒸汽通过管道输送到供热系统或直接驱动发电机发电。

图 3.7　一种家用生物质锅炉

生物质锅炉技术的优点包括①资源可再生，生物质是可再生资源，利用生物质发电或供热可以减少对化石燃料等不可再生资源的依赖；②环保，生物质燃料燃烧过程中的二氧化碳和其他有害气体的排放量明显低于使用化石燃料时的排放量；③经济效益，利用当地资源可以减少运输成本，并提高当地的经济效益；④稳定性，生物质锅炉可以提供持续稳定的热能和电能，适用于一些需要稳定能源供应的场合；⑤多功能性，生物质锅炉适用于多种不同类型的物质，如木屑、废弃物、饲料、椰壳等。

尽管生物质锅炉技术在环保和经济效益方面有很多优点，但是它仍然存在一些问题：①燃烧会产生有害气体，生物质燃料的燃烧会产生一些有害气体（如一氧化碳、氮氧化物和挥发性有机化合物等），特别是垃圾等特殊物质的燃烧，还会产生臭味和毒性气体；②燃料质量和供应的不稳定性，与化石燃料相比，生物质燃料的质量和供应不太稳定，这可能会导致生物质锅炉的运行不稳定和效率下降，生物质燃料的储存和运输也会带来成本上的挑战；③生物质锅炉需要维护和清理，生物质锅炉中的燃料会产生一定的灰和焦渣，因此需要定期进行清理和维护，否则会导致设备的性能下降和寿命缩短；④制造成本高，生物质锅炉的制造成本通常高于传统的锅炉，这可能会导致其在市场上的竞争力不足；⑤燃料不均匀性，不同类型的生物质燃料的组成、形状、大小、热值和水分含量不同，这导致生物质燃料具有不均匀性，可能会影响生物质锅炉的热效率。综上所述，生物质锅炉技术仍然需要进一步的研究和发展，以应对其中存在的问题，并提高其效率和环保性能。

生物质燃煤耦合燃烧发电技术应用实例

3.4 压缩成型

生物质压缩成型技术又称为生物质成型颗粒技术，是将生物质加工成颗粒形式的技术，应用于生物质燃料的成型、动物饲料的成型等领域。生物质压缩成型燃料通常以木屑、稻壳、花生壳、玉米秸秆等农副产品为主要原料。对这些废弃物的合理处理不仅减少了森林伐木和农作物种植中废弃物的数量，还将其转化为清洁能源，因此得到了广泛的应用。生物质压缩成型技术具有以下优点：①将生物质加工为规格统一的颗粒形状，方便储存和运输；②生物质压缩成型燃料的燃烧效率高、热值高、成本低、对环境污染较少；③生物质压缩成型燃料具有较大的适用范围，应用广泛，可转化为电力、热源、工业用气和动物饲料等。生物质压缩成型技术也存在一些问题，如由纤维素含量较低的生物质原料制造的压缩颗粒，其强度与耐磨性有限，易碎或容易受损等。因此，在生物质原料的选择、加工过程的监测，以及压缩机、干燥机等设备的研发和改进等方面需要加大研究力度。

3.4.1 生物质压缩成型燃料的构成

生物质压缩成型燃料的原料通常是农作物的秸秆、稻壳、杂草、树枝、木屑等固体废弃物，经过粉碎、加压、增密、成型，使其成为具有一定形状的固体燃料，如图 3.8 所示。生物质原料的相对密度一般为 0.6～0.8g/cm^3，压缩成型后的燃料的相对密度大于 1.1g/cm^3，输送、储存极为方便，同时其燃烧性能大为改善。

图 3.8 生物质压缩成型燃料

秸秆类的生物质原料主要含有纤维素（Cellulose）、半纤维素（hemicellulose）和木质素（Lignin），占植物体成分的2/3以上。一般木材中，纤维素占40%～50%，还有10%～30%的半纤维素和20%～30%的木质素。纤维素是由葡萄糖组成的大分子多糖，是构成植物细胞壁的主要组分，约占细胞壁物质总量的50%。纯纤维素呈白色，密度为1.50～1.56g/cm^3，比热容为0.32～0.33kJ/(kg·K)。纤维素是自然界中分布最广、含量最多的一种多糖，占植物界碳含量的50%以上。棉花的纤维素含量接近100%，是天然的纤维素来源。纤维素是传统的造纸原料，也可以转化成生物乙醇、生物甲烷等，其不溶于水及一般有机溶剂。木质素也是构成植物细胞壁的重要成分，是一种天然的多环高分子聚合物，具有增强细胞壁、黏合纤维素的作用。木质素属于非晶体，在常温下不溶于任何溶剂，无熔点、质地软。当温度达到一定值时，木质素软化，黏力增加，并在一定作用下，使纤维素分子团错位、变形、延展，内部相邻的生物质颗粒相互进行啮接，重新组合而压制成型。

植物的生理特性使生物质原料的结构通常比较疏松，密度较小。这些质地松散的生物质原料在受到一定的外部压力后，原料颗粒先后经历重新排列位置关系、颗粒机械变形和塑性流变等阶段，体积大幅度减小，密度显著增大。当含水量较高时，用较小的压力即可使纤维素形成一定的形状；当含水量为10%左右时，需施加较大的压力才能使其成型，但成型后的结构牢固。由于非弹性或黏弹性的纤维素分子之间相互缠绕和绞合，在去除外部压力后，一般不能再恢复原来的结构形状。

3.4.2 压缩成型原理

生物质压缩成型技术的原理：颗粒化的生物质原料通过压缩机时，在高温和高压作用下聚合成具有一定形状和规格的生物质颗粒，以便于储存、运输和燃烧利用。

在生物质压缩成型技术中，压缩机是最核心的设备。根据生物质原料的特性和用户的不同需求，可以选择平板式压缩机、环模式压缩机和螺旋式压缩机等多种类型的设备。这些压缩机利用高压和高温，将生物质原料压缩成一定大小的颗粒，增加了颗粒的密度和稳定性，提高了燃烧效率和储藏稳定性。

在压缩成型过程中，基本的压缩成型原理是依靠生物质中的天然结合剂或加入少量的黏土、淀粉、废纸浆等无机、有机纤维类黏结剂糊粉，增加颗粒之间的黏合力，使其成为整体。压缩机在压制颗粒时，利用垫圈、模板和模具等工具，使颗粒形成均匀的圆柱形颗粒，并利用模芯和模具内部产生的一定压力，使颗粒产生物理或化学反应以加强颗粒的结合力，最终得到所需的生物质颗粒。生物质压缩成型技术的关键是控制压缩条件，如温度、压强、含水量等。在控制好这些压缩条件的前提下，生物质颗粒可以获得更大的密度和更高的强度，使成品生物质颗粒具有更好的稳定性和热值。在生物质压缩成型技术中，生物质原料的颗粒大小、形状、密度和含水量等因素都会对压缩成型的效果产生一定的影响。因此，优化生物质颗粒的制造需要对生物质原料和生物质压缩成型技术进行综合考虑，从而获得更好的成型效果。

3.4.3 压缩成型工艺

1）生物质机械成型工艺

生物质机械成型工艺是指利用机械加工的方式将生物质原料制成符合成型要求的颗粒

状、块状或板状燃料的工艺。生物质机械成型工艺的特点是生产成本低、不需要额外的化学添加剂等，适用于生产小批量、各种材料的生物质颗粒。但是，由于压力和机械运动受限，生物质颗粒常常分散不均，强度较低，尺寸间的差异也较大。因此，生物质机械成型工艺对原材料的质量、含水量和形状也有较高要求。总的来说，生物质机械成型工艺与生物质热压成型工艺、生物质湿压成型工艺等相比，在吸湿、黏性、破碎等方面存在诸多限制，但在中小规模生产中，具有成本低、易操作、不占地方等优点，因此成为普遍使用的生物质压缩成型技术之一。目前，市场上的生物质机械成型机大致分为 3 种：①螺旋挤压式成型机；②活塞冲压式成型机；③辊模碾压式成型机。图 3.9 所示为活塞冲压式成型机的成型原理。

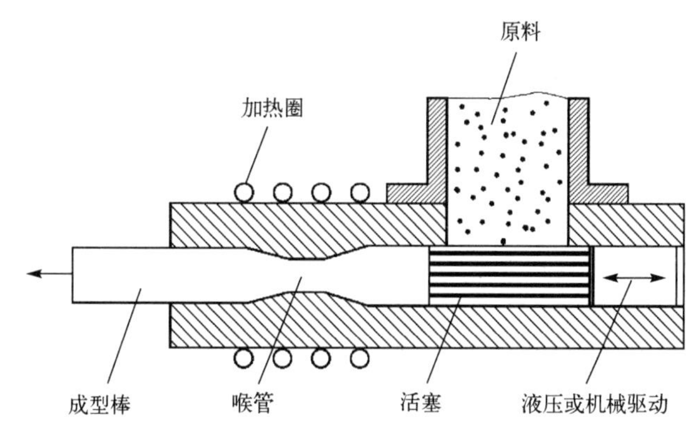

图 3.9 活塞冲压式成型机的成型原理

2）生物质湿压成型工艺

生物质湿压成型工艺是一种新型的生物质压缩成型技术，也叫作生物质湿法压球技术。与传统的生物质压缩成型技术不同，生物质湿压成型工艺使用水作为结合剂，使生物质原料在压缩过程中互相连接成形，同时加入一些添加剂以增强颗粒质量，从而实现成型。生物质湿压成型工艺具有以下优点：①对生物质水分的容忍度高，相对于传统的生物质压缩成型技术，生物质湿压成型工艺的水分容忍度高，可降低生物质原料的干燥成本和热值损失；②使用环保水基材料，生物质湿压成型工艺使用水作为结合剂，相比于传统的石油基材料，生物质湿压成型工艺更加环保；③生产成本低，生物质湿压成型工艺不需要高温、高压等特殊设备，生产成本相对较低且生产效率高；④颗粒质量好，采用生物质湿压成型工艺加工出的颗粒的密度大，抗压性能好，燃烧效率高，并且可以避免使用高温、高压等物理和化学处理方法。生物质湿压成型工艺也存在一些缺点，如颗粒硬度低、含水量高、成型速度慢等。但随着生物质能的逐步推广和生物质湿压成型工艺的不断改进，它将在未来得到更广泛的应用。

3）生物质热压成型工艺

生物质热压成型工艺是一种将生物质原料通过加热和压缩形成颗粒的技术。生物质热压成型工艺通常比生物质机械成型工艺和生物质湿压成型工艺的成型温度更高，常规温度在 180～220℃之间。生物质热压成型工艺的关键是控制压缩温度、压力、生物质原料的含水量、水浴时间、成型模具的形状和精度等，以确保颗粒质量和生产效率。相比于生物质机械成型工艺和生物质湿压成型工艺，采用生物质热压成型工艺加工出的颗粒的质量更好，强度和耐热性更高，成型速度和效率也更高，适用于生产较大规模的生物质颗粒。但是，生物质热压成型设备的投资较高，对生物质原料的质量要求也较高，因此生产成本较高。

4）生物质炭化成型工艺

生物质炭化成型工艺是一种将生物质原料炭化后再进行成型的技术。在生物质炭化过程中，生物质原料被密封在特定环境中进行热解，使其发生化学变化并释放热能，产生炭和气体。炭和气体可以被收集或重新利用，并且炭化过程中会减少生物质原料中的水分和杂质，从而提高生物质原料的质量和成型效果。生物质炭化成型技术具有高利用率，相较于直接燃烧，使用生物质炭化成型的燃料能减少污染物排放，还可以通过收集和再利用炭化过程中产生的气体和热量实现能源利用。但是，这种生物质压缩成型工艺相比于其他生物质压缩成型工艺需要较高的炭化设备投资，同时生产成本较高，而且需要花费较长时间进行生产，对生物质原料的质量和处理方法也有一定要求，需要完备的制造工厂和操作流程。

3.4.4 压缩成型工艺流程

生物质压缩成型的一般工艺流程如图 3.10 所示。

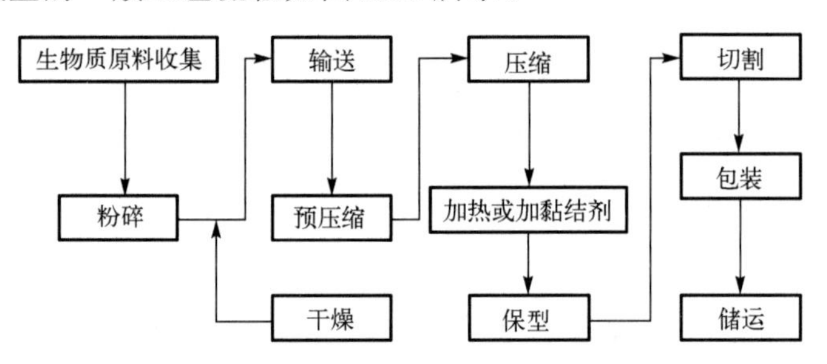

图 3.10 生物质压缩成型的一般工艺流程

（1）生物质原料收集。生物质原料收集是十分重要的工序。在工厂化加工的条件下要考虑三个问题：一是加工厂的服务半径；二是农户供给加工厂的生物质原料的形式是整体式还是初加工包装式；三是生物质原料的枯萎度，即生物质原料在田间经风吹、日晒、自然状态脱水的程度。如果不是机械收割、打捆，那么枯萎度大些比较好。另外，要特别注意的是，收集过程中尽可能少夹带泥土，泥土过多容易造成燃烧时结渣，机械化收集可解决这一问题。

（2）粉碎。粉碎是压缩成型前对生物质原料进行的基本处理，粉碎质量直接影响成型机的性能及产品质量。例如，在颗粒成型过程中，若生物质原料的粒度过大，则生物质原料必须进行再成型及内碾碎以后才能进入成型机，这样成型机就要消耗大量功率。在颗粒成型过程中，成型机也能进行一定程度的粉碎，但不会像粉碎机那样高效，因此要求粉碎工序尽可能在粉碎机上完成。不是所有用于压缩成型的生物质原料都需进行粉碎，如对锯末、稻壳等生物质原料进行生物质热压成型时，往往只从生物质原料中清除尺寸较大的异物，不进行粉碎即可压缩成型。但是对木屑、树皮及植物秸秆等尺寸较大的农/林业废弃物都要进行粉碎，而且常常需要进行两次以上粉碎，并在粉碎工序中间插入干燥工序，以增强粉碎效果。

种类较为繁杂、尺寸较大的生物质原料往往需进行三次粉碎。第一次粉碎只能起到使生物质原料尺寸匀整的作用，经过第二次粉碎、干燥及第三次粉碎以后才能满足成型机对生物质原料粒度的要求。对于颗粒成型燃料，一般需要将 90%左右的生物质原料粉碎至 2mm 以下，而对于尺寸较大的树皮、木材废料等，第一次粉碎只能将其粉碎至 20mm 以下，经过第二次粉碎才能将其粉碎至 5mm 以下，有时不得不进行第三次粉碎。

（3）干燥。在压缩成型过程中，生物质原料的含水量很重要，国内外使用的都是经验数据，不是理论计算数据。当生物质原料的含水量超过经验数据的上限值时，在干燥过程中，生物质原料的温度升高，水分蒸发导致气体体积突然膨胀，易发生爆炸，造成事故；若生物质原料的含水量过低，会使范德华力降低，以致成型出现问题。因此生物质原料经粉碎后，要有一道干燥工序。生物质原料的最佳湿度为 10%～15%，但由于活塞冲压式成型机的加工过程是间断式的，因此可以适当高些（16%～20%）。通过干燥工序，使生物质原料的含水量减少到成型所要求的范围内。与生物质热压成型机配套使用的干燥机主要有回转圆筒干燥机、立式气流干燥机等。

（4）预压缩。为了提高生产率，应在推进器前先把松散的生物质原料预压缩一下，然后将其推到成型模前，被推进器推到成型模中压缩成型。预压缩多采用螺旋推进器、液压推进器，也有手工预压缩的，这与要求的产量有关，生产单位可以自主选择。

（5）压缩。成型模是生物质压缩成型的关键部件，它的内壁是前大后小的锥形，生物质原料进入成型模后要受到三种力，即机器主推力、摩擦力、模具壁的向心反作用压力。影响主推力大小的是生物质原料的密度、直径等，影响摩擦力大小的是夹角和模具温度。夹角越大，摩擦力越大，密度也要加大，动力也要加大，因此夹角设计是关键，它随着直径和密度、材料种类的不同而有不同的要求。成型模有内模和外模，外模是不变的，内模是可以调换的。夹角的确定需经过试验，一般从 3°开始，用插入方法进行调试。

（6）加热。生物质压缩成型过程中的加热，一方面可使生物质原料中含有的木质素软化，起到黏结作用；另一方面可使生物质原料本身变软，容易被压缩。除此之外，加热温度对成型机的工作效率也有影响。对于棒状燃料成型机，当机器的结构尺寸确定后，加热温度就应该调整到一个合理的范围。温度过低不但使生物质原料不能成型，而且使功耗增加；温度过高会使电动机的功耗减小，但成型压力减小，成型物挤压不实，密度变小，容易断裂破损。棒状燃料成型机的加热温度一般调整为 150～300℃，使用者需根据生物质原料的形态进行调整。颗粒燃料成型过程中虽然没有外热源加热，但生物质原料和机器工作部件之间的摩擦可以将生物质原料加热到 100℃左右，同样可使生物质原料中的木质素软化，起黏结作用。

模具温度采用电阻丝来控制，应先预热后开机，也有不加热的。例如，采用螺旋挤压式成型机时，只要动力设计得足够大，锥角比较大，就可以产生较大的摩擦力，产生的摩擦热完全可以供压缩成型使用。但这种方法会增加动力消耗，增加螺旋头和模具的磨损，一般 30～50h 就要更换螺旋头。如果想要使用这种高压方式，宜先进行经济核算。

（7）加黏结剂。加入黏结剂有两个目的：一是增加压块的热值，同时增加黏结力，如加入 10%～20%的煤炭或炭粉，就可以达到目的，但加入时一定注意均匀度，防止因相对密度不同造成不均匀聚结；二是纯增加黏结力，减少动力输入，这要求生物质原料的颗粒要小，便于与黏结剂均匀接触。黏结剂通常在预压缩前的输送过程中加入，便于搅拌。

（8）保型。保型是在生物质压缩成型燃料成型以后的一段套筒内进行的，套筒内径略大于成型筒的最小部位直径，以便使已成型的生物质压缩成型燃料消除部分应力，随着温度的降低，使其形状固定下来。套筒的端部有开口，用以调整套筒的保型能力。如果套筒直径大于成型筒过多，生物质压缩成型燃料会迅速膨胀，容易裂纹；若套筒的直径过小，已成型生物质压缩成型燃料的应力得不到消除，出口后还会因温度突然下降，发生崩裂或粉碎。

3.5 气　　化

生物质气化是在一定的热力学条件下，利用空气（或氧气）和蒸汽使生物质高聚物发生热解、氧化、还原和重整等反应，最终转化为一氧化碳、氢气和低分子烃等可燃气体的过程。气化过程需要在高温环境下对生物质原料进行完全转化，使之成为气态化合物。气化过程包括以下几个连续过程：生物质原料预处理、生物质燃烧、生物质干馏、气化反应、气体清洁、合成气储存和利用。总的来说，生物质气化技术具有绿色、环保、高效等优点，可以充分利用生物质原料，但同时，由于无法直接生产燃料，需要附加制气、净化和储气等后续工艺，因此需要相应的制造工厂和操作流程，这些投入和成本较高。

3.5.1 气化原理

生物质气化是一种生物质热化学转换技术，其基本原理为在不完全燃烧的条件下，将生物质原料加热，使有机碳氢化合物热分解为相对分子质量较低的可燃气体，如一氧化碳、氢气、甲烷等。在转换过程中，需要加入气化剂，如空气、氧气或蒸汽。其产品主要指混合气体，由可燃性气体与氮气等组成。气化产生的气体没有准确的命名方式，可称为燃气、可燃气或气化气。

虽然不同气化器的设计各有不同，但其气化原理基本相同，即通过蒸汽、氧气和固体燃料的反应，在几百摄氏度到上千摄氏度的高温，1～30 个大气压（100～3000kPa）的压力下，生成了“发生炉煤气”。该气体中主要含有一氧化碳和氢气，同时包含甲烷、烃类和凝缩的焦油。反应产物中还含有二氧化碳和水。如果在该过程中使用空气，最后的气体中会含有氮气，其发热量只有 3～5MJ/m^3，大约是天然气的 1/10。若使用纯氧气，则生成的气体发热量会较高，但成本也会相应提高。

3.5.2 气化原料及应用

生物质气化所用的生物质原料主要是原木生产及木材加工的残余物、木柴、农业副产物等，包括板皮、木屑、枝杈、秸秆、稻壳、玉米芯等，生物质原料来源广泛，价廉易取。它们的挥发分多、灰分少，易热分解，是热化学转换的良好材料。按具体转换工艺的不同，在将生物质原料加入反应炉之前，应根据需要对其进行适当的干燥和机械加工处理。

生物质气化产生的燃气的热值主要取决于所使用的气化剂及气化炉的类型。目前在我国，生物质气化通常采用空气作为气化剂，在固定床气化炉和流化床气化炉中，生成的燃气的发热量通常为 4.2～7.6MJ/m^3，属于低热值燃气。如果采用氧气或蒸汽进行进一步气化，就可以在不同类型的气化炉中产生中等热值燃气（10.9～18.9MJ/m^3）乃至高热值燃气（22.3～26.0MJ/m^3）。

生物质燃气可以应用于民用炊事活动，取暖，烘干谷物、木材、果品，炒茶，发电，区域供暖和工业企业的蒸汽供应等多个领域。图 3.11 所示为利用生物质燃气进行区域供暖的系统图。如果能够成功脱除生物质燃气中的二氧化碳和硫化氢，那么生物质燃气的成分将非常接近天然气，这使得生物质燃气甚至可以被用在交通工具的发动机中。此外，生物质燃气还可用作化工原料，如将其用于生产甲醇、氨等，甚至还可以考虑将其作为燃料电池的燃料使用。因此，生物质燃气在未来的应用前景广阔。

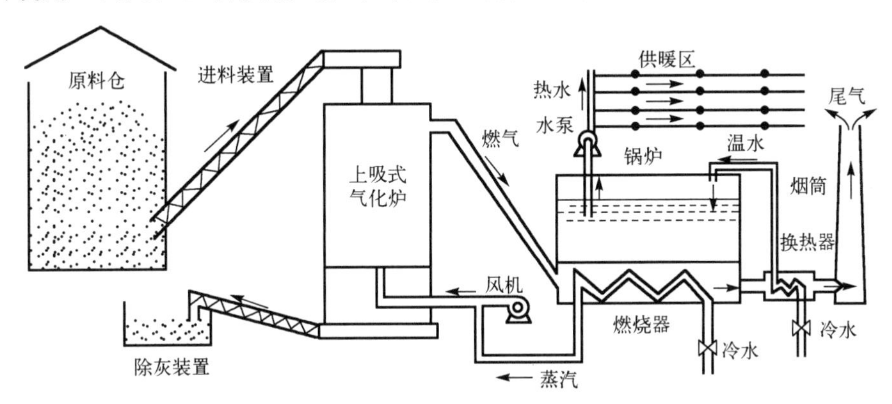

图 3.11 利用生物质燃气进行区域供暖的系统图

3.5.3 气化中的热化学反应

生物质气化通过气化炉完成，其反应过程很复杂，目前这方面的研究尚不够细致、充分。气化炉的类型、工艺流程、反应条件、气化剂的种类、生物质原料的性质和粉碎粒度等条件不同，其反应过程也不相同。但不同条件下的生物质气化过程基本上都包括下列反应：

$$C + O_2 \rightarrow CO_2$$
$$CO_2 + C \rightarrow 2CO$$
$$2C + O_2 \rightarrow 2CO$$
$$2CO + O_2 \rightarrow 2CO_2$$
$$H_2O + C \rightarrow CO + H_2$$
$$2H_2O + C \rightarrow CO_2 + 2H_2$$
$$H_2O + CO \rightarrow CO_2 + H_2$$
$$C + 2H_2 \rightarrow CH_4$$

以气体在炉内自下而上流动的气化炉（上吸式气化炉）为例说明生物质气化原理。图 3.12 展示了上吸式气化炉内生物质原料的区域划分及气化原理。生物质原料在上吸式气化炉内大体上分为四个区域（层）：氧化层（燃烧层）、还原层、热分解层（干馏层）和干燥层。炉内温度自氧化层向上递减。生物质原料从炉顶落入炉内，在大型气化炉中，生物质原料是连续加入的；而在户用小型气化炉中，生物质原料是间歇性投入的，空气从下方进入，产出的燃气经上方管道输出。其气化过程可分为四个阶段。

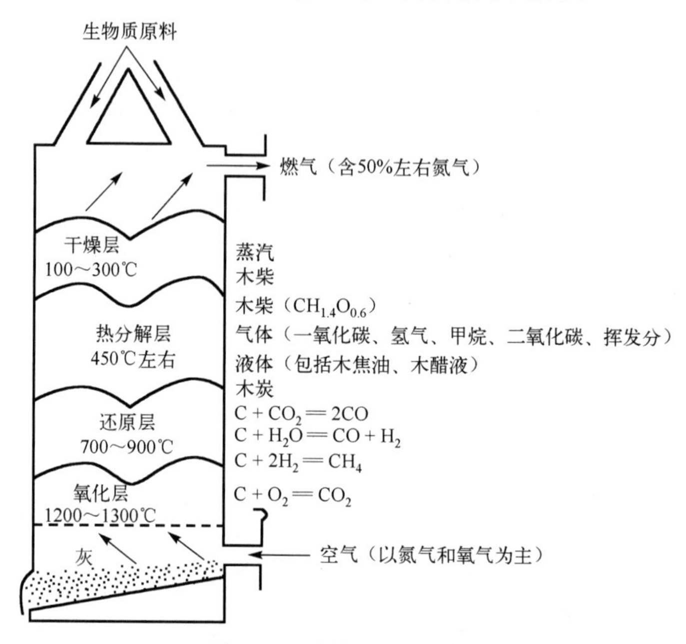

图 3.12　生物质气化原理

（1）氧化层。氧气在这里烧完，生成大量二氧化碳，同时放出大量热量，温度最高可达 1200～1300℃。其化学反应式为

$$C+O_2 \rightarrow CO_2+408.8kJ$$

同时，有一部分生物质原料由于氧气（空气）的供应量不足，生成一氧化碳，放出一部分热量：

$$2C+O_2 \rightarrow 2CO+246.4kJ$$

在氧化层内主要产生二氧化碳，一氧化碳的生成量不多，在此层内已基本没有水分。

（2）还原层。此层中已没有氧气存在，二氧化碳及水在这里被还原成一氧化碳和氢气，进行吸热反应，温度开始降低，一般为 700～900℃。

$$CO_2+C \rightarrow 2CO-162.3kJ$$
$$H_2O+C \rightarrow CO+H_2-118.7kJ$$
$$2H_2O+C \rightarrow CO_2+2H_2-75.2kJ$$

$$H_2O+CO \rightarrow CO_2+H_2-43.5kJ$$
$$C+2H_2 \rightarrow CH_4$$

（3）热分解层。对燃料中的挥发分进行蒸馏，温度保持在 450℃左右。蒸馏出的挥发分混入燃气中。

（4）干燥层。燃料中的水分蒸发，吸收热量，燃气温度降至 100～300℃。

氧化层及还原层总称为气化层或有效层，因为气化过程的主要反应在这里进行；热分解层和干燥层总称为燃料准备层。必须指出，这样的划分在实际中是观察不到的，因为层与层之间的界限是不分明的，一个层的反应也可能在另一个层中进行。上述划分只是指气化过程的几个大的区段。

通常认为燃气中一氧化碳和氢气的含量越多越好（从安全角度考虑，其一氧化碳含量≤20%），而它们主要产生于还原层内，因此还原层是影响燃气品质和产量最重要的区域。实验表明，温度越高，二氧化碳还原成一氧化碳的过程进行得越顺利，还原区的温度应保持在700～900℃。另外，二氧化碳与炽热的碳接触时间越长，还原作用进行得越完全，得到的一氧化碳量也越多。

3.5.4 气化设备

气化炉是生物质进行气化反应的主要设备。按气化炉的运行方式不同，可以分为固定床气化炉、流化床气化炉和旋转床气化炉三种类型。国内生物质气化过程所采用的气化炉主要为固定床气化炉和流化床气化炉。固定床气化炉和流化床气化炉又有多种不同的形式。

1）固定床气化炉

固定床气化炉是一种传统的气化炉，其运行温度大约为1000℃。固定床气化炉可以分为上吸式气化炉、下吸式气化炉和横吸式气化炉。

在上吸式气化炉中，生物质原料从炉顶加入，而气化剂从炉底进气口加入，气体流动的方向与生物质原料运动的方向相反，向下运动的生物质原料被向上流动的热气体烘干、热分解、气化。其主要优点是产出气体在经过热分解层和干燥层时，将其携带的热量传递给生物质原料，用于生物质原料的热分解和干燥，同时降低自身的温度，使炉子的热效率提高，产出气体的含灰量少。

在下吸式气化炉中，生物质原料由顶部的加料口投入，气化剂可以从顶部加入，也可以从底部加入，气化剂与生物质原料混合向下流动。该气化炉的优点是有效层高度几乎不变、气化强度高、工作稳定性好、可以随时加料，而且燃气中的焦油含量较低。但是燃气中的灰尘较多且出炉温度较高。

在横吸式气化炉中，生物质原料从炉顶加入，气化剂从位于炉身一定高度处进入炉内，灰分落入炉栅下部的灰室，燃气水平流动，故称该气化炉为横吸式气化炉。该气化炉的氧化层温度可达到2000℃，超过灰熔点，容易结渣。因此该气化炉只适用于含焦油和灰分不大于5%的燃料，如无烟煤、焦炭和木炭等。

2）流化床气化炉

流化床燃烧技术是一种先进的燃烧技术。流化床气化炉的温度一般为750～800℃。这种气化炉适用于气化含水量大、热值低、燃烧困难的生物质原料，可大规模、高效地利用生物质能，但是要求生物质原料有相当小的粒度。按照气固流动特性不同，流化床气化炉分为鼓泡床气化炉、循环流化床气化炉、双流化床气化炉和携带床气化炉。

鼓泡床气化炉中的流化速度相对较低，几乎没有固体颗粒从中逸出。循环流化床气化炉的流化速度相对较高，从床中带出的固体颗粒被旋风分离器收集后，可重新送入炉内进行气化反应。双流化床气化炉与循环流化床气化炉相似，不同的是第Ⅰ级反应器的流化介质在第II级反应器中加热，在第I级反应器中进行热分解反应，第II级反应器中进行气化反应。双流化床气化炉的碳转化率较高。携带床气化炉是流化床气化炉的一种特例，其运行温度高达1100～1300℃，产出气体中焦油成分和冷凝物的含量很低，碳转化率可以达到100%。

3.5.5 生物质气化技术面临的问题及展望

生物质能在我国是仅次于煤炭、石油和天然气的第四种能源，在能源系统中占有重要地位。目前，生物质气化技术在实际应用过程中还存在以下几个主要问题：①成本高，生物质气化技术的设备和操作成本较高，生物质原料的收集与运输也需要大量资金投入；②稳定性不高，在生物质气化过程中，由于生物质原料组成、含水量、反应温度等因素的影响，反应条件不稳定，难以保持气化效率和产气质量的稳定性；③高温、高压条件下的腐蚀问题，对于高温、高压条件下的设备，烟气和灰渣具有一定酸度，可能会对设备产生腐蚀；④气体清洗问题，产生的气体中含有一些杂质和硫化物等有害气体，需要进行清洗和处理后才能用于直接燃烧或制成液态燃料、化工原料等；⑤烟气污染问题，在生物质气化过程中，还会产生一些有害气体，如硫化氢、氮氧化物等，如果排放不当，会对环境造成污染。我国生物质能资源十分丰富，每年仅各类农业废弃物的资源就有3.08×10^{8}t标准煤，木柴资源为1.3×10^{8}t标准煤。我国已经建立了500个以上的生物质气化应用工程，连续多年运行的经验表明，生物质气化技术在处理大量的农业废弃物，减轻环境污染，提高人民生活水平等多方面都发挥着积极的作用。

生物质气化的展望及应用实例

3.6 热 裂 解

热裂解不会直接产生有用的能源形式，但在受控的反应条件下（如氧气的量和温度的控制），可以将生物质转化为生物质炭、生物质油和生物质气。与它们的原始物相比，这些产物具有相对较高的能量密度，可以显著降低运输成本，它们具有更可靠的燃烧特性，可以在某些特定的燃气轮机和内燃机中应用。在热裂解的过程中，利用加压和无氧环境，在高达400～500℃的高温下处理生物质原料，这个过程同时也会导致部分生物质的燃烧。

3.6.1 热裂解工艺

从生物质的加热速率和完成反应所需时间的角度来看，热裂解工艺基本上可分为两种类型：慢速热裂解（或称为干馏工艺和传统热解）和快速热裂解（当反应所需时间小于0.5s时，也被称为闪速热裂解）。相对于慢速热裂解，快速热裂解的传热反应发生在极短的时间内，强烈的热效应直接产生热裂解产物，再迅速淬冷，通常在0.5s内急冷至350℃以下，从而最大限度地增加液态产物，该液态产物称为生物油，也可称为热解油或生物质油。

生物质热裂解液化是指在中温（500～600℃）、高加热速率（10～100℃/s）和极短气体滞留时间（约2s）的条件下直接热裂解生物质，然后通过快速冷却使中间液态产物冷凝，从而产生大量的生物质油，液态产物的收获率可达70%～80%。气体产量随温度、加热速率和停留时间的增加而增加，低温和低加热速率会导致生物质原料炭化，增加生物质炭的产量。通过进一步分离，生物质热裂解液化产生的生物质油可以用作锅炉和其他加热设备的燃料，经处理和提炼后也可以用作内燃机的燃料或用于提取化工产品。生物质热裂解液化的流程包括生物质原料的干燥、粉碎、热裂解、生物质炭和灰的分离、气态生物质油的冷却和生物质油的收集。

3.6.2 热裂解的基本过程

慢速热裂解的基本过程大致可分为4个阶段。

（1）干燥阶段：靠外部供热将反应釜中的生物质原料升温至150℃左右，蒸发出生物质原料中的水分，生物质原料的化学组成几乎不变。

（2）预热裂解阶段：当温度上升到150～300℃时，生物质原料的热裂解反应比较明显，化学组成开始发生变化，不稳定的成分分解成二氧化碳、一氧化碳和乙酸等物质。

（3）固体分解阶段：当温度上升至300～600℃时，生物质原料发生了各种复杂的物理、化学反应，是慢速热裂解的主要阶段。生成的液体产物有乙酸、焦油和甲醇；气体产物有二氧化碳、一氧化碳、甲烷、氢气等，可燃成分的含量增加。这个阶段的反应要放出大量的热量。

（4）煅烧阶段：继续加热，碳氢键和碳氧键进一步热裂解，排出残留在生物质炭中的挥发分，提高生物质炭中固定碳的含量。

以上阶段是连续进行的。

快速热裂解的过程与慢速热裂解基本相同，只是所有反应在极短的时间内完成，比较难以区分。一般认为，生物质原料快速产生热裂解产物，迅速淬冷，使初始产物没有机会进一步降解成小分子的不冷凝气体，会增加生物质油的产量，得到黏度和凝固点较低的生物质油。

3.6.3 生物质油的性质

通过快速热裂解工艺得到的生物质油与通过慢速热裂解或气化工艺得到的焦油，其性质存在较大的差别。前者常称为一次油，后者常称为二次油。焦油的黏度、凝固点比生物质油高得多；焦油的密度、灰分、含氮量也比生物质油大。

生物质油是有色液体，其颜色与生物质原料的种类、化学成分、含有细炭颗粒的多少有关，有暗绿色、暗红褐色、黑色等，如图3.13所示。生物质油的气味与其来源、成分和处理方法等因素有关，通常情况下，可被描述为木质气味、焦煳气味、酚类气味、芳香气味等。生物质油的化学组成主要是解聚的木质素、醛、酮、羧酸、糖类和水。影响生物质油化学组成的外部因素是生物质原料的组成，内部因素是反应温度、升温速率、蒸汽在反应器中停留的时间、冷凝温度、降温速率等。

生物质油不能和甲苯、苯等烃类溶剂互溶，但可溶于丙酮、甲醇、乙醇等溶剂。其有较高的含氧量与含水量，以木屑为原料制取的生物质油的含氧量高达35%以上，含水量高达20%以上。生物质油的黏度范围很大，动力黏度为5～350MPa·s，并与温度和含水量有关。生物质油具有酸性和腐蚀性，性质不稳定，易于聚合。以木屑为原料制取的生物质油，其密度为 1130～1230kg/m^3。它是可燃性液体，高位热值为 17～25MJ/kg，属于中等热值燃料。与石油相比，生物质油中硫、氮的含量低，并且灰分少，对环境污染小。

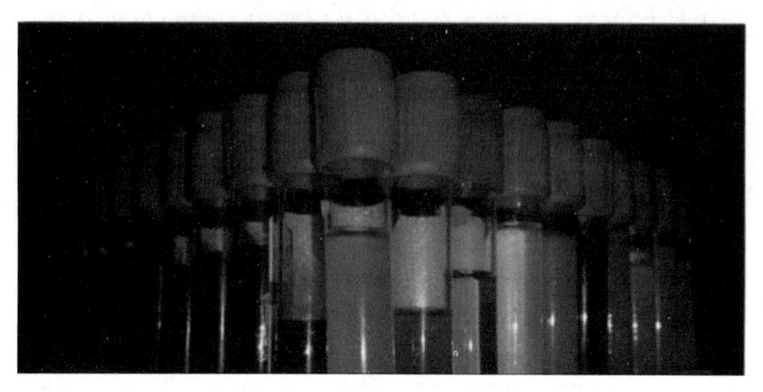

图 3.13　从废弃种子油中得到的生物质油

3.7 化 学 转 化

化学转化通常指利用化学相互作用进行生物质转化，将生物质转化为各种其他形式的可用能源。酯交换是基于化学反应的能量转换中最简单、最常见的形式之一，它是一种化学反应，将脂肪酸和醇转化为脂肪、油和油脂，如图 3.14 所示。这个过程是为了降低脂肪酸的黏度，使它们更易燃，生物柴油是酯交换的最终产物，副产品有肥皂和甘油。任何类型的脂肪油、树油、废弃的油脂、动物油、大豆油和废弃种子油都可以轻松地用于制取生物柴油，以服务于可再生能源的未来。

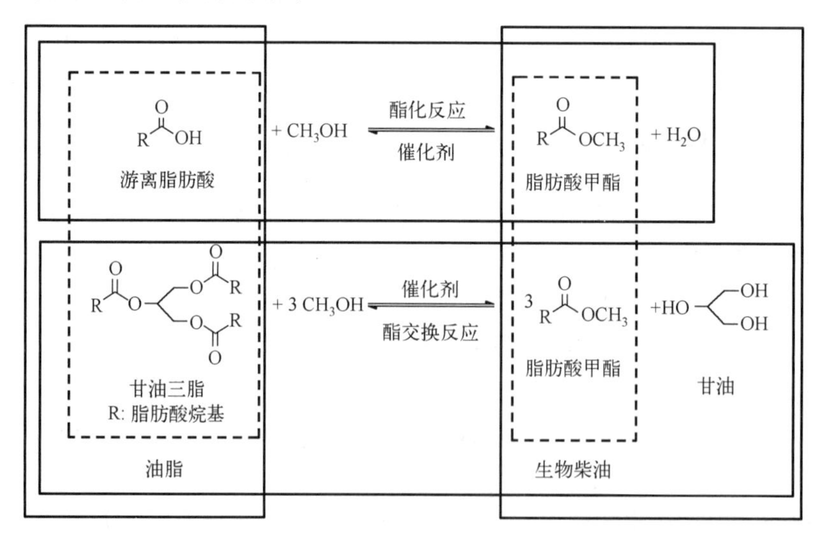

图 3.14　酯交换

3.7.1　生物柴油

生物柴油是指植物油（如菜籽油、大豆油、花生油、玉米油、棉籽油等）、动物油（如鱼油、猪油、牛油、羊油等)、废弃油脂、微生物油脂与甲醇、乙醇经酯交换而形成的脂肪酸烷基酯(包括脂肪酸甲酯和脂肪酸乙酯)。为了使这些产品被视为可行的运输燃料，其必须符合严格的质量标准。在大多数情况下，除非另有说明，否则生物柴油是指通过植物油或动物油的酯交换产生的脂肪酸烷基酯。

$$植物油（或动物油）+甲醇（或乙醇）\xrightarrow{催化剂}生物柴油+甘油$$

生物柴油是通过植物油或动物油与醇（通常接近纯甲醇或乙醇）在催化剂（如氢氧化钠）作用下进行化学反应制成的。化学反应会将植物油的成分转化为脂肪酸甲酯（生物柴油）和甘油。由于生物柴油的密度低于甘油，因此它会漂浮在甘油顶部并被抽出，或者可以将甘油从底部排出，接着过滤生物柴油，最后用于加热或照明应用。虽然生物柴油无须进行进一步处理即可在柴油发动机中使用，但由于可能会对发动机造成损害，因此建议在使用前清洗去除杂质（如未反应的乙醇和氢氧化钠）。

3.7.2 生物柴油的来源

由于植物油具有较高的黏度和较差的燃烧性能（与石化柴油相比），所以其不能直接用作发动机中的柴油替代品。直接使用植物油会导致大量积碳、润滑油污染和发动机过度磨损，从而降低发动机的寿命。目前，酯交换、热裂解、催化裂化和非催化裂化等技术已相当成熟，可以将植物油转化为生物柴油或生物燃料。

生物柴油是一种可再生燃料，可以由植物油、动物油或回收的餐厅油脂制成，可以在大多数国家本地生产。在美国，生物柴油主要由豆油制成，其所生产的生物柴油比所有其他脂肪和油生产的生物柴油的总和还要多。棕榈油和麻风树油在亚洲国家更加受到青睐，但也还有许多其他候选原料，包括回收的食用油、动物油和其他油籽作物的种子。生物柴油是安全、可生物降解的，与石化柴油相比，使用生物柴油可以减少污染物排放，如颗粒物、一氧化碳和碳氢化合物衍生物。通常 20%生物柴油和 80%石化柴油的混合物（B20）可用于未改装的柴油发动机。生物柴油也可以以纯净形式（B100）使用，但可能需要对发动机进行某些修改以避免对发动机造成损害。

3.7.3 生物柴油的反应过程

生物柴油由附有醇的长链脂肪酸组成，反应过程中常用的催化剂有氢氧化钾和氢氧化钠，这个化学过程称为酯交换，反应产物为生物柴油和甘油。当使用甲醇进行酯交换时，该化学过程称为甲醇分解，并产生甲酯；当使用乙醇进行酯交换时，则会产生乙酯。目前，由于甲醇成本更低，所以甲酯更便宜。生物柴油可以以纯净形式使用，也可以与石化柴油混合在压燃式发动机中使用。值得一提的是，甘油被认为是一种有价值的副产品，可用于制药、化妆品生产和许多其他应用，具体取决于其等级和纯度。该过程可以简单地表示为

$$植物油（或动物油）+甲醇\xrightarrow{催化剂}甘油/甲醇+粗生物柴油$$

$$植物油（或动物油）+乙醇\xrightarrow{催化剂}甘油/乙醇+粗生物柴油$$

$$甘油/甲醇\xrightarrow{精炼}甘油+甲醇$$

$$甘油/乙醇 \xrightarrow{精炼} 甘油+乙醇$$

$$粗生物柴油 \xrightarrow{精炼} 生物柴油$$

该工艺在氢氧化钠、氢氧化钾等催化剂的作用及低温（30～40℃或 86～104℉）条件下使用甲醇或乙醇处理植物油（或动物油）。在这个过程中，甘油生成并立即沉淀，因为它的溶解度较低，同时会带走大部分溶解的催化剂。随后，上层酯产物将被彻底清洗，以去除任何残留的催化剂和其他污染物，从而产生透明的深黄色材料，其可在脱水后直接用作柴油替代品。需要注意的是，当使用甲醇进行酯交换时，分离生物柴油通常更加容易，而当使用乙醇时，只能在完全没有水的情况下进行反应。

3.7.4　生物柴油的优点

生物柴油几乎可以由任何含油或可产油的植物种子制成，包括油菜籽、大豆、葵花子、花生、棉花籽、棕榈种子等。其他热带油种也适用于制取生物柴油，如蓖麻子、麻风树种子和香附子。此外，废弃的植物油和动物油也可用于制取生物柴油，如废弃的鱼、薯条和炸鸡产生的油脂。生产过程完全干净无污染，对环境没有不利影响。

生物柴油具有很强的生态优势，具体包括以下几个方面：一是生物柴油是可生物降解的无害物质；二是生物柴油可以由可再生材料制取，如植物油和从生物质中提取的乙醇；三是生物柴油的含硫量很低（约为 0.001%w/w），由乙醇制备的生物柴油基本不含硫；四是生物柴油是石化柴油的替代品，可显著减少排放的烟尘（高达 50%）；五是生物柴油不含石化柴油中发现的任何致癌的多环芳烃成分；六是生物柴油可用作混合燃料或单独使用；七是生物柴油具有高于 110℃（230℉）的闪点，作为燃料使用安全；八是生物柴油拥有卓越的润滑能力，可以延长发动机寿命；九是生物柴油可通过较为直接的技术得到。

生物柴油的优点及应用实例

3.8　生 物 转 化

生物转化是指利用酶、细菌和各种其他微生物将复杂的大分子生物质分解为简单而有价值的化合物，如生物质气、生物质酒精、生物质醚和生物质酸等。其中，发酵和厌氧消化是关键的生物转化技术。生物转化过程中使用的微生物和酶可以决定生物转化过程的效率和产品质量，此外，生物转化过程还涉及大量化学试剂的使用。生物转化技术的综合应用是一项重大突破，生物转化技术可用于生产肥料、燃料，以及各种其他有用的农产品和化学品。生物转化技术具有资源可持续利用、环保、高效、成本低等优点，是将生物质转化为可持续能源和化学品的重要途径，也是未来能源和环境领域的研究热点之一。

3.8.1　厌氧消化

厌氧消化是指利用厌氧微生物在缺氧条件下降解生物质并产生可燃气体的过程。生物质包含的有机物在生物体内经过厌氧微生物的降解，会产生甲烷和二氧化碳等气体，它们被称为沼气。厌氧消化是一种将生物质转化为可持续能源的技术，也是生物能源领域的一项重要技术。

图3.15所示为厌氧消化过程。厌氧消化的基本原理：将生物质放入密闭的反应器中，使反应器内氧气的含量减少到缺氧状态，利用反应器中生存的厌氧微生物，通过厌氧反应，将有机物分解成甲烷等可燃气体和二氧化碳等气体，同时在反应器中生成沼渣（或称为厌氧消化渣）。沼渣中含有丰富的有机质和微生物，通常会与发酵液一起排出，然后经过进一步处理后用作肥料。

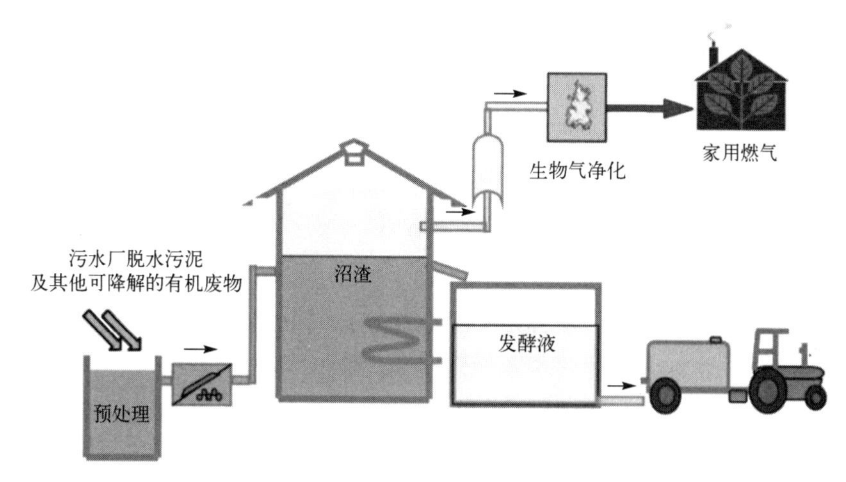

图3.15 厌氧消化过程

厌氧消化过程通常以具有成本效益的方式生产甲烷（如从动物粪便、人类排泄物、食物残渣和作物中获得富含碳的残留物）。厌氧消化也常被应用于废水处理和减少垃圾填埋场的有毒排放物。厌氧消化过程通常可以分为以下4个阶段。

（1）水解阶段：在水解阶段，厌氧微生物降解碳水化合物和有机酸等有机物，生成可溶性的低分子有机物，如葡萄糖、乳酸、丙酸等。

（2）酸化阶段：在酸化阶段，低分子有机物通过厌氧发酵作用进一步被分解，生成乙酸、丙酸、丁酸等短链有机酸。同时氢离子含量会增加，使厌氧微生物的生长受到抑制。

（3）产气阶段：在产气阶段，产生甲烷和二氧化碳等气体，厌氧微生物通过发酵将有机酸进一步分解为更简单的化合物，当反应器内部的压力达到一定值时，产生的甲烷和二氧化碳会自动聚集。

（4）稳定阶段：在稳定阶段，反应器内部沼气的生成逐渐减慢，生成沼渣，反应器内的温度保持在35～40℃，厌氧微生物进一步分解沼渣，产生少量的甲烷、二氧化碳和硫化氢等气体。

厌氧消化是一种人为过程，在该过程中，厌氧微生物被用于处理生物质废物，并生产出一种高碳含量的肥料，其能够代替化学肥料使用，同时，厌氧消化还能产生大量的沼气。沼气和天然气的主要成分如图3.16所示。

厌氧消化在生物能源领域应用广泛。用户可以将装生物质的反应器直接安装在农场、畜牧场等场地中，充分利用有机废弃物进行沼气生产，提供能源或发电。厌氧消化还可用于各种生物质和生物材料的转化，如厨余垃圾、农场废弃物、城市固体废弃物等。利用这种技术，可以将生物质转化为可持续的能源和肥料，具有良好的经济效益和环境效益。

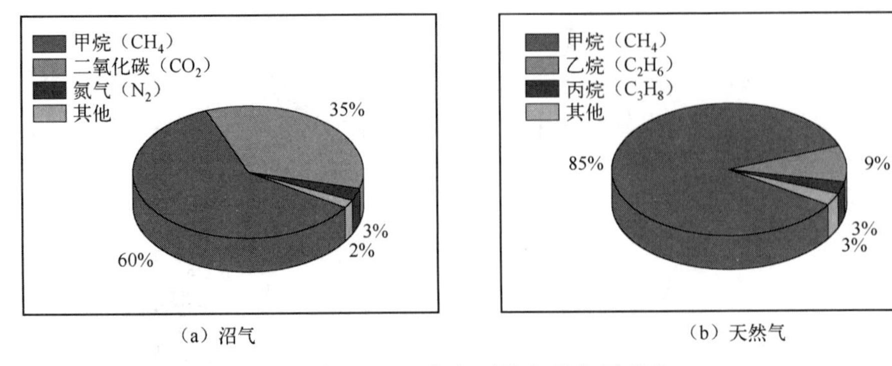

（a）沼气　　（b）天然气

图 3.16 沼气与天然气的主要成分

3.8.2 发酵

发酵是利用微生物（如酵母、菌类等）对生物质进行发酵，将复杂的有机物分解为简单的有机物并产生能量的过程。发酵是一种将生物质转化为可持续能源和化学品的重要技术，具有较强的发展潜力。发酵的基本原理是利用微生物对有机物进行代谢。微生物在代谢的同时分解生物质，将生物质中复杂的有机物分解成简单的有机物，进而使微生物获得能量和有机物质，促进了细胞的增殖和生长，这就是发酵的基本原理。发酵过程可以分为以下 4 个阶段。

（1）适应性生长阶段：在这个阶段，微生物开始在培养物中繁殖，适应环境中的温度、pH 值和营养条件等，用以保证接下来的发酵正常进行或产生最合适的菌种。

（2）拉格阶段：在拉格阶段，微生物快速增殖，因此消耗营养物和繁殖得很快，产生很少的代谢产物。

（3）好氧阶段：好氧阶段是指在与氧气接触的条件下，微生物能够进行代谢，这个阶段产生能量并产生更多的代谢产物。

（4）发酵阶段：发酵阶段是一个重点阶段，此阶段是微生物（或称发酵菌）利用有机物进行代谢，分解有机物并产生代谢产物的过程。此阶段产生乙醇、有机酸、可燃气体（甲烷）等可用于各种应用场景和产品的产物。

发酵作为一种天然、环保、健康、可持续的技术，其应用范围非常广，主要应用领域如下。

燃料领域：可以利用生物质进行乙醇发酵制备生物燃料，大大降低对化石燃料的依赖，减少环境污染，保护生态环境。

食品工业：发酵可以用于制作各种各样的发酵食品，如面包、起司、葡萄酒等，丰富了我们的生活。

医药领域：发酵可用于生产各种活性物质，如抗生素、胰岛素、肝素、干扰素等，是现代医学的重要组成部分。

生物材料：可以利用发酵生产多种分子，利用其具有活性、可控性的特点制备生物材料，如乳酸、丙酮酸、聚羟基丁酸（PHB）、木质素酶等。

产业废水的处理：在发酵过程中，微生物可以吸收一些有机物和含氮废水，将其分解、氧化。

3.8.3 沼气

沼气是一种由生物质通过微生物代谢产生的气体，主要成分为甲烷和二氧化碳。其中甲烷为主要成分，占沼气体积的 60%～70%。除甲烷和二氧化碳外，沼气中还包含一些其他气体，如氢气、氮气、一氧化碳等。沼气的生产在工业上并不是一种非常新颖的方法，但仍有很大的潜力可以挖掘。沼气的生产过程如图 3.17 所示。

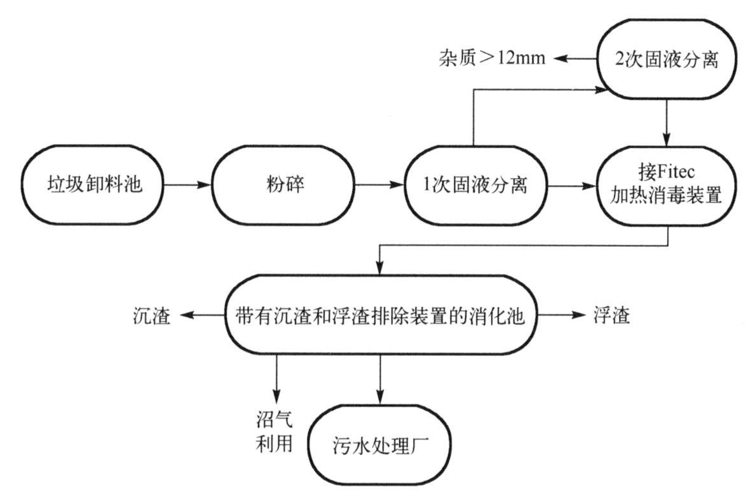

图 3.17 沼气的生产过程

1）影响沼气产量的因素

（1）温度：产生沼气的温度通常是 30～45℃，温度过低或过高都会导致产气速度变慢。因此，需要保证沼气厂内的温度稳定在较适宜的范围内。

（2）pH 值：沼气产生的环境通常是微酸性到微碱性，pH 值为 6.8～7.5，pH 值过高或过低都会抑制沼气的产生。

（3）有机物浓度：反应液内有机物的浓度越高，产生的沼气会更多。但是如果浓度过高，会导致污泥颗粒变大、沉淀不易及微生物适应性降低等问题出现。

（4）反应时间和反应器容积：沼气的产生需要一定的反应时间，也需要反应器具有一定的容积，以便有足够的时间和空间供微生物降解有机物和产生沼气。

（5）碳氮比：最佳的碳氮比通常在 20∶1～30∶1 之间，如果碳氮比不合适，微生物就会缺乏一些必要的营养物质，从而导致生产沼气的速度变慢。

（6）进气量和进气时间：进气量和进气时间的控制与沼气产量密切相关。进气量过大会影响反应的内部压力，导致反应器内部的气体产生流动甚至外漏，进气时间过短也会降低产气速度。

2）沼气发酵的微生物学原理

沼气发酵是一种以微生物为主体的生物化学过程，主要发生在厌氧条件下。该过程由多种微生物协同完成，包括水解菌、产酸菌、产甲烷菌等。厌氧消化的微生物分解有机物的过程是复杂而相互依存的。这些微生物基于能量来源、代谢方式和抵抗外界环境的方式被分为不同的类别。以下是一些主要微生物的作用及其对沼气发酵过程的贡献。

（1）水解菌：水解菌是最初参与有机物分解的微生物。它们具有将复杂有机物分解为简单有机分子的能力，即水解菌通过分泌水解酶，能将蛋白质、碳水化合物和脂肪等有机物分解为脂肪酸、糖类和氨基酸等简单有机分子。这些产物不仅为后续微生物提供了可利用的底物，还促进了底物的进一步转化和能量释放。水解菌的活动不仅推动了底物的分解，还为沼气产生提供了合适的条件，同时促进了营养物质的循环和微生物群落的稳定。因此，水解菌在沼气发酵的效率和稳定性方面发挥着关键作用。

（2）产酸菌：产酸菌主要包括产乙酸菌、产丙酸菌等。它们代谢水解菌产生的简单有机分子，将其转化为有机酸、氢气和二氧化碳等产物，其主要产物是乙酸，同时产生其他有机酸，如丙酸和丁酸。产酸过程酸化了发酵体系，维持了适宜的 pH 值范围，促进了后续产甲烷菌的生长。此外，产酸菌的活动也起到了竞争排除的作用，抑制了其他微生物的生长，维持了微生物群落的平衡。因此，产酸菌在沼气发酵中的功能是调节酸碱平衡，提供底物与条件，促进反应的进行，从而确保沼气发酵的效率和稳定性。

（3）产甲烷菌：产甲烷菌是沼气发酵过程中至关重要的微生物类群，它们在厌氧环境下发挥着关键作用。产甲烷菌属于古细菌的一类，其主要功能是将有机酸、氢气和二氧化碳转化为甲烷。在沼气发酵过程中，产甲烷菌利用水解菌和产酸菌产生的有机酸和氢气作为底物，通过一系列复杂的代谢反应，将其转化为甲烷和二氧化碳。产甲烷菌分为两类：乙酸型产甲烷菌和甲酸型产甲烷菌。乙酸型产甲烷菌主要将乙酸和氢气转化为甲烷和二氧化碳，而甲酸型产甲烷菌则将甲酸和二氧化碳转化为甲烷和水。这两类产甲烷菌相互配合，共同参与了沼气发酵过程中甲烷的产生。产甲烷菌的活动对于沼气发酵的效率和产量至关重要，它们的生长和代谢过程需要适宜的温度、pH 值、营养物质和微量元素等条件。此外，产甲烷菌的活动还受到其他微生物的竞争和抑制，因此维持适当的微生物群落平衡也很关键。

以上只是一些主要微生物的作用，实际上沼气发酵涉及很多种类的微生物，它们之间通过相互合作和竞争来维持整个系统的稳定性和效率。微生物的群落结构和相对丰度的变化会受到环境因素的影响，如温度、pH 值、营养物质浓度等，这些因素可以调节特定微生物群落的生长和活动，从而影响沼气发酵的效率和稳定性。

3）我国沼气的发展历史

沼气作为能源被利用已经有很长的历史了。我国的沼气应用最初主要是农村的户用沼气池，20 世纪 70 年代初，为解决秸秆焚烧和燃料供应不足的问题，我国政府在农村推广沼气事业，沼气池产生的沼气用于农村家庭的炊事活动并逐渐发展到照明和取暖。目前，户用沼气池在我国农村地区仍在广泛使用。我国的大中型沼气工程始于 1936 年，此后，大中型废水处理厂、养殖业污水处理厂、村镇生物质废弃物处理厂、城市垃圾沼气池的建立拓宽了沼气的生产和使用范围。随着我国经济的发展，人民生活水平的提高，以及工业、农业、养殖业的发展，废弃物发酵沼气仍将是我国在可再生能源利用和环境保护方面可采取的切实有效的方法。

自 20 世纪 80 年代发展起来的沼气发酵综合利用技术以沼气为纽带，实现了物质多层次利用、能量合理流动，这种高效的农产模式已逐渐成为我国农村地区利用沼气促进可持续发展的有效方法。通过沼气发酵综合利用技术将沼气用于农户生活和农副产品生产、加工，沼液用于饲料、生物农药、培养料液的生产，沼渣用于肥料的生产。我国北方推广的塑料大棚、沼气池、禽畜舍和户用厕所相结合的“四位一体”沼气生态农业模式，中部地区的以沼气为纽带的生态果园模式，南方建立的“猪-果”模式，以及其他地区因地制宜建立的“养殖-沼-植”、“猪-沼-鱼”和“草-牛-沼”等模式都是以农业为龙头，以沼气为纽带，对沼气、沼液、沼渣进行多层次利用的生态农业模式。生态农业模式的建立使沼气和农业生态紧密结合起来，是改善农村卫生环境的有效措施，是发展绿色种植业、养殖业的有效途径，已成为农村经济新的增长点。

（1）沼气发电技术。

沼气发电技术是随着大型沼气池建设和沼气发酵综合利用技术的不断发展而出现的一项沼气利用技术，它将产生的沼气应用于发动机，并配备综合发电装置，以产生电能和热能。沼气发电技术具有创效、节能、安全和环保等特点，是一种分布广泛且价格低廉的分布式能源。

沼气发电在发达国家已受到广泛重视和积极推广。2021 年，沼气的发电装机容量为 21.4GW，其在全球生物质能发电装机容量中的占比为 15%。

我国沼气发电有 30 多年的历史，在“十五”期间研制出 20～600kW 纯燃沼气发电机组系列产品，气耗率为 0.6～0.8m^3/kW·h（沼气热值约为 21MJ/m^3）。但国内对沼气发电技术的研究及沼气发电应用市场都还处于不完善阶段，特别是对适用于我国广大农村地区的小型沼气发电技术的研究更少，我国农村偏远地区还有许多地方严重缺电，如牧区、海岛、偏僻山区等高压输电较为困难的地区，而这些地区却有丰富的生物质原料，若能因地制宜地发展小型沼气发电站，则可取长补短，就地供电。

（2）沼气燃料电池技术。

燃料电池是一种将储存在燃料和氧化剂中的化学能直接转化为电能的装置。当从外部向燃料电池源源不断地供给燃料和氧化剂时，它可以连续发电。依据电解质的不同，燃料电池可分为碱性燃料电池、固体氧化物燃料电池（SOFC）、熔融盐燃料电池（MCFC）等。

燃料电池不受卡诺循环限制，能量转换效率高，洁净、无污染、噪声低，模块结构、积木性强，比功率高，既可以集中供电，又可以分散供电。燃料电池将是 21 世纪最有竞争力的高效、清洁的发电方式，它在洁净煤燃料电站、电动汽车、移动电源、不间断电源、潜艇及空间电源等方面有着广阔的应用前景和巨大的潜在市场。

沼气燃料电池是最新出现的一种清洁、高效、低噪声的装置，与沼气发电机相比，不但出电效率和能量利用率高，而且振动和噪声小，排出的氮氧化物和硫化物少，因此其是很有发展前景的沼气应用，将沼气用于燃料电池发电是有效利用沼气资源的一条重要途径。我国对燃料电池的研究始于 1958 年，但由于多年来在燃料电池研究方面的投入资金很少，所以就燃料电池技术的总体水平而言，与发达国家尚有较大差距。燃料电池的出现与发展将会给便携式电子设备带来一场深刻的革命，还会波及汽车业、住宅及社会各方面的集中供电系统。

（3）污染治理。

对于以农业为主的我国，沼气在农业领域发挥着很大的作用，目前，国家出台了许多有关发展农村沼气的政策规定，并在全国各地大力推动大中型沼气工程建设，进一步提高设计、工艺和自动控制技术水平。据统计，截至 2020 年底，我国的沼气池总数已超过 50 万座，年沼气产量达到 240 亿立方米，连续多年位居全球第一。沼气资源被广泛应用于农村家庭，以及农业生产、农产品加工等领域。

3.8.4 生物醇

生物醇是以生物质为原料，通过特定的生物转化、化学反应或生物与化学相结合的方式制备而来的醇类物质。生物制备的乙醇和石化生产的乙醇在性质上没有区别，但石化生产的乙醇不可以安全食用，因为这种乙醇中含有大约 5%的甲醇，误食可能会导致失明或死亡。这种混合物也不能通过简单的蒸馏来纯化，因为其在加热后会形成一种共沸混合物。常见的生物醇有生物甲醇（Bio-Methanol）、生物乙醇（Bio-Ethanol）、生物丙醇（Bio-Propanol）、生物丁醇（Bio-Butanol）等。

1）生物甲醇

甲醇是分子量最小和最简单的醇，它也被称为木醇，因为它以前是从木材的蒸馏中产生的。目前生产的大部分甲醇是由天然气制成的，甲醇也可以在现代催化工业过程中直接由一氧化碳、二氧化碳和氢气合成生产。生物甲醇是以生物质为原料制成的甲醇，是一种清洁、可再生的燃料。生物甲醇可以采用生物质发酵、水解、气化和合成等方式制得，是一种与传统石化甲醇相比更环保、更可持续的生物燃料。

生物甲醇的特点：生物甲醇是一种可持续的燃料，不依赖于不可再生的化石燃料，可以大量利用农/林业废弃物、木材、废纸和水藻等生物质资源来制备；生物甲醇的制备和使用过程中产生的甲醛、氮氧化物等有害物质较少，对环境的影响较小；生物甲醇具有较高的比能量和更低的燃烧产物排放量，是一种高效而干净的燃料，其燃烧温度较低，能够有效避免机械设备的腐蚀和磨损；生物甲醇可以应用于石油替代、交通运输、建筑、化学品制造、热能供应等领域。生物甲醇是未来清洁能源发展和推广的主要方向之一，由于其优良的性能和可持续性，其应用和投资前景十分广阔。

2）生物乙醇

生物乙醇是通过微生物的发酵将各种生物质转化成的乙醇燃料，它可以单独或与汽油混配制成乙醇汽油作为汽车燃料。其在常温常压下是一种易挥发的无色透明液体，毒性低，纯液体不可直接饮用。生物乙醇的水溶液具有酒香的气味，并略带刺激性，味甘。生物乙醇易燃，其蒸气能与空气形成爆炸性混合物。生物乙醇能与水以任意比互溶，能与氯仿、乙醚、甲醇和其他多数有机溶剂混溶。

（1）生物乙醇现状。

生物乙醇作为可再生能源的代表，产量逐年增长。国际能源署发布的数据显示，2019 年全球生物乙醇的产量约为 1161 亿升，相较于 2010 年增长了近 30%，这反映了生物乙醇产业的快速发展和日益增长的市场需求。

美国是全球最大的生物乙醇生产国。美国的生物乙醇产业以玉米为主要原料，玉米乙醇产量居全球首位。美国可再生燃料协会发布的《2023 年乙醇行业展望》报告显示，2022 年美国的生物乙醇产业持续推行可再生燃料标准，生物乙醇产量增加到 154 亿加仑（约为

4600 万吨)，在 25 个州拥有 199 个生物乙醇工厂，总产能达到了 179.5 亿加仑/年（约为 5360 万吨/年）。

2022 年，生物乙醇行业在 GDP、创造就业机会、产生税收，以及原油和石油产品的替代方面为经济做出了重大贡献，通过应用新技术，提高了该行业作为绿色低碳产业的地位，并在减少温室气体排放和积极应对气候变化方面取得了进一步发展。2022 年，美国生物乙醇产业共加工了 53 亿蒲式耳（约为 1.2954 亿吨）玉米。生物乙醇产业创造了超过 570 亿美元的 GDP，提供了超过 420000 个直接和间接就业机会，并为美国家庭创造了近 350 亿美元的收入。在农村地区很难找到有吸引力的就业机会，而生物乙醇工厂可以提供工作机会和良好的薪酬。同时，生物乙醇在美国汽油中所占的比例达到了创纪录的 10.4%，大大缓解了其原油供应压力，保障了能源安全。在全球原油供应紧张和价格高昂的环境下，美国生产的生物乙醇替代了 6 亿桶原油，如果没有这些生物乙醇的存在，美国的原油和石油产品进口量将会大大增加。

我国是全球最大的生物乙醇市场之一。根据中国产业信息网的数据，2020 年，我国产生了约 430 万吨乙醇汽油和 40 万吨乙醇柴油，产量总量位居全球前列。此外，我国的生物乙醇消费也在不断增长，主要用于交通和工业领域。我国的生物乙醇生产主要以玉米为原料，玉米乙醇是我国生物乙醇的主要来源，占据了绝大部分的市场份额。此外，小麦、纤维作物等也被用于生物乙醇生产。近年来，我国也在开展将废弃物转化为生物乙醇的研究和应用，以提高资源利用效率和可持续性。

我国政府一直致力于推动生物乙醇产业的发展，政府制定了一系列支持政策，如财政补贴、减免税收、政府采购和产能规划等，以促进生物乙醇的生产和消费。此外，还实施了乙醇汽油混合政策，要求少数省份在汽油中混入一定比例的生物乙醇，旨在减少对传统石油的依赖并减少温室气体排放。我国在生物乙醇技术创新和研发方面取得了重要进展，国内的研究机构和企业不断探索新的发酵菌株、高效的发酵工艺和生产工艺，以提高生物乙醇的产量和纯度，并降低生产成本。此外，废弃物资源利用和纤维素乙醇生产技术也得到了广泛关注和研究，以实现资源的循环利用和可持续发展。

（2）生物乙醇的制备。

图 3.18 所示为生物乙醇的制备流程。相较于工业乙醇，目前生物乙醇的制备方法主要有以下几种。

发酵法：发酵法采用淀粉原料（如薯类、玉米、高粱或野生植物果实）和糖质原料（如糖蜜、亚硫酸废液）等进行发酵，前者是主要的发酵原料。发酵法是在酿酒的基础上发展起来的，在相当长的历史时期内，曾是生产生物乙醇唯一的工业方法。这个过程中发生了一系列复杂的生化反应。以淀粉原料为例，整个生产过程包括原料蒸煮、糖化剂制备、糖化、酒母制备、发酵及蒸馏等工序。原料中的可溶性淀粉在酶的作用下水解为糖，再经过酵母菌发酵生成生物乙醇并放出二氧化碳（用糖质原料不需经过淀粉水解成葡萄糖这一步）。发酵液中生物乙醇的质量分数为 6%～10%，再经蒸馏工艺将生物乙醇浓缩为大约 95.57%的乙醇溶液。生产过程中的主要化学反应式为

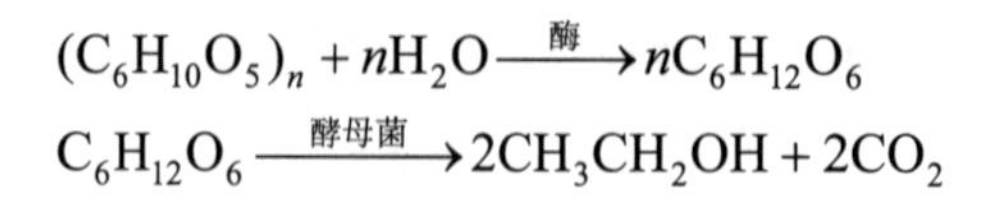

$$(C_6H_{10}O_5)_n + nH_2O \xrightarrow{酶} nC_6H_{12}O_6$$

$$C_6H_{12}O_6 \xrightarrow{酵母菌} 2CH_3CH_2OH + 2CO_2$$

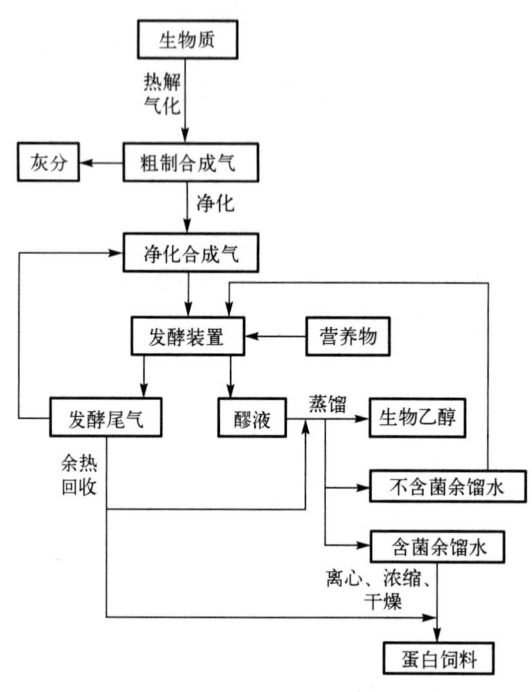

图 3.18 生物乙醇的制备流程

联合生物加工法：生物转化使用的原料大多为粮食作物，大量使用会影响粮食安全，而利用生物转化技术生产生物乙醇，可缓解不可再生化石能源日渐枯竭带来的能源压力。因为秸秆、麸皮、锯屑等农/工业废弃物中含有大量的纤维素，所以来源广泛的纤维素是很有潜力的生产生物乙醇的原料。另外，在生物乙醇的生产过程中，纤维素的预处理和纤维素酶的生产成本较高，故减少预处理，增强纤维素酶的活性，提高发酵产物的产量和纯度，减少中间环节也是降低生产成本的途径。联合生物加工不包括纤维素酶的生产和分离过程，而是把糖化和发酵结合到由微生物介导的一个反应体系中，因此与其他工艺过程相比，底物和原料的消耗相对较低，一体化程度较高。这种综合方法在未来的发展前景广阔。

（3）生物乙醇的应用。

生物乙醇的应用与传统工业乙醇的应用大致相似，可分为以下几个方面。

医疗用品：95%的生物乙醇可用于擦拭紫外线灯，这种生物乙醇在医院常用，在家庭中则只会将其用于相机镜头的清洁。70%～75%的生物乙醇可用于消毒，若生物乙醇的浓度过高，则会在细菌表面形成一层保护膜，阻止其进入细菌体内，难以将细菌彻底杀死；若生物乙醇的浓度过低，虽可进入细菌，但不能使其体内的蛋白质凝固，同样也不能将细菌彻底杀死。因此，75%的生物乙醇的消毒效果最好。40%～50%的生物乙醇可用于预防褥疮，长期卧床患者的背、腰、臀部因长期受压可能会引发褥疮，若按摩时将少许 40%～50%的生物乙醇倒入手中，均匀地按摩患者受压部位，就能达到促进局部血液循环，防止褥疮形成的目的。25%～50%的生物乙醇可用于物理退热，高烧患者可用其擦身，达到降温的目的。用生物乙醇擦拭皮肤能使患者的皮肤血管扩张，增强皮肤的散热能力，生物乙醇蒸发吸热，使患者体表温度降低，症状缓解。需要注意的是，生物乙醇的浓度不可过高，否则可能会刺激皮肤，并大量吸收表皮的水分。

食品饮料：生物乙醇是酒的主要成分，含量和酒的种类有关系。需要注意的是，酒中的生物乙醇不是把生物乙醇加进去，而是微生物发酵得到的生物乙醇，根据使用微生物的种类不同，酒中还会有乙酸或糖等物质。生物乙醇还可用于制造乙酸、饮料、焙烤食品、糖果、冰淇淋、沙司等。

有机原料：生物乙醇也是基本的有机化工原料，可用于制取乙醛、乙酸、乙醚、乙酸乙酯、乙胺等化工原料，也是制取溶剂、染料、涂料、香精、农药、医药、橡胶、塑料、人造纤维、洗涤剂等产品的原料。

有机溶剂：生物乙醇可与水及多数有机溶剂混溶，被广泛用作有机化学反应中的溶剂及黏合剂，硝基喷漆、清漆、化妆品、油墨、脱漆剂等的溶剂。生物乙醇也是液体制剂的常用溶剂，应用于合剂、酊剂及注射剂中。生物乙醇的极性比水小，能溶解中药中的中等极性、弱极性、非极性成分，如生物碱及其盐类、苷类、挥发油、树脂、有机酸和亲脂性色素等。中医常用生物乙醇泡制药酒，送服中药，以使药物效果得到更大的发挥；也根据其防腐作用，将其用于存放和保管物品。由于叶绿体中的色素能溶在无水生物乙醇中，所以生物学上常用无水生物乙醇提取叶绿体中的色素。

汽车燃料：生物乙醇可单独作为汽车燃料，也可与汽油混合作为混合燃料。在汽油中添加5%～20%的生物乙醇制成乙醇汽油，可减少汽车尾气对空气的污染。另外，生物乙醇还可以代替四乙基铅作为抗爆剂添加到汽油中。

3）生物丙醇

生物丙醇是由生物质原料（如农作物和木材等）制成的可再生、环境友好型化合物。它是一种无色、易燃、具有甜味的液体，性质类似于传统石化丙醇。其与丁醇（C_4H_9OH）一样都可以用作普通内燃机的燃料，优点是辛烷值高（超过100），能量密度高，能量密度仅比汽油低10%左右，比生物甲醇和生物乙醇的能量密度更高。生物丙醇和生物丁醇作为内燃机燃料的主要缺点是闪点相对较高。生物丙醇的制备方法主要有生物发酵法和生物气相合成法两种。

生物丙醇的应用如下。

（1）制造工业清洗剂：生物丙醇的溶解能力较强，可以将其作为电子工业、半导体工业、车辆维护和家用清洁剂、印刷的溶剂。

（2）生物原料：作为一种好的可再生原料，生物丙醇可以制成其他高价值的丙烷、丙烯等化合物，广泛应用于化工、医药等多个领域，具有较高的应用价值和经济价值。

（3）燃料生产：生物丙醇可以作为汽油替代品，其具有环保和可持续的特点，使用生物丙醇有助于减少污染物排放。

（4）计算机、手机制造：生物丙醇可以作为一种触摸屏和其他电子部件的制造材料，其强韧性、稳定性和导电性均优于其他类似产品，已经成为计算机、手机等电子产品制造的主流材料之一。

生物丙醇作为一种环保、可再生的新型燃料和材料，在工业、生活和商业等多个领域具有广阔的应用前景和巨大的发展潜力。未来，生物丙醇将成为支撑清洁能源发展的重要组成部分之一。

4）生物丁醇

生物丁醇是一种可再生的、环保的液体燃料，由生物质（如废纸、农作物、木材等）转化而来，可以用作内燃机的燃料，其较长的烃链使其具有非极性，因此与生物乙醇相比，它与汽油更相似。生物丁醇已被证明可以在设计用汽油的未经改装的车辆中使用，因此通常说其可以直接替代汽油（以类似于柴油发动机中的生物柴油的方式）。生物丁醇在内燃机中使用的优势在于，其能量密度比简单的醇更接近汽油（同时保持高出25%以上的辛烷值），但目前生物丁醇比生物乙醇或生物甲醇更难制备。

生物丁醇的应用主要有以下几个方面。

（1）汽车燃料：生物丁醇作为一种动力燃料，可以广泛应用于汽车等交通工具，能够替代传统的化石燃料，降低汽车的温室气体排放量，达到更好的环保效果。

（2）化学品制造：生物丁醇可以作为生产丁醛、丁酸、丁酯、丁烯等化学品的原材料。

（3）医药器材：生物丁醇可以应用于医药、医疗器械、化妆品等领域，作为溶剂、中介体或反应物。

（4）其他应用：生物丁醇还可以作为清洗用品、溶剂、裂解剂、杀菌剂、驱蚊剂、除臭剂等。

生物丁醇是未来可持续发展的一个重要组成部分，其应用前景和市场空间也十分广阔。随着技术和市场的不断发展，生物丁醇将会在清洁能源、化工、医药和消费品等领域发挥越来越重要的作用。

3.8.5 生物转化法的应用

1）垃圾填埋气技术

垃圾填埋气是指在城市或乡村垃圾填埋场中，由垃圾中的有机物质分解所产生的一种混合气体。垃圾填埋气的主要成分是甲烷和二氧化碳，还含有少量其他气体，如蒸汽、氮气、氧气、硫化氢、氯气、氨气等。垃圾填埋气的部分成分如表3.3所示。

表3.3 垃圾填埋气的部分成分

垃圾填埋气成分	分子式	体积分数（%）
甲烷	CH_4	35～55
二氧化碳	CO_2	30～44
氮气	N_2	5～25
氧气	O_2	0～6
蒸汽	H_2O	饱和状态

垃圾填埋气是垃圾中的有机物质在缺氧条件下通过微生物分解产生的。这种分解过程被称为垃圾填埋生物降解过程，它会造成土壤和空气污染，并能产生有害气体，如甲醛、苯、甲苯、二甲苯等，因此必须采取科学有效的管理措施来控制垃圾填埋气对环境和人类健康的影响。

垃圾填埋气的处理和利用是垃圾处理的重要内容之一。一些大型垃圾填埋场已经开始采用垃圾填埋气转化技术，将垃圾填埋气经过净化处理后，用于发电、供热、制冷等方面。图 3.19 所示为使用垃圾填埋气生产电能的示意图。这种利用方式不仅能够有效降低垃圾填埋气带来的环境和健康问题，还可以对其中的能量加以有效利用。

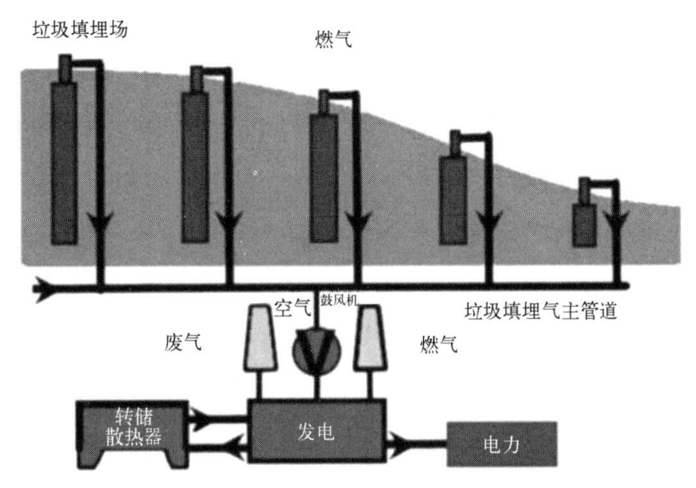

图 3.19　使用垃圾填埋气生产电能的示意图

理论上，每吨垃圾会产生 150～300m² 的气体，其中有 50%～60%的甲烷，因此每吨垃圾应该产生 5～6GJ 的能量。但实际上，每吨垃圾只能产生不到 2GJ 的能量，能量的产量一般来说是变化的而且不太容易估计。垃圾填埋产生的气体能够直接用到生产中去，如各种锅炉、窑炉，特别是可以用于发电。

2）生物质热电联产系统

采用生物质转化技术及适当的工艺策略，可以轻松地将种类繁多的废物转化为生物燃料、热能和电能。生物质热电联产系统是一种利用生物质作为燃料，通过燃烧产生热能，再利用热能驱动发电机发电的系统。其主要包括燃料供给系统、燃烧系统、热能回收系统、蒸汽动力机（燃气轮机）发电系统、废气处理系统等部分。生物质热电单独生产系统、生物质热电联产系统的能源效率如图 3.20 所示。

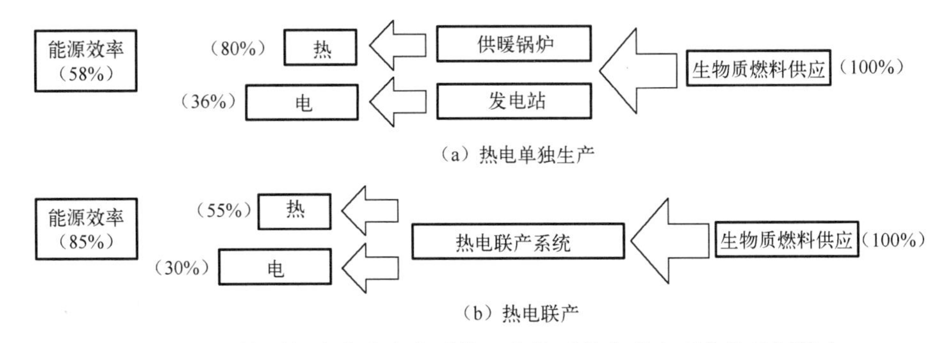

图 3.20　生物质热电单独生产系统、生物质热电联产系统的能源效率

（1）生物质热电联产系统主要由以下几部分组成。

燃料供给系统：与传统热电联产系统相比，该系统主要完成将生物质燃料送入燃烧系统进行燃烧的任务，通常包括生物质燃料储存设备、输送设备、供给装置等。

燃烧系统：生物质热电联产系统的燃烧系统与传统热电联产系统相似，并且可以采用各种燃烧方式进行燃烧，包括直接燃烧、气相燃烧、流化床燃烧等。不同的燃烧方式可以适应不同的生物质燃料，有效提高生物质燃料的使用效率和发电效率。

热能回收系统：热能回收系统是生物质热电联产系统的一个核心部分，其主要功能是将燃烧产生的高温废气、废水等废热通过换热器等转化为低温热，用于供热、供暖等方面。热能回收系统不仅可以提高生物质热电联产系统的能源效率，还可以降低环境污染物和碳排放量。

蒸汽动力机（燃气轮机）发电系统：在生物质热电联产系统中，蒸汽动力机（燃气轮机）通常作为发电的核心部分，其主要功能是产生电力，由蒸汽轮机（燃气轮机）、发电机、控制系统等组成。蒸汽轮机（燃气轮机）以高速旋转的方式驱动发电机发电，使发电机的转子介质感应产生电流，控制系统可以对整个系统进行自动控制。

废气处理系统：生物质热电联产系统产生的废气中含有一些有害气体和颗粒物。为了避免对环境造成污染和对人类健康造成影响，需要采用相应的废气处理技术，如除尘、脱硫、脱硝等。

以上这些部分共同组成了生物质热电联产系统，能够实现高能效、低污染、可持续的多种能源的联产利用，有效促进能源的清洁化和可持续。

（2）生物质热电联产系统具有以下几个显著的优点。

① 可持续利用的生物质资源：生物质热电联产系统利用各类生物质燃料进行燃烧发电，生物质燃料是一种可再生的能量来源，不同于化石燃料无法再生的特性，生物质燃料可持续利用，符合可持续发展的要求。

② 能源效率高：与传统的单一发电系统相比，生物质热电联产系统能够同时提供热能和动力，减少能源的浪费，提高能源效率，同时，该系统还能够提高生物质燃料的利用率，减少资源损耗。

③ 减少环境污染和碳排放：生物质热电联产系统采用先进的废气处理技术，废气和废水的排放量少，有些废气还可以回收利用。与煤炭、天然气等化石燃料相比，生物质热电联产系统的排放水平更低，如二氧化碳排放量基本为零，不会进一步导致全球变暖。

④ 经济效益好：据统计，生物质热电联产系统在某些地区与传统的热电分离系统相比，可节省近30%的投资成本，其建设和运营费用也相对较低，能够有效降低生产成本。

⑤ 促进当地经济发展：生物质热电联产系统需要大量的生物质燃料，其来源可以是农产品、林业产品和畜禽养殖的废弃物等，因此，其具有促进农业、林业和畜牧业的发展，进一步提高当地经济效益的作用。

生物质热电联产系统具有高能效、低污染、可持续利用、经济效益好等多重优点，是一种在环保、节能、减排等方面有很高应用价值的可持续发展的清洁能源系统。

（3）生物质热电联产系统的应用。

生物质热电联产系统的应用范围较广，可以应用于能源、环保和农业等多个领域。图3.21所示为生物质热电联产系统常见的应用。下面详细介绍生物质热电联产系统在多个领域的应用。

工业生产：生物质热电联产系统可以为各种工业生产提供动力和热能，如采矿、钢铁制造、化工等。

城市供热：生物质热电联产系统可以为城市的供暖系统提供热能，减少化石能源消耗，实现能源清洁化。

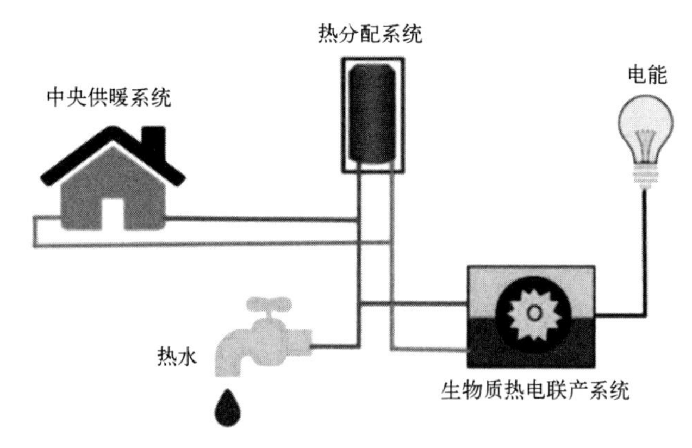

图 3.21 生物质热电联产系统常见的应用

医疗卫生：生物质热电联产系统可以用于医院和卫生设施的供暖和供电，为现代医疗健康产业提供节能环保的可持续发展模式。

农业利用：生物质热电联产系统可以利用农作物秸秆、畜禽粪便等废弃物作为燃料，解决废弃物处理难题，同时提高农业经济效益，推动农业产业化。

农村能源：生物质热电联产系统可以用于农村能源与供热系统，满足农村供暖、热水和生活用电等各种能源需求，有利于实现农村清洁能源的替代和发展。

酒店、商场、写字楼等公共场所：生物质热电联产系统可以为各种公共场所提供电力和热能，对于提高建筑的经济效益、环保和节能具有重要意义。

生物质热电联产系统作为一种清洁能源系统，已经得到了广泛的应用和推广。未来，随着人们环保意识与可持续发展意识的日益增强，该系统的应用前景和市场空间将会更加广阔。

生物转化法的应用与实例

3.9 生物质能的利用现状

3.9.1 主要障碍和挑战

与风能和太阳能相比，生物质能是一种更可靠的能源，波动最小，不像太阳能那样需要复杂的存储系统。然而，由于生物质原料的持续供应涉及诸多挑战，因此生物质能仍然不是一种非常优选的能源，主要表现为生物质原料的可用性、物理特性和数量的不稳定，其取决于区域、气候条件、种植模式和成分的可用性。另外，农业生物质只能在很短的时间内储存，在收获后最多只能延长2～3个月。因此，需要有活跃的市场机制和健全的制度流程，以便在规定的时间内高效采购所需数量的农业生物质，并安全储存直至进一步使用。

快速实现可持续的生物质资源利用，存在的主要的障碍包括①存在生物质可用性信息不准确的问题；②缺乏有效的生物质市场；③生物质的收集和管理难度大；④生物质的运输、加工和储存困难；⑤工厂处理大型生物质的难度大；⑥缺乏成本效益高的分散式能源转换系统；⑦由于财务和流动性问题，缺乏产生可融资项目的能力等。

在确保生物质持续供应的同时，要保证成本的合理性也是一个主要挑战，这主要涉及以下问题：①对天然生物质资源的竞争加剧；②生物质成本相对较高；③生物质市场不规范且无组织；④农业系统机械化水平不高；⑤土地碎片化；⑥大量小/边缘农户等。此外，发电行业的储运成本波动和增加也是一个主要挑战。

总之，实现生物质市场的有序发展是一项紧迫的任务。我们需要采取创新的商业模式，激励和支持农村企业家承担责任，同时倡导在边缘土地上种植能源作物。政府也应该改进政策以支持生物质发电站的建设，并对具有高生物质潜力的地区进行投资。只有这样，才能够推动生物质能的可持续发展，为经济发展和环境保护做出贡献。

3.9.2 生物质能与环境

1）生物质能是清洁能源

传统的观点认为绿色植物在生长的过程中吸收二氧化碳，在作为能源使用的过程中释放出等量二氧化碳，所以它的二氧化碳排放量为零。实际上，这是一种误解，可应用生命周期分析法进行定量分析。生命周期分析法是从产品的整个生命周期全过程考察它对环境的影响的方法，是对一个产品系统生命周期中的输入、输出及潜在环境影响的汇总和评价。

绿色植物的生命周期包括种植、生长、收获、运输、储存、预处理、利用和废物处理。由于绿色植物分布较为分散、种类和形式繁多、能源密度低，在种植、收获、运输、储存和预处理过程中将消耗一定的化石能源；绿色植物生长过程中需要的肥料和农药实际上也来自化石能源。因此，在绿色植物的整个生命周期中的二氧化碳排放量实际上并非为零。此外，生物质能利用过程中本身要产生一定量的废水、废气或废渣，如果不消耗额外的能源进行处理，则将污染大气、水和土壤，影响人类的居住环境和生态环境。

表 3.4 对比了生物质整个生命周期中的气体排放量和化石能源的气体排放量，可以看出生物质在整个生命周期中二氧化碳、二氧化硫及氮氧化物的排放量远低于化石能源，是一种清洁能源。

表 3.4 生物质整个生命周期中的气体排放量与化石能源的气体排放量对比

能源	二氧化碳排放量/[g/(kW·h)]	二氧化硫排放量/[g/(kW·h)]	氮氧化物排放量/[g/(kW·h)]
能源作物（当前）	17～27	0.07～0.16	1.1～2.5
能源作物（当前）	15～18	0.06～0.08	0.35～0.51
煤炭（最佳）	955	11.8	4.3
石油（最佳）	818	14.2	4.0
天然气（联合循环燃气机组）	430		0.5

世界上的生物质在保持生态平衡方面扮演着非常重要的角色，所以我们利用生物质能时不仅要考虑有利于环境的一面，也要考虑损害环境的一面，因为我们打断了从生物质到化石燃料这一自然过程。

2）生物质能的大气排放

（1）二氧化碳。种植大量的植物可以吸收大气中的二氧化碳，如果停止对森林的破坏并且大量种植树木对整个环境无疑是十分有好处的。但是生物质能的策略主要关心的是如何用生物质来代替化石燃料。

表 3.5 所示为各种生物质能应用的气体排放量，包括温室气体二氧化碳、酸雨的主要成分二氧化硫、氮氧化物。表中数据是生产每单位电量的气体排放量。

表 3.5 各种生物质能应用的气体排放量

生物质能应用		排放量/[g/(kW·h)]		
		二氧化碳	二氧化硫	氮氧化物
直接燃烧后利用蒸汽轮机做功发电	家禽粪便	10	2.42	3.90
	秸秆	13	0.88	1.55
	林业废弃物	29	0.11	1.95
	城市固体废弃物	364	2.54	3.30
厌氧消化气体在内燃机中燃烧做功发电	污水生成气	4	1.13	2.01
	动物排泄物生成气	31	1.12	2.38
	垃圾填埋气	49	0.34	2.60
生物质气化后在 BIGCC 里燃烧做功发电	能源作物	14	0.06	0.43
	林业废弃物	24	0.06	0.57
利用化石燃料发电	天然气在联合循环燃气机组中燃烧	446	0	0.50
	煤炭燃烧	955	11.80	4.30
	煤炭在流化床中低氮燃烧	987	1.50	2.90

注：BIGCC 是生物质整体气化联合循环发电系统。

生物质燃料的燃烧依然会不可避免地排放二氧化碳，但就算是排放二氧化碳最多的城市固体废弃物，相对化石燃料来说，还是较低的。如果生物质燃料可以替代化石燃料，将大大地减少二氧化碳的排放。

无论采用何种生物质，都能减少二氧化碳的排放。但氮氧化物的排放却是不可避免的，因为空气中 4/5 是氮气。在高温燃烧的条件下更容易排放氮氧化物，生物质燃料与化石燃料的燃烧面临着同样的问题。

（2）沼气。表 3.5 未提到一种重要的气体——沼气，这也是温室气体中的一种。生物质的厌氧消化，无论是自然的还是人为的，都会释放沼气。沼气中最主要的成分是甲烷，甲烷阻碍地球表面热量散失的本领是二氧化碳的 30 倍，因此，将沼气燃烧使其转化为二氧化碳是一个解决的办法。有研究表明：每吨垃圾被填埋后可以产生 300m^3 左右的沼气，如此大量的沼气若不采取适当的方式进行收集、处理，会对环境和人类的生命造成危害。而沼气中的甲烷占沼气总量的 45%～60%，热值约为 20MJ/Nm^3，是一种利用价值较高的清洁燃料。但实际上垃圾填埋场的沼气是很难完全被收集的，所以收集沼气的效率很大程度上决定了温室气体的排放量。

（3）其他排放。生物质燃料燃烧时还会有其他一些排放，虽然量不大，但是也非常重要，其中包括重金属、二噁英等会影响人类身体健康的有害物质。城市固体废弃物的燃烧还会产生许多飞灰，其中会夹带着大量的重金属等有害物质排放到大气中。污水的排放也要引起足够的重视。

生物质能的利用需要占用大量的土地，如果将这些土地用于其他的可再生能源的利用，对减少二氧化碳的排放量更有好处。例如，要向一个 1000 万千瓦时/年的发电站提供能源，利用太阳能需要 4×10^5m^2，风场的占地还要多些，大约需要 1×10^6m^2。考虑合理的产量和转化效率，要提供发电站运转所需能量需要 3×10^6～1×10^7m^2 来种植能源作物。而且这几种可再生能源的占地类型不一样，太阳能可以利用房顶上的空间，而风能可以利用山地或其他不是那么肥沃的土地，但生物质能必须利用耕地。

能量平衡、能量输出效率通常用于评价一个系统的能量输出和输入。如果从作物的种植开始算起，包括施肥、收获、运输、处理等过程，那么化石燃料能量的输入要比生物质能的输出多。

输出输入比还取决于系统的类型。如果最后能量是以电能的形式输出，那么这个比值不会太高。一般来说，能量的输出输入比为 1:1～300:1，一般只有水力发电才能达到 300:1。而木材的输出输入比为 10:1～20:1，生物柴油的输出输入比只有 3:1，采用发酵法制取的乙醇的输出输入比只比 1:1 大一些。能量平衡从一定程度上也反映了对环境的影响。能量输出效率越高，就越能够代替化石燃料。而同样输出情况下，输入越少，对环境的索取也就越少，那对环境无疑是很有好处的。

3.9.3 生物质能的未来

生物质是世界上最古老的可再生能源形式，在限制气候变化方面发挥着重要作用。我国作为农业大国，生物质资源储量丰富。在“双碳”目标下，推广生物质能利用对我国能源转型、资源循环利用有着重要意义。《“十四五”生物经济发展规划》中提出，开展新型生物质能技术研发与培育，推动生物燃料与生物化工融合发展，建立生物质燃烧掺混标准。因此，未来生物质能行业将继续加大科研力度，推进相关技术发展，提高技术装备和水平；完善行业产业链，推动生物质能融合发展；加强行业监管，构建良好的生物质能生态体系。目前，生物质最新的技术应用如下。

（1）生物质等离子体气化与热解。

生物质等离子体气化是一项完全不同于常规热分解气化的新工艺。热等离子体能够提供一个高温和高能量的反应环境，可大幅度提高反应速率，同时会产生常温下不能发生的化学反应。产生等离子体的手段有很多，如聚集炉、激光束、闪光管、微波辐射及电弧发电等。电弧等离子体是一种典型的热等离子体，其特点是温度极高，可达到上万摄氏度，并且这种等离子体还含有大量各种类型的带电离子、中性离子及电子等活性物体。生物质在氮气环境中经电弧等离子体热解后，产品气的主要组分是氢气和一氧化碳，且完全不含焦油。目前，等离子体热解气化技术大多数是针对煤炭的洁净转化和危险废物的热处理进行的研究工作。

预处理与热解结合的生物质热解是一种新工艺，即生物质通过预处理（如水洗或酸洗）脱灰后，依次经干燥和热解可得到转化率高且含酸量少的生物原油。经水洗脱灰和酸洗脱灰后所得的生物原油的含酸量相近，转化率也相近。但此项工艺耗能大，增加了后续处理的复杂性，相应增加了运行费用。另外，也有生物质发酵和热解结合制取生物乙醇的工艺。通过生物质的水解过程，脱去一部分灰分和半纤维素，使热解过程中形成的脱水糖大幅度提高，然后利用脱水糖发酵制取生物乙醇。此项工艺过程的优点是利用酸水解和热解增加发酵糖，得到高收获率的生物乙醇。但此工艺中需要多次使用酸水解，所需费用高，工艺复杂，而且水解后生物质的黏度高，热解时进料不方便。

（2）生物燃料电池。

生物燃料电池（Bio Fuel Cell）利用酶或微生物组织作催化剂，将燃料的化学能转化为电能。它的工作原理与传统的燃料电池存在许多共同之处，以葡萄糖为原料的生物燃料电池为例，在阳极和阴极将发生如下反应：

$$\text{阳极反应：}\ C_6H_{12}O_6 + 6H_2O \rightarrow 6CO_2 + 24e^- + 24H^+$$

$$\text{阴极反应：}\ 6O_2 + 24e^- + 24H^+ \rightarrow 12H_2O$$

生物燃料电池是燃料电池中特殊的一类，它利用生物催化剂将化学能转化为电能，除在理论上具有很高的能量转化率外，还有其他燃料电池所不具备的特点。

① 原料来源广泛，生物燃料电池能利用一般燃料电池所不能利用的多种有机物、无机物作为燃料。

② 操作条件温和，生物燃料电池一般在常温、常压和接近中性的环境中工作，电池维护成本低、安全性强。

③ 生物相容性好，以人体内的葡萄糖和氧为原料的生物燃料电池可以直接植入人体，作为心脏起搏器等人造器官的电源。

生物燃料电池自身存在的优点使人们对它的发展前景看好，但由于输出功率密度远远不能满足实际要求，目前无法作为电源应用于实际生产和生活中。目前，质子交换膜燃料电池的功率密度可达 $3W/cm^2$，而生物燃料电池的功率密度还达不到 $1mW/cm^2$，两者差距较大。尽管生物燃料电池距离实用仍然遥远，但近 20 年来，生物技术的巨大发展为生物燃料电池研究提供了巨大的物质、知识和技术储备。生物电池领域的大量成果更可被生物燃料电池研究直接借鉴。生物燃料电池有望在不远的将来取得重要进展，作为一种绿色环保的新能源，应用在生物医学等各个领域。

（3）生物制氢。

生物制氢是指利用微生物在常温、常压条件下进行酶催化反应制取氢气。早在 19 世纪，人们就已经认识到细菌和藻类具有产生分子氢的特性。到目前为止，已知的产氢生物类群包括了光合生物（厌氧光合细菌、蓝细菌和绿藻）、非光合生物（严格厌氧细菌、兼性厌氧细菌和好氧细菌）和古细菌类群。

根据微生物生长的能量来源和产氢微生物的种类，生物制氢可分为两大类，一类是光合细菌，利用有机酸通过光产生氢气和二氧化碳，利用光合细菌和有机酸制氢的技术在二十世纪七八十年代就已经相当成熟，但其原料来源于有机酸，限制了此项技术的工业化应用；另一类是厌氧细菌，其利用碳水化合物及蛋白质等，产生氢气、一氧化碳和有机酸。目前，利用厌氧细菌进行生物制氢的研究大体上可分为三种类型：第一种是采用纯菌种和固定技术进行生物制氢，但因其发酵条件要求严格，目前还处于实验室研究阶段；第二种是利用厌氧活性污泥，采用有机废水发酵法进行生物制氢；第三种是利用连续非固定化高效产氢细菌使含有碳水化合和蛋白质等物质分解产氢，其氢气转化率可达 30%。

第 4 章　风能与水力发电

4.1　风的形成及风能的利用

4.1.1　风的形成

风能是指大气团沿地球表面运动时所蕴含的动能，风能是太阳能的一种形式。由于太阳光对地球表面的辐射强度不同，大气层中的温度和压力会产生差别，空气由高压区向低压区移动，如图 4.1 所示。风的运动起缩小这种差别的作用。

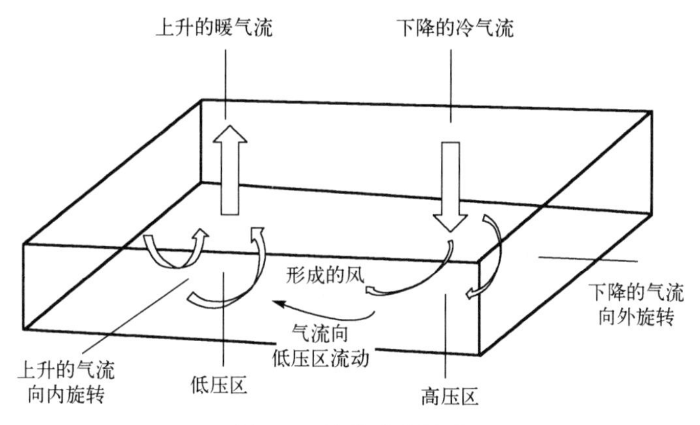

图 4.1　风的形成原理

当太阳辐射的能量加热地球一面的空气、水面和大地时，地球的另一面以热辐射的形式将热量排出以达到冷却的效果。地球每天在转动，其整个表面都轮流经历这种加热和冷却的过程。地轴相对于地球绕太阳公转轴的倾斜角度使地球表面热量发生区域性和季节性的变化。由于太阳辐射、地球自转与公转，以及地理环境等因素的综合作用，空气在自然界中的流动主要分为大气环流、季风环流和局地环流。

（1）大气环流。

大气环流是指运动规模比较大、持续时间比较长、变化比较缓慢的大气运动。地球表面上的空气在传热和地球自转等因素的影响下会形成广泛的气流运动。这些气流运动可以在地球各个不同的高度形成一系列不同的气象（如风、雨、云等）。气压梯度力和地转偏向力是地球大气运动的主要动因。

如图 4.2 所示，赤道附近吸收的太阳能要比两极附近多得多。较轻的热空气在赤道附近上升，并向两极运动；而较重的冷空气从两极沿地面移向赤道。由于地球自转，在赤道附近上升的气流将获得比从极地下降的气流更大的惯性旋转速度。因此在北半球，向北运动的空气折而向东，向南运动的空气折而向西。通常出现在副热带高气压带和副极地低气压带之间的风被称为“西风”。空气倾向于在北纬 30° 偏北一点的位置上积累起来，形成了这一地区的高压带和温和的气候，一些空气从这个高压地区向南运动，并由于地球的自转而被偏折向西，形成海员们所称的“信风”。

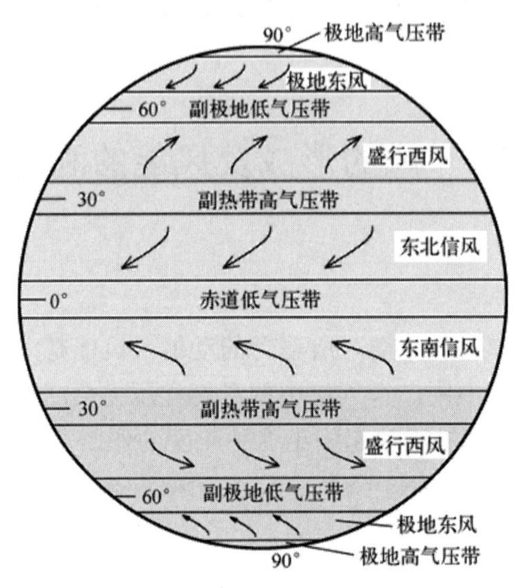

图 4.2　地球表面风的运行

（2）季风环流。

季风环流的形成主要源于地球表面海陆分布的热力差异及地球风带的季节变换。由于地球上每个地区在不同季节的受热程度不同，空气的流动方向随着季节的变化而有规律地变化。在一个大范围地区内，陆地、海洋的分布会造成不同区域的吸热速度、散热速度不同，当此情况延伸到长时间的季节时，因季节天气的不同，其盛行风向或气压系统有明显的季节性变化，这些因素共同作用便形成了季风环流。

我国位于亚洲东南部，拥有典型的季风气候，东亚季风和南亚季风对我国的气候变化有显著影响。海洋的热容量比陆地大得多，在冬季，陆地比海洋冷，陆地气压高于海洋气压，故风从陆地吹向海洋；夏季则相反，陆地很快变暖，海洋相对较冷，陆地气压低于海洋气压，故风从海洋吹向陆地，冬季和夏季的海陆温差大，所以季风明显。

（3）局地环流。

大气环流和季风环流是地球上空气流动的主要影响因素。但是，对于某一局部地区而言，在一天的昼夜交替过程中，空气流动呈现出明显的不同，这种由当地气候和地形条件引起的局部空气流动称为局地环流，如海陆风和山谷风。

① 海陆风。

海陆风是由海洋和陆地相接的地区中海洋和陆地的热力差异导致的。在白天，陆地上的空气受热膨胀上升至高空流向海洋，到海洋上空冷却下来，近地层海洋上方的空气吹向陆地，补偿陆地上的上升空气，低层风从海洋吹向陆地，称之为海风；夜间情况相反，低层风从陆地吹向海洋，称之为陆风。一天中海洋和陆地之间的周期性环流总称为海陆风，如图 4.3 所示。白天的海风可以有足够的强度，从而成为风能的来源。在典型情况下，海风的速度可达 13～26km/h，陆风的速度一般低于 8km/h。

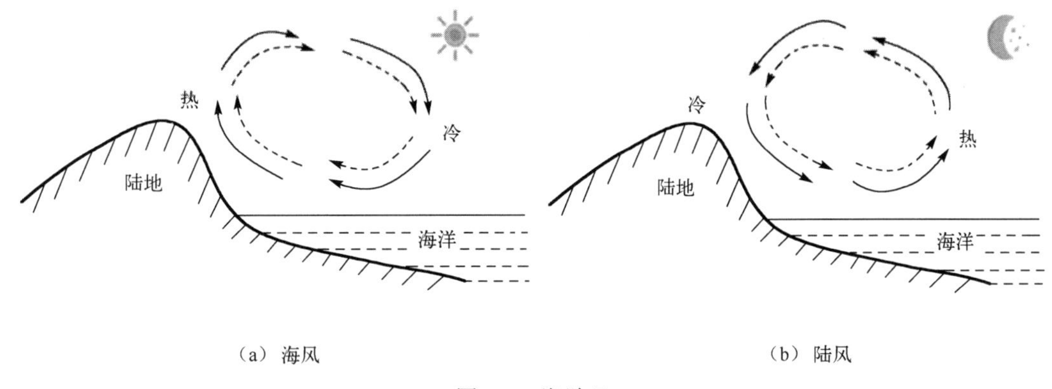

图 4.3　海陆风

② 山谷风。

山谷风是由山坡和山谷的热力差异引起的。如图 4.4 所示，在白天，山坡接受太阳辐射多，空气升温较多，空气密度降低较快，形成低气压，而在山谷上空，同高度的空气因离地面较远而升温较少，空气密度降低较慢，于是山坡上的暖空气不断上升，并从山坡流向山谷上空，谷底的空气则沿着山坡向山顶补充，这样就在山坡与山谷之间形成一个局地环流，空气由山谷吹向山坡，称之为谷风。到了夜间，山坡上的空气辐射热量更快，因此山坡上的冷空气顺着山坡流向山谷，山谷中的空气因汇合而流向山谷上空，形成一个与白天情况相反的局地环流，空气由山坡吹向山谷，称之为山风。

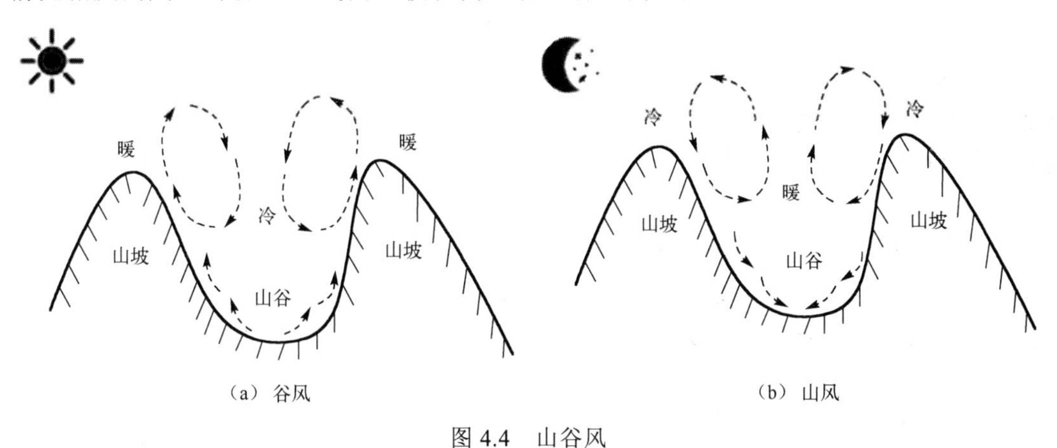

图 4.4　山谷风

4.1.2　风能的利用

人类利用风能的历史可以追溯到公元前。在风能被用于发电之前，人类利用风能主要有两种传统方式：一是利用风能直接推动船舶航行；二是通过风力机械（如风车）将风能转换为机械能，然后用于风力提水、灌溉、研磨谷物等，如图 4.5 所示。

我国是世界上最早利用风能的国家之一。在蒸汽机出现之前，风力机械曾是主要的动力机械。但随着煤炭、石油、天然气的大规模开采和廉价电力的获得，各种被广泛使用的风力机械由于成本高、效率低、使用不方便等，无法与蒸汽机、内燃机和电动机等竞争，渐渐被淘汰。1973 年，世界石油危机爆发，在化石能源告急和全球生态环境恶化的双重压力下，风能又重新受到了重视。风能被用于转换成电能大约是在 19 世纪末期，至此，将自然界中风能（一次能源）转换为电能（二次能源）的风力发电机组正式登上风能的舞台。

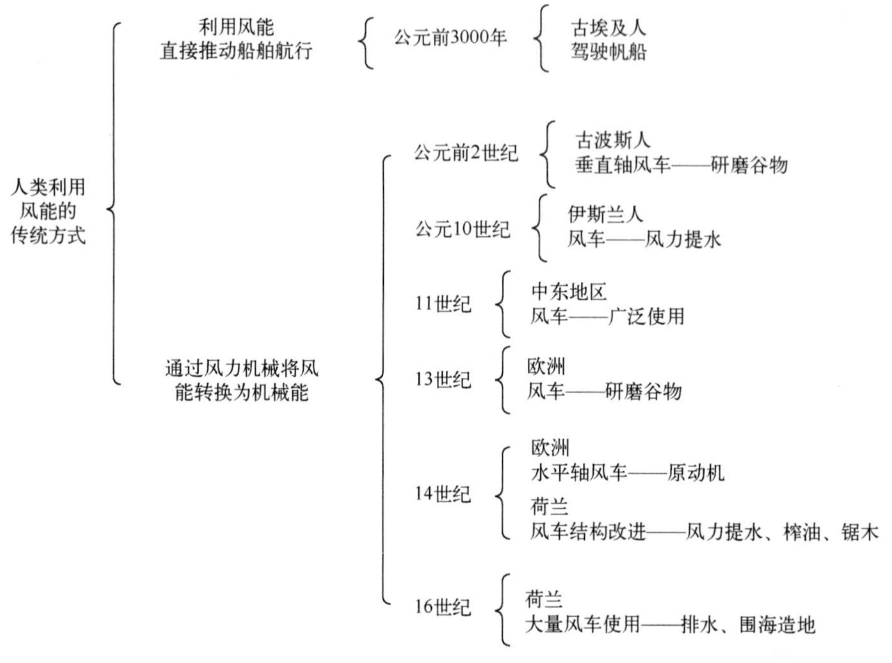

图 4.5 人类利用风能的传统方式

由于风能是一种不稳定的能源，其日变化、季变化、年变化都十分明显，波动很大，所以风力发电机组输出的电能也是不稳定的。为了实现不间歇供电，必须有兆瓦级以上的风力发电机组或者有相当数量的中型风力发电机和电网并联运行，为电网供电，于是 1979 年出现了风电场。

20 世纪 80 年代后，随着风电技术的迅速发展，风力发电机组逐步大型化。20 世纪 90 年代开始出现了兆瓦级风力发电机组制造商，如今欧洲、美国、中国都拥有大量成熟的风力发电机组制造技术和完整的设备供应链。风力发电机组的安装位置也从陆地和沿海风速大的地带逐渐向海上扩展。

风能的利用方式大致如下。

（1）风力提水：风力提水的实质是把风力机转轴的圆周运动转换成垂直方向的线性运动，主要用于农田灌溉、供水和制盐等方面。现代风力提水可以采用风力机直接驱动水泵进行提水作业，或者依靠风力发电机将风能转换为电能，再将电能储存在蓄电池中，进而驱动水泵。

（2）风帆助航：风能在航行史上扮演着至关重要的角色。图 4.6 所示为风帆助航的实例，分别是瑞典仿古帆船“歌德堡号”和我国大船集团的风帆“凯力号”。其中，“凯力号”是全球首艘安装风帆装置的超大型原油船，载重 30.8 万吨，该船由一对翼型风帆作为推进动力装置，单个风帆由回转机构、桅杆和帆翼等部分组成，高为 39.68m、宽为 14.8m。“凯力号”依靠海上风力，大大降低了船舶发动机的负载功率，平均每天可节省 3%的燃油消耗。

（a）瑞典仿古帆船“歌德堡号”

（b）我国大船集团的风帆“凯力号”

图 4.6　风帆助航的实例

（3）风力制热：风力制热是一种新型的风能利用方式。风力制热的途径有三种，分别是直接热转换、利用热泵产生热能，以及先转换为电能再转换为热能。直接热转换在转换次数和能量流向方面比其他两种途径更具优势。从基本原理上看，实现风能到热能的直换转换有四种方式，分别是固体摩擦制热、液体搅拌制热、液体挤压制热和涡电流制热。

① 固体摩擦制热：固体摩擦制热是一种利用摩擦产生的热量来加热液体的方式，主要利用离心力的原理，通过风力机动力输出轴驱动摩擦元件在固体表面高速摩擦产生热量，从而加热液体。

② 液体搅拌制热：风力机动力输出轴带动搅拌器的转子旋转，转子与定子上均装有叶片。当转子叶片转动，搅动液体产生涡流运动并冲击定子叶片时，液体的动能转换为热能。

③ 液体挤压制热：这种方式主要应用液压泵和阻尼孔进行制热。风力机动力输出轴带动液压泵，对工作液体（如机油等）加压，从而把机械能转换为液体的压力能。然后，受压液体从狭小的阻尼孔中高速喷出，液体冲击阻尼孔尾流管后的低速液体，动能转换为热能。液体流速下降，温度升高。

④ 涡电流制热：风力机动力输出轴驱动一个转子，转子外缘与定子间装有磁化线圈，当来自电池的微弱电流通过线圈时会产生磁力线，转子旋转切割磁力线，从而产生涡电流。涡电流使定子和转子外缘附近发热，定子外层是环形冷却液套，冷却液吸收热量而温度升高，从而实现制热。

（4）利用风电制氢：风电制氢系统被认为是一种清洁、高效的能源利用模式。其基本思路是将利用风能所发的电量中超出电网接纳能力的部分，采用非并网风电模式直接用于电解水制氢，产生的氢气经过储存和运输后，可以应用于氢燃料电池汽车等。风电制氢系统主要由风力发电机组、电解水装置、储氢装置、电网等组成。利用风电的多余电量电解水制氢，通过高压气态储氢、固态储氢等技术来增加氢的存储密度。

（5）风电：现有的大多数风能装置都与发电机结合，风力发电机通常有三种运行方式：独立运行（小型风力发电机，为一户或几户提供电力）、微网运行（小型或中型风力发电机，为一个单位、一个村庄或一个海岛供电）、并网运行（大型风力发电机，并入常规电网运行）。

4.2 风能资源的分布

风能作为一种可再生的清洁能源，拥有巨大的开发潜力和经济价值。利用风能的前提是有充足的风能资源，只有将风力机与当地风能资源进行合理匹配，才能实现经济效益最大化，因此了解风能资源及其分布十分必要。

4.2.1 全球的风能资源及分布

世界各地的风能资源各不相同。根据国际能源署的数据，全球每年可开发利用的风能资源约为 20TW（2×10^{13}W），风能资源受地形的影响较大。以下是部分地区风能资源的介绍。

（1）欧洲：欧洲拥有丰富的风能资源。根据资料统计，欧洲国家在风能行业的投资和发展方面已经走在了全球的前列。德国是欧洲最早推进风电的国家之一，德国国内年平均风速为 4～6m/s，其中北海和波罗的海沿岸的风速通常为 8～10m/s，是德国主要的风能资源区。

（2）北美：北美地区的地形平坦开阔，风能资源分布广泛。美国不同地区的风速数据各异，其中，中西部地区是风能资源最丰富的地区，包括得克萨斯州、俄克拉何马州、堪萨斯州、内布拉斯加州等，这些地区的平均风速为 6～8m/s。加拿大西部地区的平均风速比较高，在多伦多到蒙特利尔间的圣劳伦斯河谷东岸，平均风速为 5～6m/s。

（3）亚洲：亚洲也是世界上风能资源丰富的地区之一，其风能资源主要分布于中亚地区、阿拉伯半岛及其沿海、蒙古高原、南亚次大陆沿海、亚洲东部及其沿海地区。中亚地区的地形平坦，风速可达 6～7m/s。

（4）非洲：非洲地区的风能资源丰富，这既因为非洲南半部处于西风带，风力强劲，又因为非洲高原逼近海岸线导致海洋和陆地的温差较大。其中，阿尔及利亚、埃及等国家的年平均风速可达 6.5m/s。

总体而言，全球风能资源潜力巨大，并且可以在各个国家和地区得到充分的利用。虽然目前风电在全球能源消费中所占的比重仍然较低，但随着技术的不断进步和政策的支持，风电的发展前景非常广阔。

4.2.2 我国的风能资源及其划分

以年有效风能密度和风速≥3m/s 的年累计小时数作为指标，可以将我国的风能资源划分为 4 个不同区域，如表 4.1 所示。风能资源丰富区和风能资源较丰富区为理想的风电场建设区，风能资源可利用区的年有效风能密度低，但是对于电能紧缺的地区，风能资源仍有一定的利用价值。

表 4.1 我国风能资源的划分

指标	风能资源丰富区	风能资源较丰富区	风能资源可利用区	风能资源贫乏区
年有效风能密度（W/m^2）	≥200	150～200	50～150	≤50
风速≥3m/s 的年累计小时数（h）	≥5000	4000～5000	2000～4000	≤2000
占全国面积百分比	8%	18%	50%	24%

（1）我国的风能资源丰富区。

① 东部沿海及其岛屿：该区域的年有效风能密度大于 200W/m^2，由于濒临海洋，风速较高，风能随着向内陆延伸而逐渐减小，风力等值线与海岸线平行。在沿海的岛屿上（如福建台山岛、平潭岛，浙江南麓岛等），风能都很大。

② 内蒙古和甘肃北部：该区域的年有效风能密度可达 300W/m^2，风能资源分布范围广，冬季的风能最大，春季次之，夏季最小。

③ 松花江下游区：该区域的年平均风速为 3～5m/s，较上面两区域较小，多数地区的年有效风能密度在 200W/m^2 以上。

（2）我国的风能资源较丰富区。

① 东部沿海内陆及渤海沿海区：该区域包括从汕头海岸向北沿东南沿海的 20～50km 地带到东海和渤海海岸，实际上是风能资源丰富区向内陆的扩展。

② 三北（东北、西北、华北）的北部地区：该区域包括从东北图们江口向西沿燕山北麓经河西走廊过天山到艾比湖南岸，横穿我国三北北部的广大地区。其中大部分地区的年平均风速较高，在一定程度上保证了风能资源供给的可靠性和稳定性。

③ 青藏高原：青藏高原的风速≥3m/s 的年累计小时数与东部沿海的风能资源丰富区相当，但由于青藏高原的海拔较高，空气密度较小，4000m 高度处的空气密度大约为地面的 67%。因此，实际进行风能利用时需考虑空气密度的影响。

（3）我国的风能资源可利用区。

① 两广沿海区：该区域主要包括福建海岸 50～150km 地带，风能的季节分配为冬季风能最大，秋季风能次之。

② 大、小兴安岭区：该区域的年有效风能密度和风速≥3m/s 的年累计小时数由北向南逐渐增加，风能的季节分配为春季风能最大，秋季风能次之。

③ 中部地区：中部地区主要包括黄河和长江中下游，以及川西和云南的一部分地区，该区域春季、冬季的风能较大，夏季、秋季的风能较小。

此外，我国的风能资源贫乏区，如川云贵和南岭山地区、塔里木盆地西部地区、雅鲁藏布江和昌都市等由于受到地形、地势的影响，年有效风能密度较低。

4.3　风能的计算

风能的利用与当地风能资源的分布情况密不可分。因此，对于所有风能利用装置的设计、制造和安装使用等工艺过程来说，了解当地的风能资源分布是较好利用风能的基础和前提。在风能的利用中，估算风能资源的潜力是非常重要的。下面介绍几个计算风能的重要公式。

4.3.1　风能公式

风能的利用是指将它的动能转换为其他形式的能（一般转换为机械能）。风功率是单位时间内从截面 A 上以速度 v 自由流动的气体中所获得的能量，即获得的功率 W。

$$W = Av\left(\frac{1}{2}\rho v^2\right) = \frac{1}{2}\rho A v^3 \tag{4-1}$$

式中，W 为风功率，单位为 W；A 为气体流过的面积，单位为 m^2；v 为气体速度，单位为 m/s；ρ 为气体密度，单位为 kg/m^3。

式（4-1）也常被称为风能公式。根据式（4-1）可知，在风能计算中最重要的参数是气体速度，即风速越大，风功率就越大，风速取值准确与否对估计风能潜力起决定性作用。实际上，风力机真正获得的功率要比这个风功率小得多。贝茨定律指出，在理想空气流动的情况下，风能利用系数最大为 0.593。

风能密度是气流在单位时间内垂直通过单位截面积的风能。风能密度和空气的密度有直接关系，而空气的密度取决于气压和温度。因此，不同地方、不同条件下的风能密度是不同的。风能密度是衡量一个地方风能的大小，评价其风能资源的潜力的重要参数。将式（4-1）除以相应的面积 A，便得到风能密度公式。

$$w = \frac{1}{2}\rho v^3 \tag{4-2}$$

在实际应用中，我们还需要了解风占全天的时间分配情况和风能的季节性变化等。对于不同地区的风能，这些情况是有所差别的。例如，沿海地区的风能资源相对较丰富，风速也相对较高，且风能的季节性波动相对较小；而内陆地区的风能资源相对较为平均，风速也较为均匀，但季节性波动比较明显。由于风速是一个随机量，随着时间和季节变化而变化，所以常通过一定时间的观测来了解其平均状况。一段时间内的平均风能密度可以通过将式（4-2）对时间积分后取平均值得到，即

$$\bar{w} = \frac{1}{T}\int_0^T \frac{1}{2}\rho v^3 \mathrm{d}t \tag{4-3}$$

式中，$\bar{w}$ 为该时段的平均风能密度，单位为 W/m^2；T 为总的时间，单位为 h。

4.3.2 风力机理想能量输出公式

风力机的第一个气动理论是由德国的贝茨（Betz）于 1926 年提出的。风力机可以从风中捕获能量，使得风速下降，实际上只有流过风轮的风才受到风力机的影响。考虑一个理想风轮在流动大气中的情况（见图 4.7），并规定：V_1 为距离风力机一定距离的上游的风速；V 为风通过风轮时的实际风速；V_2 为距离风轮一定距离的下游风速。

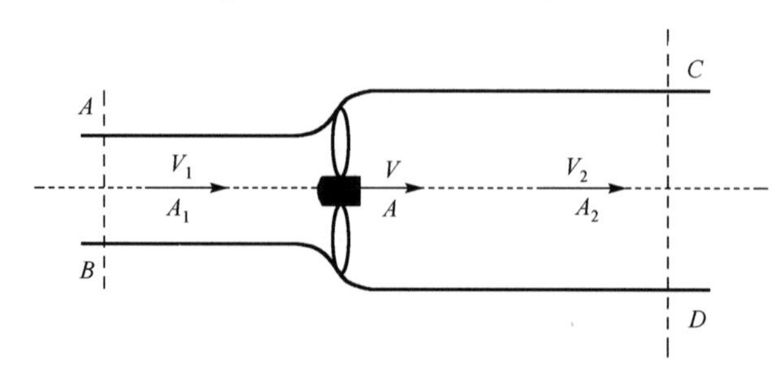

图 4.7 流动大气中的理想风轮

如图 4.7 所示，风从 AB 截面流入，从 CD 截面流出，假设通过风轮的气流其上游截面积为 A_1，下游截面积为 A_2。由于风轮所获得的机械能仅由风的动能降低所致，因而 $V_2 < V_1$，所以通过风轮的风的截面积从上游至下游应是增加的，即 $A_2 > A_1$。

假定空气不可压缩，由连续性条件可得

$$A_1V_1 = AV = A_2V_2 \tag{4-4}$$

由动量方程可得，风作用在风轮上的力为

$$F = \rho AV(V_1 - V_2) \tag{4-5}$$

故风轮吸收的功率为

$$P = FV = \rho AV^2(V_1 - V_2) \tag{4-6}$$

此功率是由动能转换而来的，从上游至下游动能的变化率为

$$\Delta E = \frac{1}{2}\rho AV(V_1^2 - V_2^2) \tag{4-7}$$

令式（4-6）和（4-7）相等可以得到

$$V = \frac{V_1 + V_2}{2} \tag{4-8}$$

作用在风轮上的力和风轮吸收的功率为

$$F = \frac{1}{2}\rho A(V_1^2 - V_2^2) \tag{4-9}$$

$$P = \frac{1}{4}\rho A(V_1^2 - V_2^2)(V_1 + V_2) \tag{4-10}$$

对于给定的上游风速 V_1，可写出以 V_2 为变量的功率变化关系，对式（4-10）微分得

$$\frac{\mathrm{d}P}{\mathrm{d}V_2} = \frac{1}{4}\rho A(V_1^2 - 2V_1V_2 - 3V_2^2) \tag{4-11}$$

令 $\frac{\mathrm{d}P}{\mathrm{d}V_2} = 0$，可得① $V_2 = -V_1$，没有物理意义；② $V_2 = V_1/3$，对应于最大功率。

将 $V_2 = V_1/3$ 代入式（4-10），得到风力机的最大功率为

$$P_{\max} = \frac{8}{27}A\rho V_1^3 \tag{4-12}$$

将上式除以风通过扫掠面 A 时所具有的动能，可推得风力机的理论最大效率为

$$\eta_{\max} = \frac{P_{\max}}{\frac{1}{2}A\rho V_1^3} = \frac{\frac{8}{27}A\rho V_1^3}{\frac{1}{2}A\rho V_1^3} = \frac{16}{27} \approx 0.593 \tag{4-13}$$

式（4-13）即贝茨定律的极限值。它说明，风力机从自然风中索取的能量是有限的，其功率损失部分可以解释为留在尾流中的旋转动能。

能量的转换将导致功率的下降，它随所采用的风力机和发电机的形式而异，其能量损失一般约为最大功率的 1/3，也就是说，实际风力机的功率利用系数 C_P<0.593。因此，风力机实际能得到的有用输出功率为

$$P_s = \frac{1}{2}\rho V_1^3 A C_P \tag{4-14}$$

对于每 1m^2 的扫掠面积，则有

$$P = \frac{1}{2}\rho V_1^3 C_P \tag{4-15}$$

综上所述，风能的计算是十分重要的，需要了解当地风速随时间和季节变化的特点，掌握风能的基本计算公式。通过综合计算，估计风力机的输出功率，为风能产业的发展提供有效的支持。

4.4 风力机的介绍

4.4.1 风力机的类型和基本结构

根据风力机的形状特征及风与风轮旋转轴之间的不同方向关系，可将风力机分为两大类：水平轴型和垂直轴型。水平轴型风力机的风轮旋转轴平行于地面，与空气来流方向也接近平行；垂直轴型风力机的风轮旋转轴垂直于地面，与空气来流方向也接近垂直。

（1）水平轴型风力机：水平轴型风力机根据叶片的数目可以分为单叶片风力机、双叶片风力机、三叶片风力机和多叶片风力机，绝大多数水平轴型风力机拥有 2 个或 3 个叶片。图 4.8 所示为水平轴型风力机。单叶片风力机节省叶片材料，成本低，风阻损失更小。但因为单叶片风力机的转速更快，噪声和振动过大，故其应用并不广泛。

（a）单叶片风力机

（b）双叶片风力机

（c）三叶片风力机

图 4.8 水平轴型风力机

（2）垂直轴型风力机：现代垂直轴型风力机来源于法国工程师达里厄（Darrieus）的构

想。垂直轴型风力机与水平轴型风力机相比，优点是能够利用来自各个方向的风，启动风速小，结构简单，便于维护。根据垂直轴型风力机叶片的形状，可将其分为弯叶片（φ 形）风力机和直叶片（H 形、V 形）风力机两大类，如图 4.9 所示。二者在国内外均有应用。弯叶片风力机主要承受纯张力，不受离心力载荷的作用，结构受力性能较好，但其几何形状固定不变，不便采用变桨距等控制方法，因此弯叶片风力机的制造成本高、难度大；而直叶片风力机一般采用横担式拉索支撑，以防止离心力过大引起大的弯曲应力，但这些支撑会产生额外的气动阻力，降低效率，另外，它的起动性能也略有不足。

（a）弯叶片（φ 形）风力机

（b）直叶片（H 形）风力机

（c）直叶片（V 形）风力机

图 4.9　垂直轴型风力机

实际上，国内外风力机的结构类型繁多，还有一些其他的分类方式。例如，按照叶片的工作原理，风力机可以分为升力型和阻力型等；按照风力机的用途，风力机可以分为风力发电机、风力提水机、风力脱谷机等；按照风轮相对于塔架的位置，风力机可以分为上风向式风力机和下风向式风力机。

下面以水平风力发电机为例，介绍风力发电机的基本结构。如图 4.10 所示，水平风力发电机一般由叶片、变桨系统、齿轮箱、发电机、偏航系统、轮毂、塔架等构件组成。

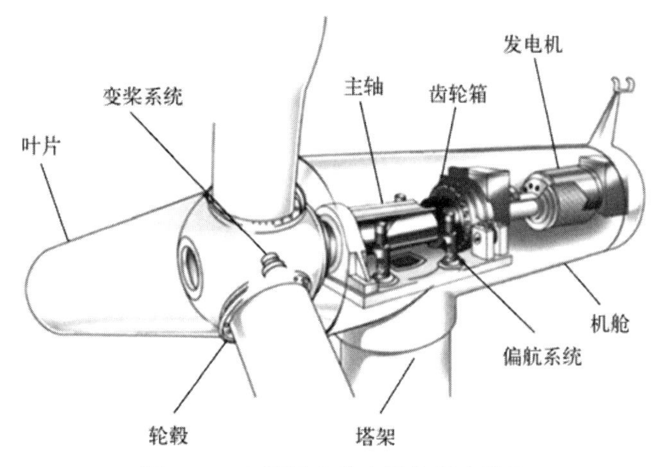

图 4.10　水平风力发电机的基本结构

叶片是吸收风能的单元，叶轮一般由 2～3 个叶片组成。叶轮是风电的关键结构，其将空气的动能转换为叶片转动的机械能，叶片的大小差别很大，有些长达几十米；变桨系统通过改变叶片的桨距角，以实现风能的最大化利用；齿轮箱将叶轮在风力作用下所产生的动力传递给发电机，并使其得到相应的转速；发电机是将叶轮转动的机械能转换为电能的部件；偏航系统采用主动对风齿轮驱动形式，与风力发电机控制系统相配合，使叶轮始终处于迎风状态以充分利用风能，提高发电效率，同时提供必要的锁紧力矩，保障机组安全运行；轮毂的作用是将叶片固定在一起，并且承受叶片上传递的各种载荷，然后将其传递到发电机的转动轴上。

为进一步了解风电的基本原理，下面介绍风力发电机的输出功率。

4.4.2 风力发电机的输出功率

风力发电机的输出功率曲线是衡量风力发电机的风能转换能力的指标之一，主要描述了风力发电机的输出功率与风速的关系。风力发电机的输出功率与风速的大小有关。由于自然界中的风速具有不稳定性，所以风力发电机输出的电能一般不能直接用在电器上，要先储存在蓄电池内，然后通过蓄电池向直流电器供电；或通过逆变器把蓄电池中的直流电转变为交流电后再向交流电器供电。考虑到成本问题，目前风力发电机用的蓄电池多为铅酸蓄电池。

风力发电机的输出功率的计算公式为

$$P = \frac{1}{8}\pi\rho D^2 v^3 C_P \eta_t \eta_g \tag{4-16}$$

式中，ρ 为空气密度，单位为 kg/m^3；D 为风力发电机的风轮直径，单位为 m；v 为场地风速，单位为 m/s；C_P 为风力发电机的功率利用系数，一般为 0.2～0.5，最大值为 0.593；η_t 为风力发电机传动装置的机械效率；η_g 为发电机的机械效率。

由式（4-16）可知，风力发电机的输出功率不仅受到风速的影响，还受到以下几个重要因素的影响。

（1）空气密度。空气密度可能会受到海拔高度、温度、湿度和气压等因素的影响，进而影响风力发电机的输出功率。

（2）风力发电机的设计参数。风力发电机的设计参数包括叶片的载荷、尺寸、材料、质量等，不同的参数组合将导致不同的输出功率。

（3）风向变化。风向的变化可能会影响风速，不同的风向和角度使得风力发电机的输出功率也有所变化。

（4）风力发电机的磨损和损坏。风力发电机在使用过程中受到外界环境的影响，如颗粒物、海盐和风暴等，可能导致机械组件的磨损、损坏，从而影响风力发电机的输出功率。

（5）风力发电机控制系统。风力发电机控制系统可以调整风力发电机的输出功率，采用不同的风力发电机控制系统将导致不同的输出功率。

风电项目
工程实例

4.5　世界风电发展与环境影响

4.5.1　世界风电发展概况

国际风电市场发展迅猛，《2022 年全球风能报告》指出，2021 年全球风电新增装机容量为 93.6GW（并网容量），其中陆上风电新增装机容量为 72.5GW，海上风电新增装机容量为 21.1GW，如图 4.11 所示。全球海上风电新增装机容量为历史新高，中国增量惊人，英国漂浮式风电安装量持续增长。

图 4.12 所示为 2006—2021 年全球风电累计装机容量，截至 2021 年年底，全球累计装机容量达到 837GW（较上一年增长约 12%）。就累计装机容量而言，排名前五的国家依次为中国、美国、德国、印度、西班牙，合计占全球的 72%。另外，相比 2020 年，全球风电招标量上升了 153%，达到 88GW，其中陆上风电为 69GW（约占 78%），海上风电为 19GW（约占 22%）。世界大型海上风电场的名称、位置及装机容量如表 4.2 所示。其中，风电场 Hornsea One 的装机容量超过 1GW，可向超过 100 万个家庭供电。

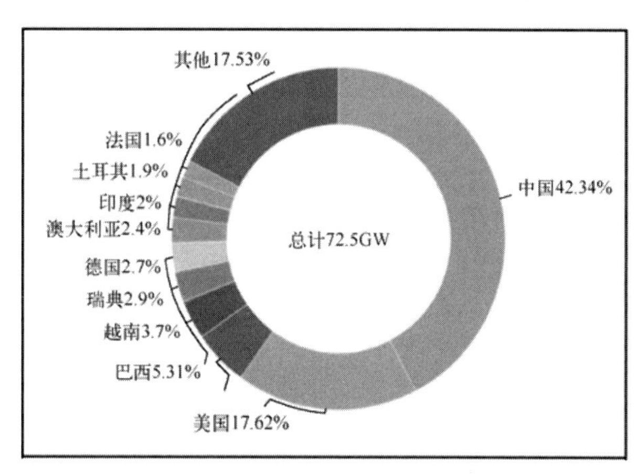

（a）全球陆上风电新增装机容量

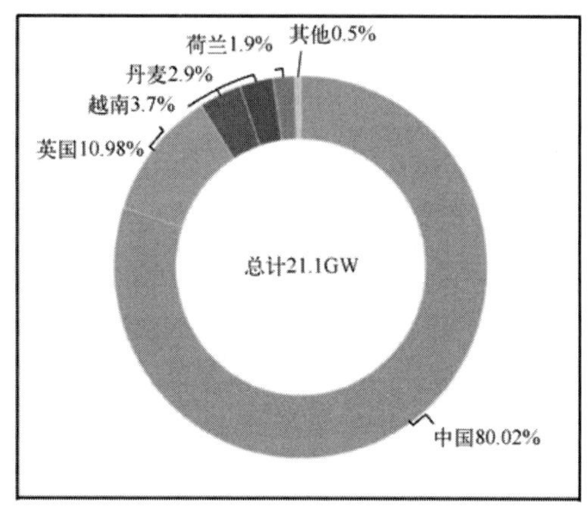

（b）全球海上风电新增装机容量

图 4.11　2021 年全球风电新增装机容量

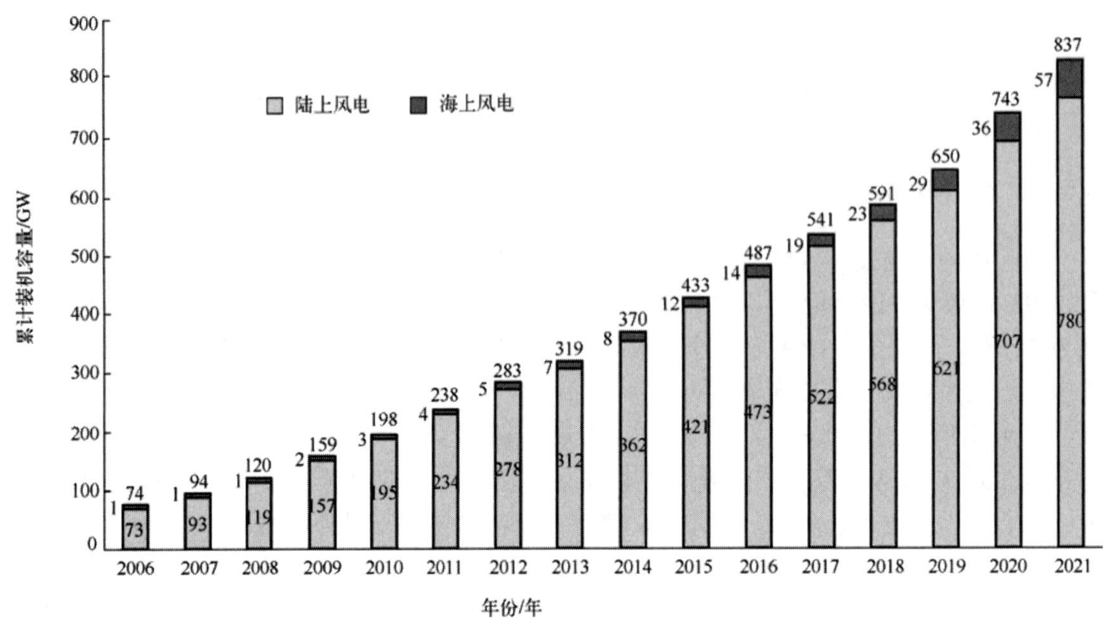

图 4.12　2006—2021 年全球风电累计装机容量

表 4.2　世界大型海上风电场的名称、位置及装机容量

名称	位置	装机容量
Hornsea One	爱尔兰海，英国	1.2 GW
London Array	泰晤士河，英格兰	630 MW
Greater Gabbard	萨福克，北海	500 MW
Bard Offshore 1	北海	400 MW
Anholt	丹麦	400 MW
Walney	爱尔兰海	367 MW
Thorntonbank	北海，比利时	325 MW
Sheringham Shoal	诺福克，英国	316 MW
Thanet	肯特，英国	300 MW
Centrica Links	林肯郡，英国	270 MW
Horns Rev 2	丹麦	209 MW

4.5.2　我国的风能利用与存在的问题

近年来，我国的风能利用发展迅速。截至 2022 年 12 月底，我国风电的装机容量约为 3.7×10^8kW。我国风能资源丰富，内蒙古兴安盟风电基地、新疆哈密风电基地、甘肃酒泉风电基地、河北风电基地、江苏风电基地和山东风电基地等是国内比较大的风电基地。

2022 年 6 月，中国广核集团内蒙古兴安盟风电基地一期 100 万千瓦风电项目并网发电，这标志着我国首个单体百万千瓦级陆上风电基地正式投产。一期 100 万千瓦风电项目横跨桃合木苏木、乌兰毛都苏木、阿力得尔苏木及阿力得尔牧场，每年等效满负荷利用小时数可达 3058h，每年可减少使用标准煤超过 92 万吨，减少二氧化碳排放近 250 万吨，具有良好的经济效益和环保效益。

陆上风电发展较为便利，建造成本低，但风能的季节性波动明显。由于海上风能资源丰富，输电距离短，故海上风电具有较大的发展潜力。2020 年 7 月，全球第二大海上风力发电机组在福建正式并网发电。它的大风车每转动八圈，就可以为一个普通家庭提供一个月的电力。

我国的风能利用也存在一些问题和挑战，主要包括以下几个方面。

（1）风电产业规模过大，分布不均：虽然我国的风电产业蓬勃发展，但是存在规模过大、分布不均的问题。目前大部分风电产业都集中在华北、东北和华东等部分地区，而我国南方地区风能资源的开发程度相对较低。由于我国电力市场尚未完全市场化，以及一些技术原因（如欠发达地区电力供应的增长速度超过电力需求的增长速度，多出的电量输送至外省存在技术难度，只能选择限制发电能力），部分地区弃风限电问题仍比较严重，解决弃风限电问题成为风电产业的一个新挑战。

（2）风电设备存在技术问题：目前，我国的风电设备制造商面临多重技术问题，如防护措施不足、叶片材料品质不高、叶片失效等，这些问题也直接影响了风电设备的输出效率。

（3）风电系统的运行与管理存在问题：由于风电产业的发展较为迅速，对电网的贡献也明显增加，因此风电系统也面临着管理与运行方面的问题，特别是海上风电系统的安装和运营问题。如何科学合理地实现风电系统的有效利用是当前需解决的问题之一。

综上所述，我国的风能利用需要解决的问题还非常多，应该继续推进风电发展，加速转型升级，推动新技术进步和管理模式创新，加大政策支持，推动可再生能源的应用。

4.5.3　风电的环境影响及展望

风电设备不消耗常规能源，可以使用风能替代化石能源，如煤炭、石油等，可以减少大气污染物的排放，改善空气质量。风电设备还可以减少风力对地表的冲击，从而有助于遏制沙尘暴，抑制土地荒漠化，保护生态环境。然而，在开发利用风能资源的同时，也可能会引起某些环境问题，主要如下。

（1）噪声污染：主要包括风力发电机的机械噪声和空气动力学噪声。机械或电动机引起的噪声称为机械噪声；叶片与空气相互作用引起的噪声称为空气动力学噪声。机械噪声通常是主要的噪声，它可以通过使用特别安静的传动装置、安装弹性装置、使用声学附件、选用直接传动的低速发电机替代变速箱的方法得到改善。

（2）电磁干扰：风力发电机引起的电磁干扰有时会反射一些电磁波，其反射波与原信号会混合在一起到达接收器，这可能造成原信号有很大的扭曲。

（3）视觉影响：对风力发电机或者风电场的视觉感觉取决于很多因素，包括风力发电机尺寸、风力发电机设计、叶片数量、颜色、风电场中风力发电机的数量、风电场规划和叶片移动的范围等。

为了最大程度地减少风电对环境的负面影响，应该采取有效的保护措施降低噪声和电磁干扰，合理规划风电场位置，保护鸟类和其他生物等。

自 21 世纪以来，我国风电产业进入规模化发展阶段，陆上风电开发稳步发展，海上风电开发逐步加速。风电产业的发展方向主要集中在以下几个方面。

（1）数字化风电技术：利用数字化风电技术优化和提高风电场的生产效率和运行安全。通过提高风力发电机组和风电场的综合智能化监测技术，建立良好的风力发电机组运行状态监测和故障模式预警系统，以实现对故障和特殊情况的及时处理，保障风力发电机组的运行寿命。例如，采用数字化、智能化方法通过检测风速、风向、温度、湿度等环境参数，以及风力发电机组的转速、振动、温度、电流、电压等状态参数，评估风力发电机组的性能、健康状况和维护需求。

（2）大型化、轻量化风电技术：这类技术通常采用更长、更大的叶片和高效的气动曲线设计，以提高风力发电机的发电效率和系统的稳定性。现有的风力发电机主要采用三叶式结构。随着单机容量的不断增大，叶片的长度也在不断增加。目前，世界上最大的8WM风力涡轮机的叶片长度已达到88m，由丹麦的一家公司制造（见图4.13）。风力涡轮机技术现已足够成熟，机器的可靠性极高。叶片材料由玻璃纤维增强树脂逐步向强度高、质量轻的碳纤维转化。此外，叶片的设计也越来越趋于柔性化，以应对不同风速下的振动和变形。

图4.13 丹麦一家公司制造的世界上最大的8MW风力涡轮机叶片

4.6 水力发电

4.6.1 水力发电基本原理

水力发电是将水的势能转换成电能的发电方式，其原理是利用水位的落差，使水在重力作用下流动，将水的势能转换为动能。这种能量在未被利用以前，主要分散消耗在水流对河床的淘刷、挟带泥沙和相互的撞击（如旋涡等）中。水位越高，水量越大，产生的能量也越大。水轮机把水的能量转换为机械能，带动发电机把机械能转换为电能，这就是水力发电。水工建筑物和机电设备的整体称为水力发电站，简称水电站，如图4.14所示。水电站的基本组成部分主要包括水库、压力水管、水电站厂房、水轮发电机组等。

水轮机是一种将河流中的水能（动能和势能）转换成机械能的装置。水轮机通过主轴带动发电机，将机械能转换成电能。水轮机与发电机连接成的整体称为水轮发电机组，它是水电站的主要设备。

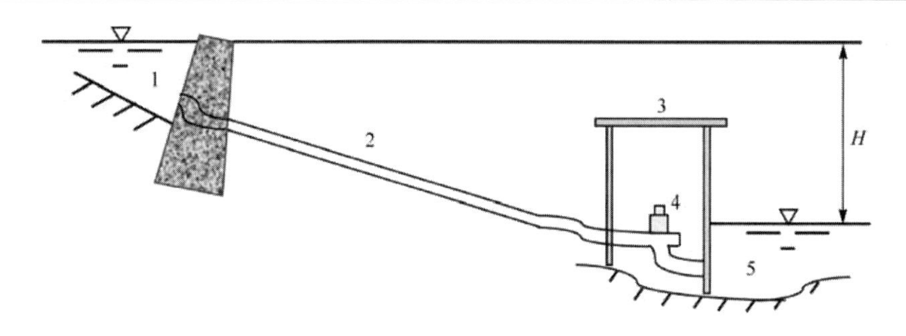

1—水库；2—压力水管；3—水电站厂房；4—水轮发电机组；5—尾水渠道。

图 4.14　水电站

水轮发电机组在某一时刻输出的电功率，称为出力，通常以千瓦（kW）为单位。它取决于所利用的水头和流量。实际出力的计算公式为

$$P = 9.81\,\eta\,Q(H - \Delta H) \tag{4-17}$$

式中，P 为水轮发电机组的实际出力，单位为 kW；Q 为水电站水轮发电机组的过水流量，单位为 m^3/s；H 为水电站上、下游的水位差，即水电站的水头，单位为 m；ΔH 为水头损失，单位为 m；η 为机组总效率，包括水轮机、发电机和传动设备的效率等。若用 H_w 表示作用于水轮机的工作水头，单位为 m，即 $H_w = H - \Delta H$，用 K 表示出力系数，一般大型水电站的 K 为 8.0～8.5，中型水电站的 K 为 7.0～7.5，小型水电站的 K 为 6.0～6.5，则在初步估算时，可应用简化公式 $P = KQH_w$。

4.6.2　小型水电站类型

按装机容量的大小，水电站分为大型、中型和小型水电站。本节主要介绍小型水电站。小型水电站按河段水力资源的开发方式，可以分为堤坝式水电站、引水式水电站和混合式水电站。三种类型的水电站各适用于不同的河段地形、地质、水文等自然条件，其水电站的枢纽布置、建筑物组成也截然不同。

（1）堤坝式水电站。

堤坝式水电站是筑坝抬高水头，集中调节天然水流，用以生产电力的水电站。其主要特点是拦河坝和水电站厂房集中布置于很短的同一河段中，水电站的水头基本上全部由拦河坝抬高水位获得。根据水电站厂房的位置不同，堤坝式水电站分为河床式水电站与坝后式水电站，分别如图 4.15 和图 4.16 所示。

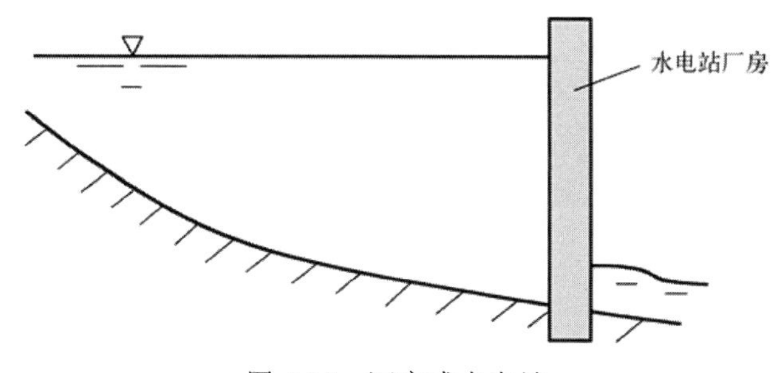

图 4.15　河床式水电站

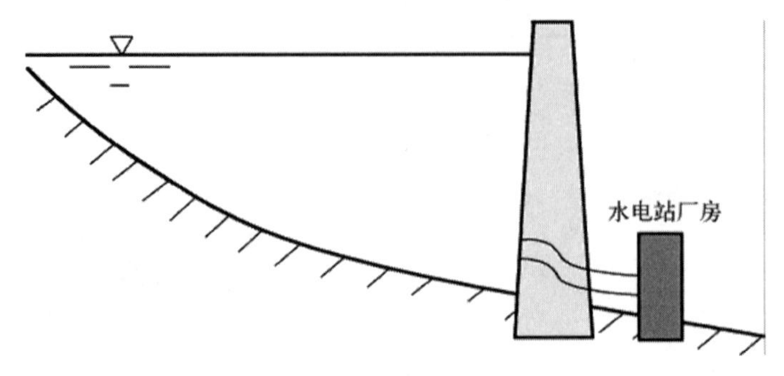

图 4.16 坝后式水电站

河床式水电站一般修建在河流中、下游坡度平缓的河段。在这些河段上，由于地形限制，为避免造成大量淹没，只能建造高度不大的拦河坝（或闸）来适当抬高上游水位。在有落差的引水渠道或灌溉渠道上，也常采用这种形式，其适用的水头范围为 8～10m。另一方面，由于河床式水电站多建造在中、下游河段上，其引用的流量一般较大，故河床式水电站通常是一种低水头、大流量的水电站。由于水头不大，河床式水电站的水电站厂房就直接和拦河坝（或闸）并排建造在河床中，水电站厂房本身承受上游水的压力而成为挡水建筑物的一部分。这种水电站的典型例子是广西西津水电站、葛洲坝水电站等。

坝后式水电站一般修建在河流的中、上游河段，适用于水头较大的情况。由于在这种河段上允许有一定程度的淹没，所以拦河坝可集中较大水头。因此，将水电站厂房移至拦河坝的下游，使水电站厂房与坝体分开，使上游水的压力完全由拦河坝承担。坝后式水电站与河床式水电站相比，它的拦河坝可以建得较高，这不但能使水电站获得较大的水头，更重要的是，在拦河坝的上游形成了可以调节天然径流的水库，给水电站的运行创造了十分有利的条件。三峡水电站是世界上总装机容量最大的坝后式水电站。

（2）引水式水电站。

引水式水电站是在河流坡降较陡、落差比较集中的河段，以及河湾或相邻两河河床高程相差较大的地方，利用坡降平缓的引水渠道引水，使其与天然水面形成符合要求的落差（水头）而发电的水电站，如图 4.17 所示。

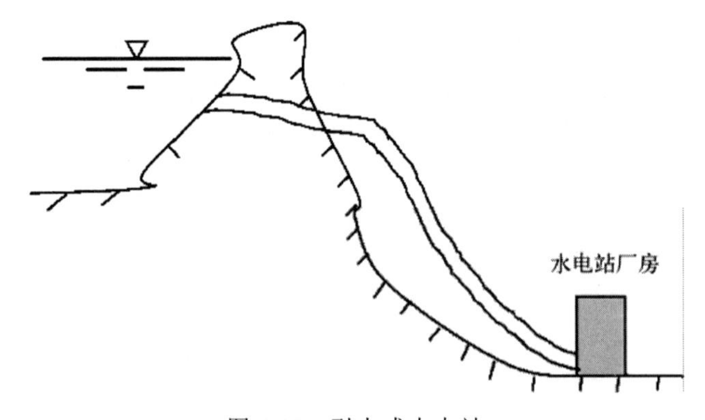

图 4.17 引水式水电站

河段中低坝或闸的作用主要是引导水流进入引水渠道，而不是集中水头。引水渠道包括明渠、隧洞和管道等形式。当水电站的水头较低（6～10m）时，由引水渠道将水直接引至水电站厂房；当水头较高时，则在引水渠道末端修建压力前池，并将水流引导至压力管道中，利用压力带动水轮发电机组发电，然后将尾水由尾水渠道排出。

在小型水电站中，引水式水电站比堤坝式水电站更普遍。它与堤坝式水电站相比，由于不存在淹没和筑坝技术的限制，故水头可达到很高的数值。但是，由于受当地天然径流或引水建筑物截面尺寸的限制，引水式水电站引用的流量都比较小，故引水式水电站通常是一种高水头、小流量的水电站。

（3）混合式水电站。

混合式水电站的落差由拦河坝抬高水头和由引水渠道或管道集中落差两方面获得，因而具有堤坝式水电站和引水式水电站的特点。当上游河段地形平缓，下游河段坡降较陡时，宜在上游筑坝，形成水库，调节水量，在下游修建引水渠道或管道，以集中较大落差，从而达到发电目的。混合式水电站如图 4.18 所示。

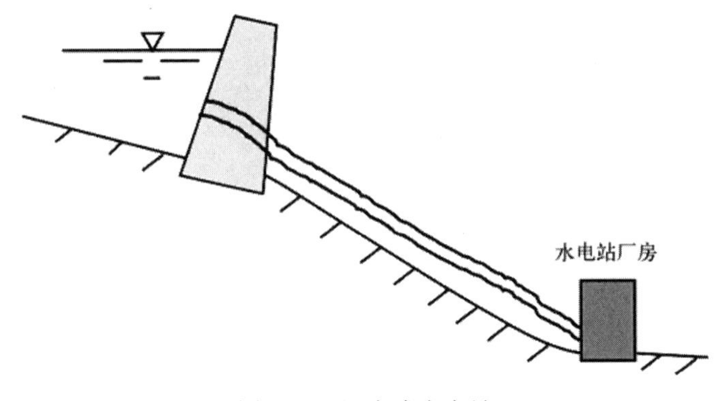

图 4.18　混合式水电站

值得注意的是，混合式水电站和引水式水电站之间没有明确的界限。严格来说，混合式水电站的水头是由拦河坝和引水渠道共同形成的，且拦河坝一般构成水库。而引水式水电站的水头只由引水建筑物形成，拦河坝只起抬高上游水位的作用。在实际工程中，常将具有一定长度引水渠道的水电站统称为引水式水电站，而较少采用混合式水电站这个名称。

水电站除按河段水力资源的开发方式进行分类外，还可以按其是否有调节天然径流的能力而分为无调节水电站和有调节水电站两种类型。多数水电站与防洪、灌溉、通航、水产等方面相结合，以发挥其综合效益。水力发电作为一种电能转换方式，与火力发电、核电相比有许多优点，如成本低、运行管理简单、对环境污染少等，适合在电力系统中起调峰和调频作用。为把水能转换为电能，需修建一系列水工建筑物，安装水轮机、发电机和附属机电设备。

4.6.3　我国水电工程——白鹤滩水电站

我国于 2021 年首次运行的白鹤滩水电站（见图 4.19）是一项节能减排的生态工程，其单机容量（百万千瓦）居世界第一，被誉为世界水电行业的“珠穆朗玛峰”。白鹤滩水电站位于四川省凉山彝族自治州宁南县和云南省昭通市巧家县交界处，是金沙江下游干流河段梯级开发的第二个梯级发电站。该水电站主要用于发电，同时具有防洪、拦沙、改善下游航运条件和发展库区通航等综合效益。水库正常蓄水位为 825m，相应库容为 $2.06\times10^{10}m^3$。

白鹤滩水电站安装了 16 台我国自主研制、全球单机容量最大的百万千瓦水轮发电机组，总装机容量为 1.6×10^7kW，多年平均发电量可达 6.024×10^{10}kW·h。该水电站的主体工程于 2013 年开工，2021 年 6 月 28 日首批机组正式投产发电。同年 8 月，白鹤滩水电站 7 号机组顺利通过 72h 试运行，正式投入商业运行。白鹤滩水电站建成后成为仅次于三峡水电站的我国第二大水电站和世界第二大水电站，能够满足约 7500 万人一年的生活用电需求，可替代标准煤约 1968 万吨，减少约 5200 万吨二氧化碳排放。由此可见，白鹤滩水电站作为能源领域的大国重器，在人类水力发电史上写下了浓墨重彩的一笔！

（a）机组安装过程

（b）白鹤滩水电站实物图

图 4.19 白鹤滩水电站

4.7 水轮机的工作参数及类型

4.7.1 水轮机的工作参数

水轮机是水电站中最重要的工作部件，它通过水流的冲击产生旋转带动发电机发电。水轮机的工作参数主要有水头 H、流量 Q、出力 P、效率 η、转速 n_d 等。

（1）水头 H：通常用于描述水电站引水系统的总高度差，单位为 m。

工作水头 H_w：水轮机进口断面与出口断面处的水流总水头差，工作水头通常由水头减去水头损失计算得出。常见的水轮机工作水头如下。

① 最大水头 H_{max}：由水轮机转轮（水轮机中在水流作用下旋转的部件）的性能决定，指允许水轮机运行的最高工作水头。

② 最小水头 H_{min}：由水轮机转轮的性能决定，指能保证水轮机安全、稳定运行的最小工作水头。

③ 设计水头 H_d：指水轮机按额定转速运行时，保证水轮机输出额定出力所必需的最低水头。

（2）流量 Q：指单位时间内通过水轮机的水量，单位为 m^3/s。它从水量的角度反映了水轮机利用水能的能力。工作水头和流量是水力发电的两大要素，没有工作水头和流量，就没有水力发电。

设计流量 Q_d：指水轮机在设计参数下流经的水的流量，水轮机的设计流量应该与水源供给能力相匹配，以确保水轮机能够充分利用水能。

（3）出力 P：指单位时间内水轮机主轴输出的功率，单位为 kW。

额定出力：指在设计水头、设计流量和额定转速下，水轮机主轴所输出的功率，计算公式如下：

$$P = 9.81\,\eta\,Q_d H_d \tag{4-18}$$

式中，η为水轮机的效率。

（4）效率η：指水轮机主轴输出的功率与输入水轮机的水流功率之比。

$$\eta = \frac{P}{9.81QH_w} \tag{4-19}$$

水轮机效率的高低反映了水轮机性能的好坏，同时是水轮机的设计水平与制造质量的重要指标之一。水轮机的效率一般为 80%，最高效率可达 94%。

（5）n_d 转速：指水轮机转轮的旋转速度，也称为实际转速，单位为 r/min。

额定转速：指水轮机在设计水头下，其转轮具有最高效率所对应的转速。通常情况下，在设计和选择水轮发电机组时，会根据水轮机的额定转速来匹配相应的发电机转速，以获得最佳的发电效率。

此外，在水轮机将水能转换为机械能的过程中，因摩擦、阻力等原因会出现三种损失。①容积损失：进入水轮机的流量有一小部分从旋转部件与固定部件的间隙中漏掉；②水力损失：水流在水轮机内流动过程中为克服沿程摩擦局部阻力而消耗的一部分能量，水力损失的大小取决于水轮机的设计和工作条件；③机械损失：由轴承、轴封上的机械摩擦引起的损失。机械损失通常是永久性损失，且随着水轮机使用时间的增加而逐渐增加。

4.7.2　水轮机的类型

为满足自然环境中不同水头和流量的需求，水轮机的种类也越来越多，常用的水轮机有反击式水轮机和冲击式水轮机。反击式水轮机在水电站中的应用最广泛，适用于多种不同水头和流量的水电站。其适用的水头 H 为 2～300m，出力 P 为 4～10000kW。反击式水轮机主要利用水流的势能（小部分为水流的动能）做功。当水流通过转轮叶片时，因叶片的作用，水流的压力、流速发生改变，从而对转轮叶片产生了反作用力，形成转矩，使转轮旋转。冲击式水轮机利用水流的动能推动水轮机转轮旋转做功。在同一时刻，水流只冲击转轮的一部分，而不是全部。

不同水电站常用的 5 种水轮机类型如图 4.20 所示，其中，混流式水轮机、轴流式水轮机属于反击式水轮机，水斗式水轮机、斜击式水轮机和双击式水轮机属于冲击式水轮机。

（1）水斗式水轮机：水斗式水轮机是冲击式水轮机中应用最广泛的一种。其工作原理是通过喷嘴将水流喷射出来，水流沿着转轮圆周的切线方向冲击在斗叶上，从而带动转轮做功。这种水轮机由美国人培尔顿于 1889 年提出，因此也称其为培尔顿式水轮机。它适用的水头为 40～2000m，尤其在超高水头条件下表现出色。目前，国外水斗式水轮机的最大

单机出力已达 4×10^5kW。

（2）斜击式水轮机：其工作原理是水流由喷嘴喷射出来与转轮旋转平面成某一角度（约 22.5°）进入叶片，从而产生转动的力矩。这种水轮机适用于高水头的中小型水电站。

（3）双击式水轮机：其工作原理是水流从喷嘴流出后，从转轮外周通过径向叶片进入转轮中心，完成第一次能量交换，再从转轮中心通过径向叶片流出转轮，完成第二次能量交换。这种水轮机适用的水头为 10～150m，其结构简单、效率低，出力较小，因此在实际应用中使用不多。

（4）轴流式水轮机：轴流式水轮机的转轮如同风扇叶片，工作原理与常见的风力机相似。水流从水轮机四周水平方向向中心流入（径向进入），然后转为向下推动转轮叶片做功。按其转轮叶片能否转动，轴流式水轮机可分为轴流转桨式水轮机和轴流定桨式水轮机。

（5）混流式水轮机：混流式水轮机由美国工程师弗朗西斯于 1849 年发明，因此也被称为弗朗西斯水轮机。混流式水轮机的特点是水流从水轮机四周水平方向进入转轮，然后近似轴向流出转轮。由于水流在径向与轴向通过叶片时都会做功，所以称其为混流式水轮机。中小型混流式水轮机一般适用的水头为 10～235m，其具有结构简单、运行可靠、效率较高等优点。

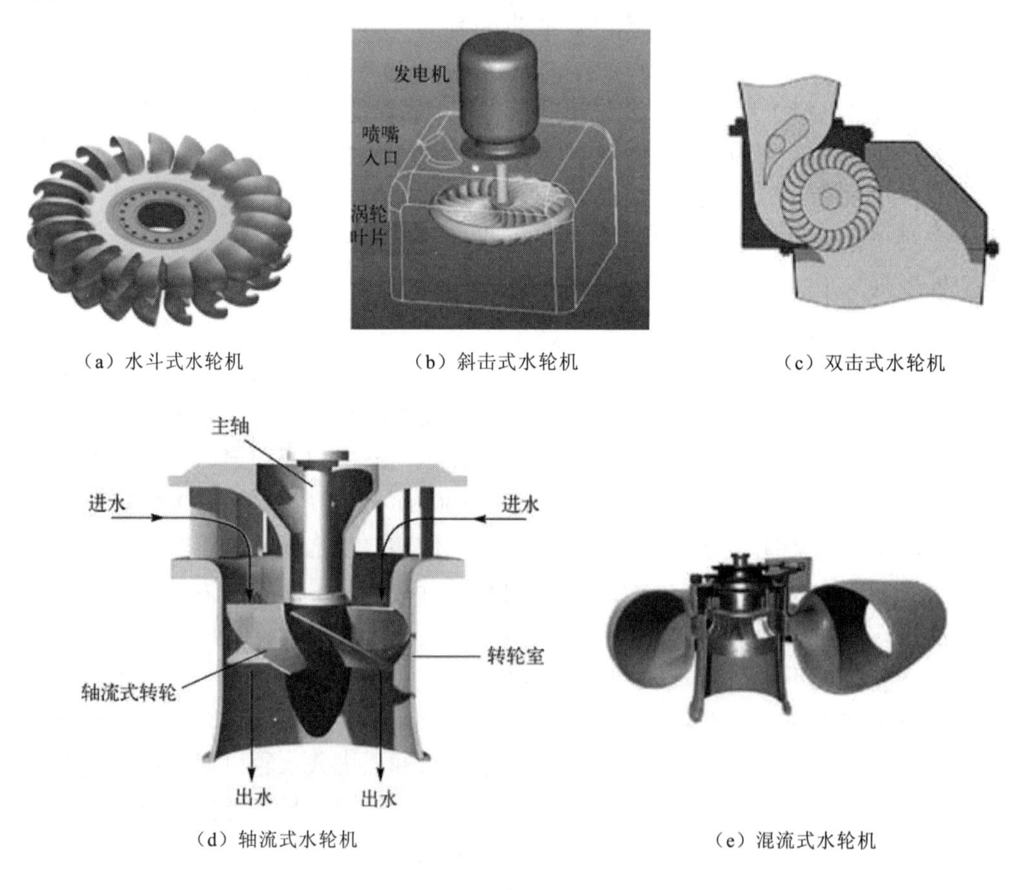

（a）水斗式水轮机　（b）斜击式水轮机　（c）双击式水轮机

（d）轴流式水轮机　（e）混流式水轮机

图 4.20　不同水电站常用的 5 种水轮机类型

4.8 潮汐发电技术

4.8.1 潮汐发电的基本原理

潮汐指的是在海湾可见到的海水每天两次的涨落现象，早上的称为潮，晚上的称为汐。潮汐是海水在太阳和月球引力作用下所产生的周期性海面升降现象。由于月球比太阳距地球近得多，因此月球引力是引发海洋潮汐的主要原因。海水涨潮时具有很大的动能，同时水位逐渐升高，动能转换为势能；落潮时，海水水位慢慢下降，势能又转换为动能，因此一天之中最少有两次发电效率较好的时段。潮汐的蕴藏量极大，不需要开采和运输，属于洁净无污染的可再生能源。潮汐发电的工作原理如图 4.21 所示。

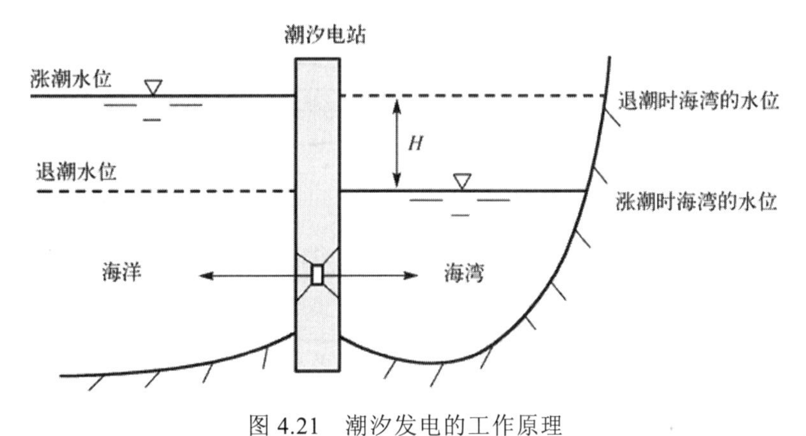

图 4.21　潮汐发电的工作原理

潮汐电站的优点：①潮汐能是清洁、可再生能源，可以经久不息地利用；②潮汐电站无须淹没大量农田以构成水库，无淹没损失和移民问题；③虽然潮汐有周期性间歇，但其有准确的规律，可用计算机预报，有计划地纳入电网运行；④大多数潮汐电站离用电中心近，不必远距离送电。

潮汐电站的缺点：①发电有间歇性，给用户带来不便；②潮汐电站属于低水头、大流量的发电站，发电效率不高；③其涉及大量海工建筑，这些建筑部分浸泡在海水中，需进行特殊的防腐处理，因此每 1kW 功率的造价较常规水电站高。

4.8.2 我国潮汐能的开发利用概况

在世界范围内，我国的潮汐能资源不算丰富，沿海平均潮差约为 2～5m，远小于潮汐能资源丰富的国家（如加拿大，芬迪湾的平均潮差约为 15m）。据统计，我国潮汐能资源约为 110GW，可开发的总装机容量约为 22GW，主要集中在浙江和福建两省。

从 20 世纪 50 年代末开始，我国先后建设了 100 多座中小型潮汐电站，但由于技术水平、运营和成本等诸多因素，大部分潮汐电站已停止运行。目前仍在运行的主要是浙江江厦潮汐电站，总装机容量为 4.1MW。江厦潮汐电站如图 4.22 所示。

（a）江厦潮汐电站鸟瞰图

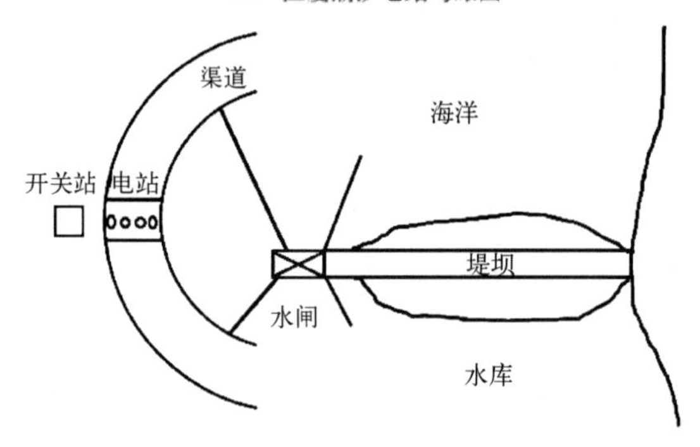

（b）江厦潮汐电站枢纽简图

图 4.22 江厦潮汐电站

江厦潮汐电站位于浙江省温岭市与乐清市的交界处，处于乐清湾的东北角。乐清湾是我国东南沿海一个封闭性较好的海湾，总面积达 250km^2。据初步估算，整个乐清湾的潮汐资源约为 6×10^5kW，而江厦潮汐电站水库只是乐清湾的一小部分。江厦潮汐电站坝址处的潮差条件很好，平均潮差为 5.08m，最大潮差为 8.39m，与钱塘江的最大潮差相当，潮汐基本上属于半日潮。江厦潮汐电站的水库面积约为 5km^2。枢纽建筑物由堤坝、电站和水闸等组成，其装机容量设计为 3000kW，采用 6 台 500kW 双向贯流灯泡式机组，每年发电量约为 1×10^7kW·h。

江厦潮汐电站的建立促进了我国潮汐能研究工作的深入开展，为我国在潮汐能领域的科研成果积累、技术创新、产品升级等方面提供了重要参照。根据江厦潮汐电站所取得的成果，可以更好地了解潮汐能的发电效益和实际应用效果，并逐步解决与之相应的技术难题。

4.9 抽水蓄能电站

电力的生产和使用是同时发生的，而电力负荷的需求却变化极大。例如，白天和前半夜的电力需求高，后半夜的电力需求大幅度下跌，低谷用电量有时只相当于高峰用电量的一半甚至更少。因此，必须按照电力需求来调控发电设备，抽水蓄能是一种经济且方便的电力调节方法。

4.9.1　抽水蓄能电站的工作原理、类型及特点

抽水蓄能电站利用的是可以兼具水泵和水轮机两种工作方式的蓄能机组，其在电力负荷低谷时段（夜间）作为水泵运行，用火力发电机组输出的多余电能将下水库的水抽到上水库中储存起来；在电力负荷高峰时段作为水轮机运行，利用水的势能发电。抽水蓄能电站的工作原理如图 4.23 所示。

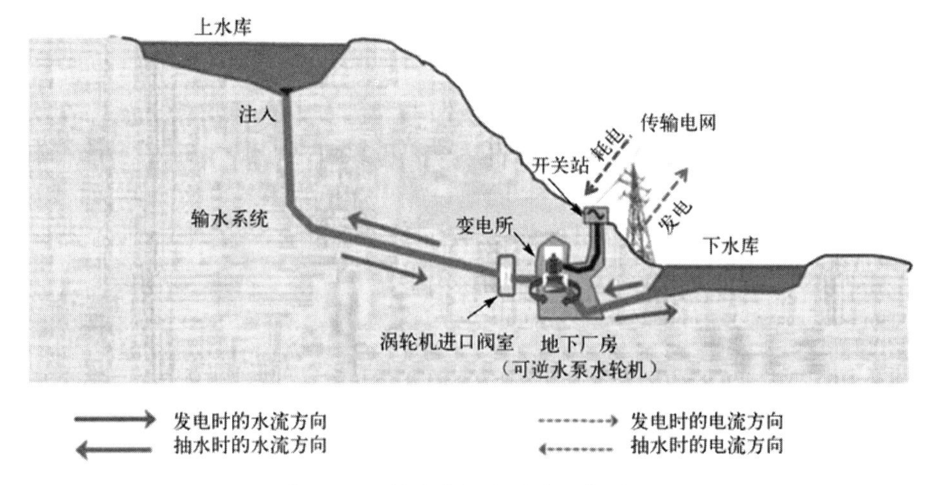

图 4.23　抽水蓄能电站的工作原理

抽水蓄能电站主要由上水库、输水系统、地下厂房、开关站、下水库等部分组成。

（1）上水库是蓄存水量的工程设施，在电网负荷低谷时段可将抽上来的水储存在上水库中，在电力负荷高峰时段由上水库释放下来发电。

（2）输水系统是输送水量的工程设施，在水泵工况（抽水）下，其把下水库中的水输送到上水库；在水轮机工况（发电）下，其将上水库放出的水通过地下厂房输送到下水库。

（3）地下厂房包括主厂房、副厂房、主变洞、母线洞等洞室。地下厂房是放置蓄能机组和电气设备等重要机电设备的场所，也是发电站生产的中心。抽水蓄能电站无论是完成抽水、发电等基本功能，还是发挥调频、调相和紧急事故备用等重要作用，都是通过地下厂房中的机电设备来完成的。

（4）开关站中有开关设备，通常还包括母线，但没有作为电力变压器的变电站，其作用就是分配高、中压电能。

（5）下水库也是蓄存水量的工程设施，在电力负荷低谷时段可满足抽水的需要，在电力负荷高峰时段可蓄存上水库释放的水。

根据不同的划分标准可以将抽水蓄能电站分为不同的类型。按与常规发电站的结合情况划分，抽水蓄能电站可以分为纯抽水蓄能电站和混合式抽水蓄能电站，纯抽水蓄能电站仅用于调峰、调频，不能作为独立电源存在，必须与电力系统中承担基本负荷的火力发电站、核电站等发电站协调运行。按调节性能划分，抽水蓄能电站可以分为日调节电站、周调节电站、季调节电站，若抽水蓄能电站在夜间和午间电力负荷低谷时段抽水，在白天电力负荷高峰时段发电，则称其为日调节电站；若利用径流式水电站丰水期的季节性电能，

将水抽到另一个水库中蓄存起来，到枯水期再放下来发电，则称其为季调节电站。按布置特点划分，抽水蓄能电站可以分为地面式电站、地下式电站。按机组类型划分，抽水蓄能电站可分为四机式电站、三机式电站、两机式电站。

抽水蓄能电站在电力系统中起调峰填谷、调频、调相及紧急事故备用的作用，一般每天要启停多次。天荒坪抽水蓄能电站每台机组每天启停 8～12 次，广州蓄能水电厂机组的启停则更加频繁。目前能够完成调峰的设备有调峰火力发电机组、燃气轮机组、内燃机组和抽水蓄能机组等，其中抽水蓄能机组具有独特的工作方式，是一种行之有效的蓄能装置。相比于其他调峰设备，抽水蓄能机组具有启停快速和调节灵活等优点，能够高效应对电力负荷的变化，抽水蓄能电站的使用可减少火力发电机组的启停次数，使火力发电站平稳运行，节省火力发电机组低出力运行的高燃料耗费和机组启停的额外燃料消耗，延长火力发电机组的运行寿命。同时，抽水蓄能电站的建设能提高电力系统的效率和稳定性，保障电力系统的安全运行。在以火力发电、核电为主的电力系统中，修建适当比例的抽水蓄能电站是经济的。

4.9.2 全球抽水蓄能的发展概况

抽水蓄能是现在和未来清洁能源发展的重要组成部分。截至 2021 年，全球有 70 座抽水蓄能电站在运行，并且有 40 座在建。图 4.24 所示为 2021 年世界各国抽水蓄能电站的数量（装机容量大于 100MW）。我国水力发电居世界之首，因此抽水蓄能电站的运行数和在建数均居世界第一，其次是日本和美国。

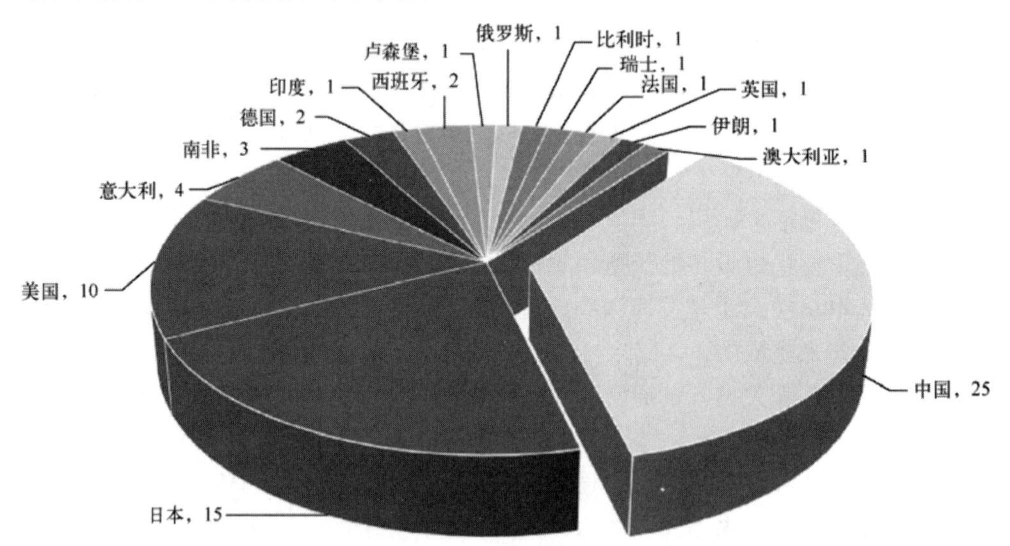

图 4.24　2021 年世界各国抽水蓄能电站的数量（装机容量大于 100MW）

我国抽水蓄能电站的起步较晚，20 世纪 60 年代末才开始进行现代抽水蓄能技术的研究工作并建成了岗南混合式抽水蓄能电站，装机容量可达 11MW。20 世纪 90 年代，先后建成了广州抽水蓄能电站一期（1200MW）、十三陵抽水蓄能电站（800MW）和天荒坪抽水蓄能电站（1800MW）等我国第一批大中型抽水蓄能电站。进入 21 世纪，我国抽水蓄能电站迎来了建设高潮。图 4.25 展示了 2015—2020 年我国抽水蓄能电站的累计装机容量及同比增长率，根据图中的数据可知，我国抽水蓄能电站一直在发展，累计装机容量逐年提高。

天荒坪抽水蓄能电站于 2000 年全部竣工投产，其位置在浙江省湖州市安吉县境内，接近华东电网负荷中心。该发电站的装机容量为 $1.8×10^6$kW，上水库蓄能能力为 $1.046×10^7$kW·h，其中日循环能量为 $8.66×10^6$kW·h，年发电量为 $3.16×10^9$kW·h，年抽水用电量（填谷电量）为 $4.286×10^9$kW·h，承担着系统峰谷差 $3.6×10^6$kW 的任务。天荒坪抽水蓄能电站如图 4.26 所示。

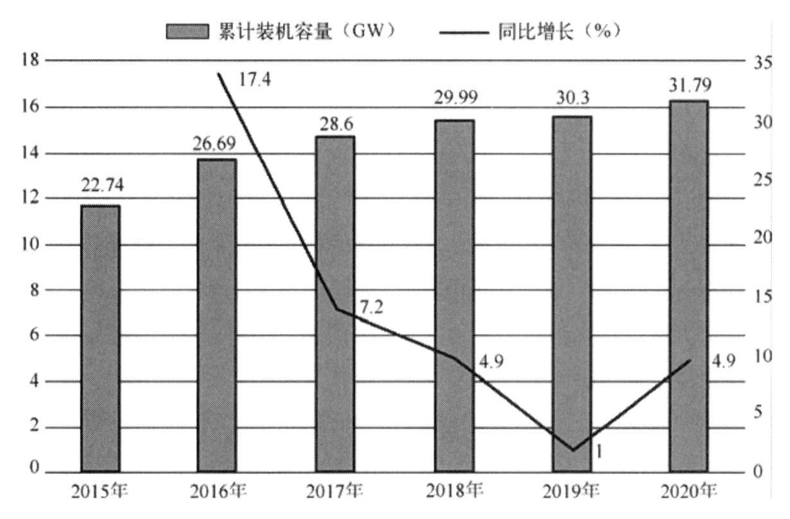

图 4.25　2015—2020 年我国抽水蓄能电站的累计装机容量及同比增长率

图 4.26　天荒坪抽水蓄能电站

水能作为一种可再生、无污染的环保型能源，日益受到人们的重视。在开发大江大河的大、中型水电站的同时，大力发展小型水电站是实施可持续发展战略不可缺少的组成部分。在肯定小型水电站建设成绩的同时，也应清醒地认识到，小型水电站的开发建设可能引发环境问题，如河道脱水、植被遭破坏、水土流失加剧、改变流域河道生态系统等。

《抽水蓄能中长期发展规划（2021—2035 年）》中提到，到 2025 年，抽水蓄能投产总规模 $6.2×10^7$kW 以上；到 2030 年，投产总规模 $1.2×10^8$kW 左右；到 2035 年，形成满足新能源高比例大规模发展需求的，技术先进、管理优质、国际竞争力强的抽水蓄能现代化产业，培育形成一批抽水蓄能大型骨干企业。

4.10 波浪能发电

4.10.1 波浪能资源

波浪能作为海洋能中的一种，其资源储量丰富。相较于太阳能和风能等技术，波浪能技术相对还不成熟，在经济效益上也无法与上述技术竞争。但是，波浪能的一个重要特征是其能量密度在所有可再生能源中几乎是最高的。

在某些常规能源缺乏而波浪能资源丰富的地区，如英国和爱尔兰，波浪能具有巨大的潜力来替代常规能源。

表 4.3 所示为我国沿海波浪能资源区域划分。根据波浪能能量密度和开发利用的自然环境条件判断，浙江和福建沿岸应为重点开发利用地区，其次是广东东部、长江口和山东半岛南岸中段。此外，嵊山岛、南麂岛区段、云澳、表角、遮浪区段等地区具有能量密度高、季节变化小、平均潮差小、近岸水深、均为基岩海岸、岸滩较窄、坡度较大等优越条件，是波浪能开发利用的理想地点，应优先进行开发。

表 4.3 我国沿海波浪能资源区域划分

区域	分区				理论平均功率/MW
	一类区 $H_{1/10}\geq 1.3\text{m}$	二类区 $1.3>H_{1/10}\geq 0.7\text{m}$	三类区 $0.7>H_{1/10}\geq 0.4\text{m}$	四类区 $0.4\text{m}>H_{1/10}$	
辽宁			大鹿岛、止锚湾、老虎滩区段	小长山岛、鲅鱼圈区段	255.03
河北			秦皇岛、塘沽区段		143.64
山东		*北隍城岛、*千里岩区段	龙口、小麦岛、石臼所区段	成山头、石岛区段	1609.79
江苏			连云港（东西连岛）附近	吕四港区段	291.25
上海市长江口		佘山、*引水船区段			164.83
浙江	大陈区段	*嵊山岛、*南麂岛区段			2053.40
福建	台山岛、*北礵、海坛岛区段	流会、崇武半岛、平海溪、围头区段	东山区段		1659.67
台湾	周围各段				4291.22
广东	遮浪区段	*云澳、*表角、荷包、博贺、硇洲区段	下川岛（南沃湾）附近雷州半岛西岸		1739.50
广西			涠洲岛、白龙尾区段	北海区段	80.90
海南	*西沙群岛（永兴岛）附近	铜鼓咀、*莺歌海、东方区段	玉包港、榆林区段		562.77

注：表中地名有*者为开发条件较好的地段。

4.10.2　波浪能转换技术

《中华人民共和国国民经济和社会发展第十四个五年规划和 2035 年远景目标纲要》中提出“培育壮大海洋工程装备、海洋生物医药产业，推进海水淡化和海洋能规模化利用，提高海洋文化旅游开发水平。”在此背景下，对波浪能资源的研究和利用就显得十分重要。波浪能转换技术作为波浪能资源利用的重要部分，其基本原理是利用固定或漂浮的装置将波浪能收集起来并将其转换为电能或其他便于利用与传输的能量形式。

由于波浪能是一种海水运动动能，具有周期较长、间歇式运动的特点（平均周期约为 10s，频率约为 0.1Hz），因此波浪能的利用通常涉及多级能量转换，目前的波浪能装置大多需要进行三级以上的能量转换。波浪能的三级能量转换通常包括以下过程。

第一级：将波浪蕴含的能量通过捕能机构的运动转换为传动系统所需的能量，如将波浪的动能转换成空气或水的压力能、水库里水的重力势能或者某种实体的运动动能。

第二级：将捕能机构捕获的能量通过传动系统转换成发电机所需的能量形式，如利用空气涡轮机、液压电动机、水轮机等动力输出装置将其转换成旋转机械的转动动能。

第三级：通过发电机等设备将能量以电能的形式输出。

根据波能转换装置主梁与波浪运动方向的几何关系，可将波能转换装置分为以下 3 种不同的安装模式：终结型模式、减缓型模式、点吸收型模式，如图 4.27 所示。

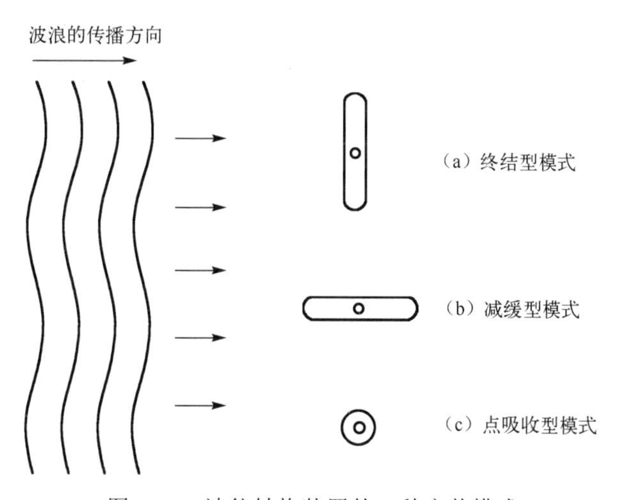

图 4.27　波能转换装置的 3 种安装模式

（a）终结型模式：波能转换装置的主梁平行于入射波，可以大面积地直接拦截波浪，终结波浪的传播，从而在理论上最大限度地吸收波浪的能量，如点头鸭式装置。

（b）减缓型模式：波能转换装置的主梁垂直于入射波，即波能转换装置的主梁方向与波浪的传播方向一致，只在一定程度上减缓了波浪的传播，可以避免承受狂风巨浪的全部冲击。

（c）点吸收型模式：波能转换装置不采用漂浮于海面的主梁，而是采用垂直于海面的主轴作为居中的稳定结构，由于只能吸收该装置上方海面上波浪变化的能量，因此被称为“点吸收”，其线形尺度远小于波浪的长度，如振荡水柱型波能转换装置。

根据波能转换装置与海岸的距离，波能转换装置可以分为岸式装置、近岸式装置和离岸式装置。岸式装置对波浪的承受能力更强，缺点是与位于海洋中的浮动式装置相比，岸式装置得到的波浪能密度较低，且受地理位置的限制；近岸式装置相对于岸式装置来说更接近海洋中心，但是在深海中遇到的波浪能较低；离岸式装置位于远离海岸的深水区（40m以上），优点是可以收集更多的能量，但是在建设和维护方面相对困难。

根据装置的系留方式，波能转换装置可以分为固定式装置和浮动式装置。固定式装置包括岸边固定式装置和海底固定式装置。固定式装置具有固定的主梁，更容易维护，相比于浮动式装置更容易建造。缺点是它们一般在浅海岸工作，因而获得的波浪能较少，且这类装置的安装区域是有限的。浮动式装置包括点头鸭式装置、海蚌式装置和海蛇式装置。浮动式装置收集的能量比岸边固定式装置多，因为海洋中的波浪能密度比岸边大得多，并且对安置地点的限制很小。

根据波浪能的第一级能量转换方式可以将波能转换装置归结为三大类：振荡水柱式波能转换装置、振荡实体型波能转换装置和汇流型波能转换装置。根据装置的系留方式，上述每一种类型又可分为固定式和浮动式两大类。下面简单介绍振荡水柱式波能转换装置、振荡实体型波能转换装置和汇流型波能转换装置。

（1）振荡水柱式波能转换装置：如图 4.28 所示，这种装置属于点吸收型模式。它主要利用波浪的上下起伏和冲击作用，周期性地挤压或抽吸封闭在内部的空气，进而驱动空气涡轮机带动发电机发电。部分淹没在水中的钢结构或混凝土结构会组成一个半封闭的容器，开口朝向下方，空气被封闭在水面的上方。这类装置简单耐用，可以在岸边或近海处进行安装，减少输电损耗，装置的造价较低。

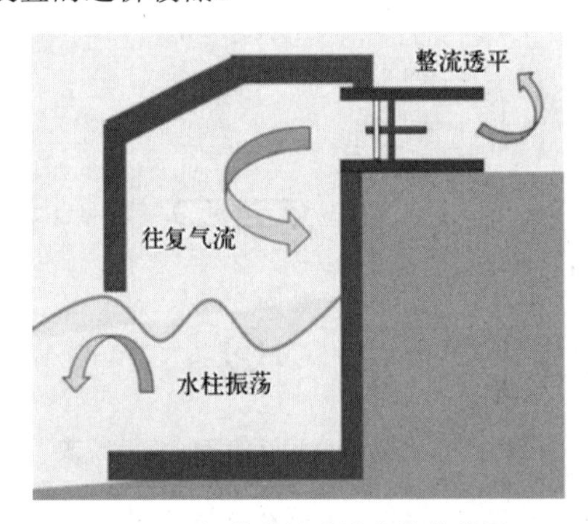

图 4.28 振荡水柱式波能转换装置

威尔士涡轮机常被用在振荡水柱式波能发电站中，以避免使用精密且昂贵的阀门系统。该涡轮机具有独特的性质，不管水流来自何方，涡轮机都始终朝一个方向旋转，很适合方向反复变化的水流运动。

（2）振荡实体型波能转换装置：将波浪的振荡运动转化为某种实体的振荡运动，然后转化为较高压强的液体压力能带动液压电动机旋转，或是直接带动直线或旋转发电机发电。这类波能转换装置又可分为垂荡型机构（浮子机构）和摇摆型机构（点头鸭式机构），如

图 4.29 所示。此类装置的结构简单、造价低、适应性强、可扩展性好、技术开发难度低，是目前研究最广泛的波能转换装置。

（3）汇流型波能转换装置：汇流型波能转换装置的原理类似于潮汐发电。如图 4.30 所示，这类装置通常利用楔形流道，使波浪逐渐汇聚和爬升，最后使波峰上的海水汇流到高水位的潟湖（集水池）中，再利用潟湖与外海面的水位差，推动传统的水轮机发电。此装置受到楔形流道等地形的限制，对建造位置的要求较高。

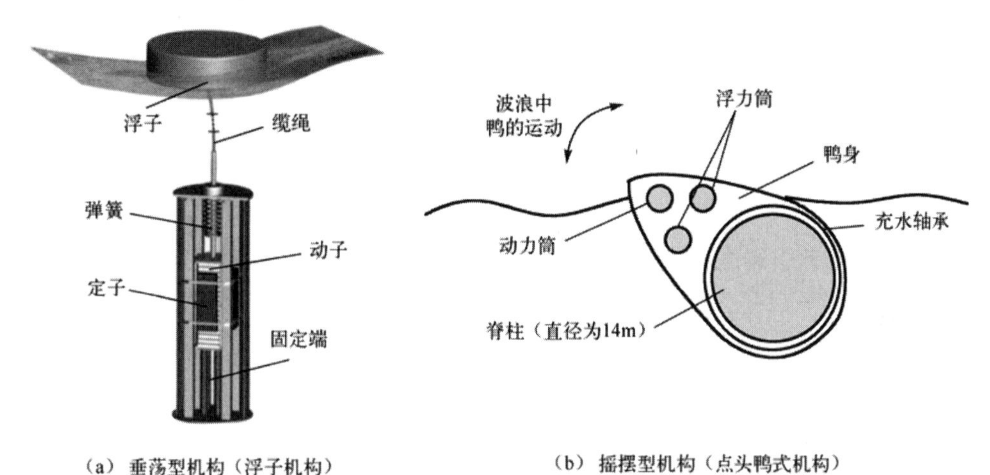

图 4.29　振荡实体型波能转换装置

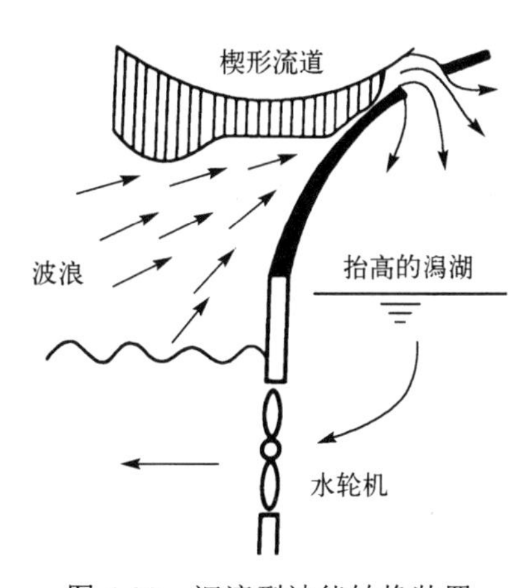

图 4.30　汇流型波能转换装置

4.10.3　各国的波浪能研发活动

很多国家开展了波浪能利用工作，具有代表性的有日本、英国、美国、中国等。

1965 年，日本的益田善雄发明了导航灯浮标用汽轮机波浪能发电装置，率先展开了商品化的波浪能开发利用。尽管日本的年平均波浪能只有 10kW/m，远逊于北大西洋地区的 50kW/m，但日本拥有许多著名的波浪能研究项目，它们分属许多不同的研究团队，代表性的有巨鲸——浮动型振荡水柱式波能转换装置，如图 4.31 所示，该装置属于终结型模式，吸收波浪能的原理为振荡水柱式。

图 4.31 巨鲸——浮动型振荡水柱式波能转换装置

英国拥有丰富的波浪能资源。2010 年，英国政府发布的《海洋能行动计划 2010》确立了英国海洋能 2030 年前的发展任务和实施路径，提出 2015—2020 年为海洋能大规模示范阶段，2025 年前后实现海洋能发电装置商业化。英国的波浪能开发项目涵盖了多种波能转换装置，如“设计者引渠振荡水柱”、“点头鸭”和“海蛇”等。其中，“设计者引渠振荡水柱”通过波浪的上下起伏作用周期性挤压或抽吸空气，进而驱动涡轮机带动发电机发电；“点头鸭”和“海蛇”则利用实体的摇摆运动将波浪能转换为机械能，进而驱动发电机或液压泵等部件。英国“海蛇”波浪能发电装置如图 4.32 所示。与此同时，英国也在逐步完善波浪能的商业模式和市场化机制，加强政策支持和产业配套，以推动波浪能领域的发展和应用。

图 4.32 英国“海蛇”波浪能发电装置

美国在波浪能利用领域持续加大投入和研究力度。此前，美国能源部宣布提供 2500 万美元的资金，支持波浪能发电技术的研究、开发和示范，以实现 2050 年净零碳排放的目标。美国是波浪能利用领域的重要国家之一，在波能转换装置方面，美国 Ocean Power Technologies 公司研发的 OPT PowerBuoy 是一种采用振荡实体来进行波浪能转换的装置，如图 4.33 所示，该装置已完成了装机容量为 40kW（PB40）和 150 kW（PB150）样机的海上实测。

我国在波浪能的研究和应用方面也积极推进。1989 年，中国科学院广州能源研究所在珠海市大万山岛建成我国第一座试验波力电站(装机容量为 3kW 的岸式振荡水柱式波力示范电站)。随着技术的发展，中国科学院广州能源研究所也在波能转换装置的研究和开发上取得了重要进展。中国科学院广州能源研究所建成了 100kW 点头鸭式波浪能发电装置、10kW 概念样机“鹰式一号”、100kW 工程样机“万山号”、260kW 海上可移动能源平台“先导一号”，突破了海上大型浮动式波能转换装置无法长期稳定发电的系列难题，完成了鹰式波浪能技术由试验样机向工程样机的转变。其中，“先导一号”是目前国际上单体规模最大、发电效率最高的海上可移动式波浪能发电平台，装机容量可达 260kW，目前已成功并入三沙市永兴岛电网。我国波浪能发电装置的部分实物图如图 4.34 所示。

图 4.33　美国 OPT PowerBuoy 装置样机

（a）点头鸭式波浪能发电装置

停泊状态

工作状态

（b）鹰式波浪能发电装置（万山号）

图 4.34　我国波浪能发电装置的部分实物图

4.10.4　波浪能发电的经济性、环境影响和技术展望

波浪能具有许多优点，包括清洁、环保、可再生、可预测、无排放等。同时，波浪能在能量密度上也远高于其他能源。过去二十年，波浪能转换技术得到了快速发展，波浪能发电站的建造技术趋于成熟，能量转换效率成倍增加。建造和组装一座波浪能发电站需要较高的投资，为了提高经济性，可通过模块设计的方式，进行分阶段建造，提前获得电力输出收益。

波能转换装置的主要问题在于它们经常暴露在恶劣的天气条件下，如强烈的潮汐和风暴等极端天气，这会导致部分设备遭到破坏。这类设备的维修及维护总费用相当高，占整个电力工程总费用的30%。尽管波浪能对环境影响很小，可以部分替代化石能源以减少温室气体排放，但波浪能发电装置对海洋生物有一定影响。波浪能发电装置中的部分组件，如浮体或浮动结构，可能会增加海洋生物的撞击风险，导致它们受到伤害。

波浪能不使用土地面积，这也为其大规模实施提供了较为便利的条件。同时，波浪能的发展可以进一步刺激衰落的造船和船坞工业，促进相关产业的发展。多共振振荡水柱、对称翼透平和相位控制等技术的发展对提高波浪能转换效率及促进波浪能实用化起着重要作用。目前，波浪能转换技术仍停留在研发和示范阶段，许多小型实验装置已经在造波槽和海上进行试验，一些实用型装置也在试运行发电，它们的应用已初步验证了波浪能转换技术的商业前景。

实际上，海上风能和波浪能作为具有伴生关系的海洋能源，它们的联合开发、协同利用具有良好的发展潜力。两者联合使用可有效提高海洋空间的利用率，减少海缆等基础设施的建设与维护费用，降低单位发电成本，实现多能源互补。风能、太阳能等新能源的大规模开发及其发电的波动性、间歇性特点，决定了电力系统需建设大量调节电源。因此，加快开发水能、抽水蓄能、潮汐能、波浪能是构建以新能源为主体的新型电力系统的迫切要求，是保障电力系统安全稳定运行的重要支撑，是可再生能源大规模发展的重要保障。

第5章 地 热 能

5.1 地热能概述

人类很早以前就开始利用地热能，如利用温泉沐浴、医疗，利用地下热水取暖、建造农作物温室、养殖水产及烘干谷物等。但真正认识地热资源并进行较大规模的开发利用始于20世纪中叶。

地热能大部分是来自地球深处的热能，它主要来源于地球内部熔融的岩浆和放射性物质的衰变，还有一小部分表层地热能来自太阳，大约占总地热能的5%。地热能的储量巨大，远超人们所利用能量的总量，其中距地表2000m内储藏的地热能相当于2500亿吨标准煤。我国地热能的可开采资源量为每年68亿立方米，但地热能大部分集中分布在构造板块的边缘一带，该区域也是火山和地震多发区。

地热能是一种新的洁净能源，在当今人们的环保意识日渐增强和能源日趋紧缺的情况下，对地热资源的合理开发利用已越来越受到人们的青睐。我国的地热资源开发经过多年的技术积累，发展迅速，地热发电效益显著提升，并且除地热发电外，直接利用地热水进行建筑供暖、温室农业和温泉旅游等也得到了较快发展。全国已经基本形成以西藏羊八井为代表的地热发电、以天津和西安为代表的地热供暖、以东南沿海为代表的疗养与旅游，以华北平原为代表的种植与养殖的开发利用格局。

中国科学院院士、国际欧亚科学院院士、中国地源热泵产业联盟名誉理事长汪集旸表示，地热能、核能、水能、太阳能、风能都是不产生二氧化碳的非碳能源，其中地热能可以认为取之不尽，用之不竭，是非常重要的一种新能源和可再生能源，不但能够实现绿色发展，也是一种未来能源，能够在实现“双碳”目标的过程中发挥重要作用。

5.2 地球内部构造

地球本身就是一座巨大的天然储热库，地热资源是地球内部蕴藏的热能。对地球内部结构的研究途径包括直接观察地表、岩样钻探，以及根据火山喷发和地震等数据进行推断。普遍认为，地球是一个巨大的实心椭球体，表面积约为$5.1\times10^8 km^2$，体积约为$1.0833\times10^{12} km^3$，赤道半径约为6378km，极半径约为6357km。

地球分为地壳、地幔和地核三层。地壳是地球的表面层，也是人类生存和从事各种生产活动的场所，由多组断裂的、大小不等的块体组成。地壳的厚度并不均匀，因而它的外部呈现出高低起伏的形态。陆地下地壳的平均厚度约为35km，我国青藏高原的地壳厚度达65km以上；海洋下地壳的厚度仅为5～10km；整个地壳的平均厚度约为17km，这与地球平均半径6371km相比，仅是薄薄的一层。地壳下面是地球的中间层，叫作地幔，其厚度约为 2865km，主要由致密的造岩物质构成，是地球内部体积最大、质量最大的一层。地幔又可分成上地幔和下地幔两层。一般认为，上地幔顶部存在一个软流层，据推测，其是由于放射元素大量集中，衰变放热，将岩石熔融后造成的，可能是岩浆的发源地。软流层以上的地幔部分和地壳共同组成了岩石圈。下地幔的温度、压力和密度均较大，物质呈可塑性固态。地幔下面是地核，地核的平均厚度约为 3400km。地核还可分为外地核、过渡层和内地核三层。外地核的厚度约为 2080km，物质呈液态，可流动；过渡层的厚度约为 140km；内地核是一个半径为 1250km 的球心，物质呈固态，主要由铁、镍等金属元素构成。地核的温度和压力都很高，估计温度在 6000℃以上，压力达 1.32 亿千帕以上，密度为 13g/cm^3。表层地壳和地幔之间有一个分界面，通常称其为莫霍面，厚度为 6～70km。莫霍面可以反射地震波，这一界面是由南斯拉夫地震学家莫霍洛维契奇于 1909 年发现的。从地表到深度 100～200km 处为刚性较大的岩石圈，地球内部圈层和外层之间存在较大的温度梯度，因此，两者之间的黏性流动物质会不断地循环流动。地球的内部构造如图 5.1 所示。

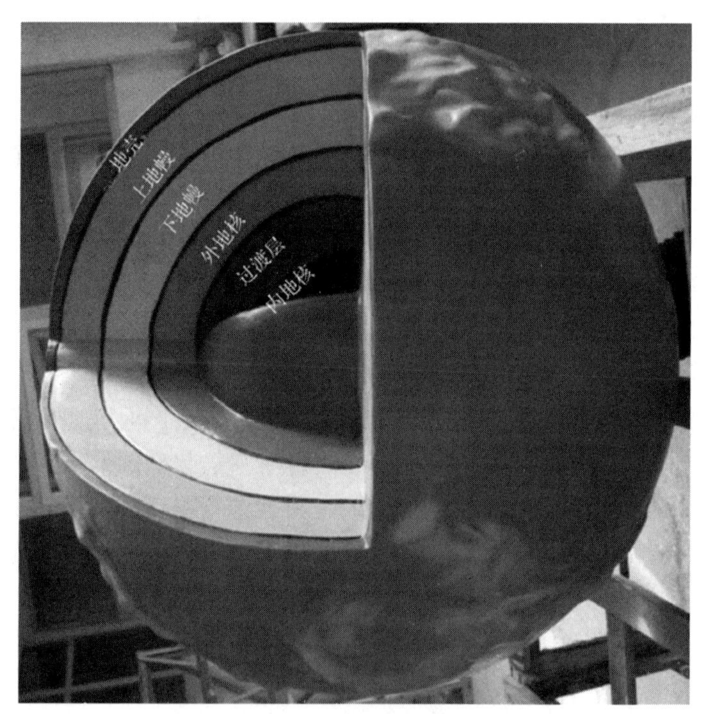

图 5.1 地球的内部构造

5.3 地热传递方式

地球内部的温度极高，表面一层坚硬而冷的地壳掩盖了其炽热的内部。地球的核心温度高达 6000℃，它持续地向表层冷地壳传递热量，其热量传递的方式主要有三种：第一种是以传导的方式通过固体岩石向外传递；第二种是加热地下的流体，以对流的方式向外传递；第三种是以岩浆向上移动的方式进行传递。这三种传递方式分别称为大地热流、热泉活动、火山活动或岩浆侵入活动。

大地热流又称为热流密度，简称热流，是指单位面积、单位时间内由地球内部传输至地表，而后散发到太空去的热量，是地壳或岩石圈深处热状态在地表的综合量化表征。热流密度的大小与地下岩石的热导率和地温梯度的乘积有关。因此，要测量一个地区的热流量，必须首先测量该地区的地温梯度和地下岩石的热导率。根据目前已知的数据，地球每年获得的热流约为 10.87×10^{20}J，相当于从太阳处获得的能量的千分之一，但是远远超出火山和地震活动所释放的总能量。

热流在空间上的变化是地球物理学中板块构造学的证据之一，同时全球板块格局控制了热流在不同区域的分布情况。全球热流分布呈现显著的横向差异特征，高热流区与板块边界有很好的对应关系。高热流区主要集中在三大洋的洋中脊、环太平洋火山带（俯冲带）及非洲板块和欧亚板块的碰撞拼贴带。这种板块-热流关系表明，板块构造控制了全球热流分布，特别是控制了高热流区的分布。

中国科学院地质与地球物理研究所地热资源研究中心在汪集旸院士的领导下，自 1988 年首次开展热流数据汇编以来，一直延续着对我国热流数据进行汇编的传统，截至 2020 年，先后进行了 4 次汇编并公开发表了 1230 个热流数据。从整体上可以将我国概略地划分为 5 个热流构造区。其中，西南构造区的平均热流最高，可达到 70～85mW/m^2；西北构造区的平均热流最低，仅为 43～47mW/m^2；华北-东北构造区的平均热流为 59～63mW/m^2，与全国平均水平相近；华南构造区的平均热流为 66～70mW/m^2，略高于全国平均水平；中部构造区的平均热流为 40～60mW/m^2。

西南地区沿着雅鲁藏布江的缝合线，热流最高，可达到 91～364mW/m^2。随着朝北方向的移动，热流随着构造阶梯逐渐下降，到达准噶尔盆地时只有 33～44mW/m^2，被称为“冷盆”。台湾位于欧亚板块的东缘，热流相对较高，为 80～120mW/m^2，翻越台湾海峡，到达东南沿海的燕山造山带时，热流降至 60～100mW/m^2，而江汉盆地的热流只有 57～69mW/m^2。这展现了构造活动强烈的高热流区向构造活动较弱的低热流区逐渐转变的特征。

另外，在大型盆地中，热流受基底构造形态的影响，隆起区域的热流通常较高，而凹陷区域的热流相对较低。热流较高的地区通常与平原下方凹陷最深、沉积最厚的地区相重合，这些地区也是地壳最薄、地幔上凸起的区域。我国大陆地区所测得的热流在 23～319mW/m^2之间变化，其平均值为（63±24）mW/m^2。如果我国的平均热流为 66.98mW/m^2，则对于占地 960 万平方千米的国土来说，每年通过传导方式约释放 2.03×10^{19}J 的热量，相当于释放出 6.93 亿吨标准煤的热量。

热泉是指泉温高于 45℃而又低于当地地表水的沸点的地下水。热泉以对流的方式向地表传递的热量也可以计算。只需测量热泉的温度和流速，以及当地的年平均气温即可实现。例如，假设一个热泉的温度为 90℃，流速为 1L/s，当地的年平均气温为 15℃，已知 1g 水升高 1℃所需的热量为 4.186J，那么这个热泉每年释放出的天然热量约为 9.90×10^{12}J。假设我国有 2500 个热泉，平均温度为 70℃，年平均气温为 10℃，并假定温泉的流速都为 1L/s，则每年通过对流方式释放的热量约为 1.98×10^{16}J，只相当于热流的千分之一。

岩浆从上地幔穿过地壳到达地面形成活火山区，岩浆的温度高达 850～1250℃，火山喷发时会释放出大量的热量。1883 年，印度尼西亚喀拉喀托火山爆发时，抛出物的总量估

计有 $18km^3$，火山灰吹到了 80km 的高空，释放出的热量为 7.20×10^{20}J。巨大的热量仅仅在两天时间内就以反复喷发的形式传到地球表面，相当于每秒释放约 41.67×10^{14}J 的热量。也有一些火山的喷发形式不一样，大量炽热的熔岩从火山口宁静溢出，顺着山坡缓缓流动，熔融的岩浆能在地球表面停留很长时间。

活火山并不是在地球的各个角落都能出现，那么火山活动从地球内部带出的热量有多大呢？大约 45 亿年前，在地球历史的前 5000 万年内，有许多熔融的岩浆（见图 5.2）升到了地表。在我国 960 万平方千米的土地上，火山每年释放出的热量为 17.25×10^{6}J，这不及热流的百亿分之一。因此，火山活动从地球内部带出的热量与热流通过地壳传导出来的热量相比是微不足道的，这也说明了在地球漫长的历史中，火山活动并没有对地球的热平衡产生太大的影响的原因。

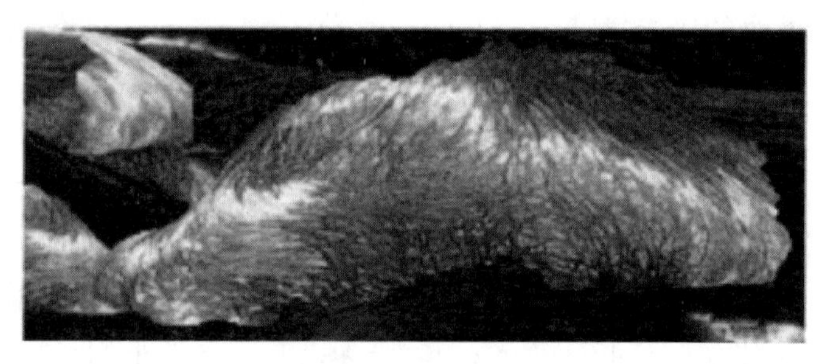

图 5.2 熔融的岩浆

地球内部的热量非常大。通过估算地球内部的温度和地下物质的比热容，可以得知地球内部的热量约为 12.558×10^{30}J。这个估算结果还揭示了一个惊人事实：地球内部的热量是地球表面传导热量的 100 亿倍之多。因此，即使在未来的 100 亿年中，地球内部的温度降低到与目前地表温度相等，地球的热流也依然保持稳定。另一方面，这个巨大的热量也表明，地球在形成并固结以来，其内部的温度并没有发生太大的变化。可以得出这样一个结论：地球内部的温度是相对稳定的，也就是说，地球内部的热量得到了良好的维持。

5.4 地 热 资 源

目前，地热资源的勘探深度可以达到地表以下 5000m，勘探深度在 2000m 以内的资源被认为是经济型地热资源，2000～5000m 之间的资源则为亚经济型地热资源。地热资源的总量非常庞大，可供高温发电的地热资源超过了 5800MW，可供中低温直接利用的地热资源可达 2000 亿吨标准煤以上，我国地热资源总量占全球地热资源总量的 7.9%。总的来说，地热资源在能源开发中占据重要地位。全球各地都在积极地开发和利用地热资源，以减少对化石能源的依赖，并达到节约能源和减轻环境负担的目的。

5.4.1 地热资源的分类及特性

通常，地球温度每隔 100m 深度就会上升约 3℃。这意味着，地下 2km 处的地球温度大约为 70℃，当深度增加到 3km 时，温度将升高至 100℃，以此类推。但是在某些地区，地壳的构造活动会使热岩或熔融的岩浆到达地球表面，从而形成温度较高的地热资源区。

为了提取和利用这些热能，需要一种载体将热能输送到热能提取系统，这种载体被称为地热流，它在渗透性构造内部的储热层（含水层）中形成。

地热田是指在目前的技术条件下，可以采集的深度内富含可经济开发和利用的地热流体的地域。它一般包括热储、盖层、热流体通道和热源四大要素。无论经历了多么长的历史时期及多么复杂的地质过程，地热的热量都能够富集在一起。和其他矿产一样，若要构成一个“田”，就必须具备三个要素，即大量热输出的热源、渗透性良好的储热层和致密的盖层。

（1）热源。

一般认为，热源是由地壳里发生的岩浆侵入活动形成的，其深度通常为7～15km，其温度为 600～900℃。当前，世界各地所有著名的“商业性开发”地热田都位于在中新世到第四纪期间有过火山活动或仍然有火山活动的地区。有的地热田（如日本、墨西哥中部分布的地热田）实际上就位于或者接近于火山活动中心，但有的地热田（如意大利的拉德瑞罗地热田）与近代火山活动中心没有直接的区位联系。尽管如此，拉德瑞罗地热田还是位于巨大的第勒尼安火山的北部范围内。因此，地热田不是位于已经喷发过的活火山区就是位于还未喷发的活火山区。

（2）储热层。

储热层指能够富集和储存地热能，并使载热流体做对流运动的地下场所。若储存的热流体是蒸汽，则称其为蒸汽储；若储存的热流体是热水，则可称其为热水储。储热层的底部就是加热带的顶部。加热带一般将强大而持续的传导热流作为补充源。

（3）盖层。

盖层指储热层或含水层之上所覆盖的不透水或弱透水岩层，它在地热田构成中主要起隔热、隔水的圈闭作用。所有产出蒸汽的地热田都有盖层，有的地热田盖层由原生的不透水层构成，如怀拉基地热田的休卡组湖相的构造，塞罗普列托地热田的三角洲黏土等；也有一些地热田原来无盖层，长期的水热活动使上方松散的沉积物发生水热蚀变，或热水中所含的矿物质发生沉淀，使松散沉积物转变为不透水的泉胶岩层，形成自我封闭的盖层。

高温地热田通常位于地质活动带内，常常会出现地震、活火山、热泉、喷泉和喷气等现象，图 5.3 所示为俄罗斯波热特地热田。地热田的分布与地球大构造板块和地壳板块的边缘位置相关，主要位于新的火山活动区和地壳变薄的地区。

图 5.3 俄罗斯波热特地热田

地质学上常把地热资源分为蒸汽型地热资源、热水型地热资源、地压型地热资源、干热岩型地热资源和岩浆型地热资源五类。还有另一种分类方法，即把蒸汽型地热资源和热水型地热资源合在一起统称为热液型地热资源。

（1）蒸汽型地热资源。

蒸汽型地热资源是指地下以蒸汽为主的对流热系统，以生产温度较高的蒸汽为主，其中夹杂少量其他气体，系统中液态水的含量很低甚至没有。地热蒸汽的饱和温度是关于热储埋深的函数，埋深越大，饱和压力越高，相应的饱和温度也越高。地热蒸汽中所含的二氧化碳、硫化氢等不能被常规冷源冷凝的气体统称为不凝气体，其在地热蒸汽中占的比例称为气汽比，是设计地热电站抽气器和考虑腐蚀问题时的重要参数。地热蒸汽绝大部分来源于地热水的沸腾汽化，产生蒸汽的干度取决于蒸汽对流通道的热物理条件。蒸汽型地热田被认为是最理想的地热资源之一，指的是以温度较高的饱和蒸汽或过热蒸汽的形式存在的地热资源。形成这种地热田需要特殊的地质结构，即储热流体上部被大量蒸汽覆盖，并被不透水的岩层封闭。这种地热资源最容易开发，可直接将其送入汽轮机组发电，并且腐蚀性较低。但是，蒸汽型地热田很少，仅占已探明地热资源的0.5%，而且它们的地理分布十分局限。到目前为止，全球仅发现了两个一定规模的、高质量的饱和蒸汽型地热田，一个是意大利的拉德瑞罗地热田，另一个是美国的盖瑟尔斯地热田。

（2）热水型地热资源。

热水型地热资源是地下以水为主的对流热液系统。热水型地热田指的是以热水形式存在的地热资源，通常包括温度低于当地气压下饱和温度的热水和湿蒸汽。这种类型的地热资源分布广泛，储量丰富，温度变化范围也非常大。根据温度分类，低于90℃的属于低温热水田，90～150℃的属于中温热水田，而高于150℃的则属于高温热水田。我国发现的热水型地热田大多属于中、低温热水田，其分布广泛，储量大。

（3）地压型地热资源。

地压型地热资源是一种目前尚未被人们充分认识的地热资源。它常以高压、高盐分热水的形式储存于地表下的深部沉积盆地中，并被不透水的页岩所封闭。地压水除了高压（可达几十兆帕）、高温（温度在150～260℃范围内）外，还溶解了大量的甲烷等碳氢化合物。所以，地压型地热资源的能量实际上是由机械能（高压）、热能（高温）和化学能（甲烷）三部分组成的。地压型地热资源常与石油资源有关，地压水中溶解的甲烷等碳氢化合物，是有价值的地热资源副产品。

（4）干热岩型地热资源。

干热岩型地热资源是储存在地球深部岩层中的天然地热资源。由于深埋于地下1600m或更深，开采此种能源的方法之一是直接采热。有的国家还采用对偶井利用人工流体进行采热，即在一定距离内打两口深度大致相当的钻井，向其中一口钻井中注入或压入冷水，任其在干热岩裂隙中渗透吸热，之后从另一口钻井回收热流体加以利用。干热岩型地热资源是一种潜在的清洁能源，并且储量十分巨大，比蒸汽型、热水型和地压型的地热资源大得多，其开发与研究具有重要的社会经济价值和环境价值。目前，大多数国家都将干热岩型地热资源作为地热能开发的重点研究目标之一。

（5）岩浆型地热资源。

岩浆型地热资源是指蕴藏在熔融状和半熔融状岩浆中的巨大能源资源。这种地热资源的温度高达600～1500℃，且通常深埋于地下。在某些多火山地区，这种类型的地热资源可以在地表以下较浅的地层中被发现。但大多数情况下，它们深埋在目前钻探还无法到达的地层中，只能通过火山喷发时的岩浆引出。岩浆型地热资源是地热资源的重要组成部分，约占已探明地热资源的40%。与其他类型的地热资源相比，从岩浆中提取热量是一项最具挑战性的任务，岩浆型地热资源的开采需要先进的专业技术，并且其成本也十分高昂。

上述5类地热资源中，目前应用最广泛的是热水型地热资源和蒸汽型地热资源，干热岩型地热资源和地压型地热资源两大类尚处于商业化应用试验阶段。据估计，干热岩型地热资源拥有最大的能量储备，其次为地压型地热资源和煤矿，再次为热水型地热田，最后为石油田和天然气田。仅按照目前可供开采的地下3km范围内的地热资源来计算，其资源总量就已经相当于2.9×10^{12}吨煤炭燃烧所产生的热量，因此，地热资源是地球能源资源的重要组成部分。

不同种类的地热资源在地表下的分布规律各异，因此开发利用情况也不尽相同。随着科技的不断发展，将会逐渐加强对地热资源勘探、开发和利用技术的研究，并积极推进清洁能源的发展和应用。表5.1所示为各类地热资源开发技术的概况。

表5.1 各类地热资源开发技术的概况

地热资源类型	蓄藏深度/km	热储状态	开发技术概况
蒸汽型地热资源	3	200～240℃干蒸汽（含少量其他气体）	开发良好（分布区很少）
热水型地热资源	3	以水为主，高温地热田的温度大于150℃、中温地热田的温度为90～150℃、低温地热田的温度为50～90℃	开发中，量大、分布广，是目前重点开发对象
地压型地热资源	3～10	深层沉积地压水，溶解大量碳氢化合物，可同时获得压力能、热能、化学能（天然气）温度大于150℃	处于热储试验阶段
干热岩型地热资源	3～10	干热岩体，温度为150～650℃	处于商业化应用研究阶段
岩浆型地热资源	≥10	温度为600～1500℃	处于商业化应用研究阶段

《地热资源地质勘查规范》（GB/T 11615—2010）中规定，地热资源按温度分为高温、中温、低温三级（见表5.2）。根据地热资源的温度分级不同，它的主要用途也不同。

表5.2 地热资源温度分级

温度分级		温度 t 范围/℃	主要用途
高温地热资源		$t\geqslant150$	发电、烘干、供暖
中温地热资源		$90\leqslant t<150$	烘干、发电、供暖
低温地热资源	热水	$60\leqslant t<90$	供暖、理疗、洗浴、温室
	温热水	$40\leqslant t<60$	理疗、洗浴、供暖、温室、养殖
	温水	$25\leqslant t<40$	洗浴、温室、养殖、农灌

注：表中温度是指主要储层代表性温度。

地热资源按地热田的规模分为大、中、小三类（见表 5.3）。地热资源的开发潜力主要体现为地热田的规模大小。地热田的规模不同，其能开采的电（热）能也不同，保证开采年限也不同。

表 5.3 地热田规模分级

地热田规模	高温地热田		中、低温地热田	
	电能/MW	保证开采年限/年	热能/MW	保证开采年限/年
大型	>50	30	>50	100
中型	10～50	30	10～50	100
小型	<10	30	<10	100

5.4.2 地热资源的研究状况

目前，对于常见地热资源的开发和研究状况如下。

（1）热液型地热资源：研究热液型地热资源的各个方面对于开发、利用和保护好这种资源至关重要。研究过程涉及多个学科领域，包括地质学、地球物理学、地球化学、物理学、化学、材料学等。这些学科领域的进步为热液型地热资源的勘探、开发和利用提供了重要的技术支持。

在热液型地热资源的研究过程中，储热层确定是一个非常重要的方面。储热层是指热液在地下流动时所经过的通道和空间，是热液型地热资源的关键组成部分。在储热层确定的过程中，常常用到流体喷注技术、热循环技术、地热储热层工程、地热材料开发、深层钻井和储热层模拟器研制等方法。这些方法提高了储热层的确定技术，并使开采工程的效率大大提升。总之，热液型地热资源的研究是一个复杂而重要的过程，需要多个学科领域的合作和共同努力才能取得良好的成果。

（2）地压型地热资源：地压型地热资源的开发涉及储热层、采出和储存等方面，需要依赖钻探、地质勘探、测量和监测等技术，以及热循环技术和废弃物管理技术等工程手段。

目前，地压型地热资源开发中存在的主要技术问题是储热层的评估和确定、地下水和地热水的处理和排放、储热层渗透性变化的预测等。这些问题需要进一步研究，以确保地压型地热资源的开发能够高效、安全和可持续。

在经济方面，地压型地热资源的开发因需要采用高成本的技术和设备而难以盈利，目前需要以政府补贴等方式对其进行支持。总之，地压型地热资源的开发还需要进一步加强技术研究，寻找更具经济可行性的开发模式，并控制其对环境的影响，以期实现地压型地热资源的高效开发和利用。

（3）干热岩型地热资源：在干热岩型地热资源开发中，渗流体循环实验研究和井筒完整性研究等是其主要研究方向。同时，随着对干热岩型地热资源研究的不断深入，更加先进的开采技术也不断涌现，如深井非对称流体循环系统的应用、浅层热通量的开发等。这些技术的突破为干热岩型地热资源的开采提供了全新的思路和方法。

总的来说，干热岩型地热资源的开发与研究在国内外都取得了一定的进展，但仍需要进一步强化技术研究，以推动干热岩型地热资源的可持续、高效利用进程。特别是在干热岩型地热资源开发过程中，需要关注其对环境的影响，制定有效的环境保护措施，以确保干热岩型地热资源的可持续利用。

5.4.3 地热资源的评估方法

地热资源是一种非常重要的能源资源，它被广泛应用于供暖、烘干和发电等领域。在对地热资源进行评估时，需要考虑多个方面，包括技术和经济等。世界上许多国家都对地热资源进行了评估，但目前尚缺乏全面、精确的评估结果。常用的地热资源评估方法有天然放热量法、平面裂隙法、类比法、岩浆热平衡法、体积法等。我国的地热资源主要以热水型地热田为主，因此我国对地热资源的评估以天然放热量法和体积法为主。下面是对两种方法的简要介绍。

（1）天然放热量法：天然放热量法是一种测定地下岩石和土壤热流的方法。它通过测量地下岩石和土壤中放射性元素的天然放射量，利用放射性元素自然放出的热量来评估热流的大小。天然放热量法在许多领域都有应用，如研究大地构造，确定岩石、土壤的性质和性质变化。

（2）体积法：这种方法是石油资源常用的评估方法，现被广泛借用到地热资源评估中。它的计算公式为

$$Q = a\times d\times(l-\varphi_e)\times(\rho_r c_r+\rho_w c_w)\times(T_r-T_{re}) \tag{5-1}$$

式中，Q 为估算的地热能总量，单位为 MJ；a 为热储面积，单位为 km^2；d 为可及深度内的热储厚度，单位为 km；ρ_r 为热储岩石的密度，单位为 kg/m^3；ρ_w 为热储水的密度（考虑含有矿物质），单位为 kg/m^3；c_r 为热储岩石的比热容，单位为 kJ/(kg·℃)；l 为深度，单位为 m；c_w 为热储水的比热容，单位为 kJ/(kg·℃)；φ_e 为热储岩石（层）的有效孔隙率，取值为 0～20%；T_r 为热储的平均温度，单位为℃；T_{re} 为参比温度，单位为℃，取值为当地的平均气温。

实际影响计算精度的主要是热储面积，因而此式也可简化为

$$Q = a\times d\times\rho c\times(T_r-T_{re}) \tag{5-2}$$

式中，ρc 为热储岩石和水总体的体积比热容，单位为 $kJ/(m^3\cdot℃)$。

在地热资源评估方法中，体积法较为可取，使用普遍，可适用于任何地质条件。计算所需的参数可以实测或估计出来。地热能若用于发电，可按下式估算：

$$E = Q\times f \tag{5-3}$$

式中，E 为总发电量，单位为 kW·h；Q 为可获得的总地热能，单位为 kJ；f 为地热能转换为电能的系数，即发电效率。

5.4.4 地热资源的开采技术

地热资源的开发始于勘探。首先，需要圈划和确定具有开发潜力的地热资源位置，利用地球科学方法（包括地质学、地球物理学和地球化学）确定地热资源储藏区，并对地热资源的状况进行特征判别，进而选择最佳的井位。勘探钻井和试采是为了探明储热层的性

质，确定了适合的储热层后才能进行地热资源的开发研究，如模拟储热层的几何形状和物理学性质，分析热流和岩层的变化，通过数据模拟储热层的长期运动，确定生产井和废液回灌井的井位（回灌是为了向储热层充水和延长它的供热寿命）。

如今地热资源的勘探和开发越来越依赖于技术手段。在勘探初期，通常使用火山学图集、重力仪、地震仪、化学地热计等工具来评估地质结构和地下流体的运动情况。在研究热液型地热资源的调查方法中，电阻率法是最常用的方法之一。电阻率法的最大优点是它依靠被寻找资源（热水本身）的电学性质的变化进行探测。此外，化学地热测量法和热流测量法也具有较高的精度和可靠性。虽然重力测量有助于解释那些情况不明区域的地质学结构，但它通常不用于初期勘探，而是用于监测地下流体的运动情况。这些技术手段的应用可以帮助地质工程师确定地热资源的位置和类型，为未来的开发和利用打下基础。

勘探地热资源时，需要利用特殊的技术来预测地热田高压储热层的性能。随着勘探环境变得更热、更深和钻井磨损力的加大，对钻井技术的要求也越来越高，勘探成本也随之增加。因此，需要采用更加高效、安全和经济的钻井技术，以满足不同类型地热资源的勘探开发需求。

5.4.5 地热资源的生成与分布

地热资源的生成与地球岩石圈板块发生、发展、演化及其相伴的地壳热状态密切相关。全球地质构造表明，高温地热带主要出现在地壳表层各大板块的边缘，如板块的碰撞带、板块开裂部位和现代裂谷带。除板块边界处存在高温地热带外，板块内部靠近边缘的一些地方，在一定的地质条件下也可以形成相对的高热流区，如我国东部的胶东半岛和辽东半岛、华北平原、东南沿海等地。这些地区由于板块内部的地壳运动和岩石变质作用，热流发生运动和聚集，从而形成了高温地热田。中低温地热资源则分布于板块内部的活动断裂带、断陷谷和凹陷盆地地区。由于地热资源存在于一定的地质构造部位，并具有明显的矿产资源属性，因此对地热资源要实行开发和保护并重的科学原则。从全球分布来看，地热资源在全球的分布是不均衡的。

环球性的地热带主要有下列 4 个。

（1）环太平洋地热带：环太平洋地热带是世界上最大的地热带之一，位于太平洋板块、美洲板块、欧亚板块及印度板块的碰撞边缘。这里有许多世界著名的地热田，如美国的盖瑟尔斯地热田、长谷地热田和罗斯福地热田，墨西哥的塞罗普列托地热田，新西兰的怀腊开地热田，中国的台湾马槽地热田，以及日本的松川地热田和大岳地热田等。

（2）地中海-喜马拉雅地热带：地中海-喜马拉雅地热带位于欧亚板块、非洲板块及印度板块的碰撞边缘，是世界上最著名的地热带之一。意大利的拉德瑞罗地热田就坐落在这个地热带中。此外，我国的西藏羊八井地热田和云南腾冲地热田也处于这个地热带的范围之内。

（3）大西洋中脊地热带：大西洋中脊地热带位于大西洋海洋板块开裂处。冰岛的克拉布拉地热田、纳马菲亚尔地热田和亚速尔群岛的一些著名的地热田就位于这个地热带中。

（4）红海-亚丁湾-东非裂谷地热带：红海-亚丁湾-东非裂谷地热带位于非洲东部，吉布提、埃塞俄比亚及肯尼亚等国的地热田就位于这个地热带中。

5.4.6 我国地热资源

（1）我国地热资源的成因。

我国地热资源的成因类型表如表5.4所示。

表5.4 我国地热资源的成因类型表

成因类型	热储温度范围	代表性地热田
现（近）代火山型	高温	台湾大屯地热田、云南腾冲地热田
岩浆型	高温	西藏羊八井地热田、羊易地热田
断裂型	中温	广东邓屋地热田、东山湖地热田、福建福州地热田、漳州地热田、湖南灰汤地热田
断陷盆地型	中低温	北京、天津、河北、鲁西、昆明、西安、临汾、运城等地分布的地热田
凹陷盆地型	中低温	四川、贵州等地分布的地热田

① 现（近）代火山型：现代火山型地热资源主要分布在台湾北部的大屯火山区（见图5.4）和云南西部的腾冲火山区。腾冲火山区的高温地热田是印度板块与欧亚板块碰撞的产物，台湾大屯火山区的高温地热田则属于太平洋岛弧中的一环，是欧亚板块与菲律宾小板块碰撞的产物。

图5.4 台湾北部的大屯火山区

② 岩浆型：在现代大陆板块碰撞边缘地表下6～10km潜藏着大量的高温岩浆，这是一种重要的高温地热资源。我国典型的岩浆型地热资源是西藏南部的高温地热田，它在欧亚板块和印度板块的碰撞边缘之上。

③ 断裂型：断裂型地热资源主要分布在板块内侧的基岩隆起区和远离板块边缘的断层谷地和山间盆地，我国的辽宁、山东、山西、陕西、福建、广东等地区都存在这种地热资源。这种地热资源的生成和分布主要受活动性的断裂构造控制，地热田的面积一般为几平方千米，有的甚至小于1km^2。地热流体的温度以中温为主，少数为高温。虽然单个地热田的热能潜力不大，但点多面广。

④ 断陷、凹陷盆地型：断陷和凹陷盆地型地热资源主要分布在板块内部的巨型断陷、凹陷盆地内，如我国的华北盆地、松辽盆地、江汉盆地等。地热资源主要受盆地内部断块凸起和褶皱隆起的控制。这种地热资源的储热层通常具有多层性、面状分布的特点。单个地热田的面积较大，可达几十甚至几百平方千米，地热资源的潜力大，有很高的开发价值。

（2）我国地热资源的分布。

我国地热资源中能够直接用于发电的高温地热资源主要分布在西藏、云南、台湾；其他省市均为中、低温地热资源，由于温度不高（小于 150℃），比较适合用于直接供暖，如表 5.5 所示。全国已探明的热水型地热资源的面积多达 $10149.5km^2$，分布于全国 30 个省（市、自治区），其中河北、天津、北京、山东、福建、湖南、湖北、陕西、广东、辽宁、江西、安徽、海南和青海等省（市、自治区）的资源相对较好。从地热田的分布情况来看，中低温地热资源由东向西逐渐减弱，东部地区的地热资源多位于经济发展快、人口集中、经济相对发达的地区。

表 5.5 我国地热资源的分布情况

地热资源类型	温度	分布地区	
浅层地热资源	低温	东北地区南部、华北地区、江淮流域、四川盆地、西北地区东部	
热水型地热资源	中低温	沉积型盆地	华北平原、江淮盆地、江汉平原、松辽盆地、四川盆地、环鄂尔多斯断陷盆地等区域
		隆起型山地	藏南、川西、滇西、东南沿海、胶东半岛、辽东半岛、天山北麓等地区
	高温	藏南、川西、滇西等地区	
干热岩型地热资源	高温	主要分布于西藏，其次为云南、广东、福建等东南沿海地区	

我国地热资源的分布主要与地质构造体系及地震活动等有关。根据现有资料，按照地热资源的分布特点、成因和控制因素等，可把我国地热资源的分布划分为以下 6 个地热带。

① 藏滇地热带：它主要包括冈底斯山、念青唐古拉山以南。这一地热带的地热活动强烈，是我国大陆上地热资源潜力最大的地区。藏滇地热带共有温泉 1600 多处，现已探明近百个高于当地沸点的热水活动区，形成了一个高温水汽分布带。有关部门的勘探结果显示，西藏是世界上地热储量最多的地区之一，现已探明了 900 多个地热点。

② 台湾地热带：台湾地热带是我国地震最为强烈和频繁的地区之一。台湾共有 8 个地热田，其中有 6 个温度在 100℃以上。台湾北部的大屯火山区是一个较大的地热田，自 1965 年开始勘探以来，已发现 13 个气孔和热泉区，其地热田面积达 $50km^2$ 以上。

③ 东南沿海地热带：它主要包括福建、广东，以及浙江、江西和湖南的一部分地区，该地区地下热水的分布受一系列北东向断裂构造的控制。该地热带拥有中低温热水型地热资源。

④ 山东-安徽庐江断裂地热带：它是我国地壳中一条重要的断裂带，延伸数百千米，至今仍在活动，也是一条地震带。通过分析钻孔资料可以发现，该断裂带深处存在高温的地热水，并已发现低温热泉。

⑤ 川滇南北向地热带：它主要分布在从昆明到康定的南北向狭长地带上，该地热带以低温热水型地热资源为主。

⑥ 祁吕弧形地热带：该地热带包括河北、山西、汾渭谷地、秦岭和祁连山等地，并向东北延伸到辽南一带，该地热带部分位于近代地震活动带。在这些地热带中，主要的地热资源为低温热水型地热资源。

5.5 地热能的利用

5.5.1 地热流体的物理和化学性质

目前，地热能的主要开发方法是从开采的地热井中引出地热流体（包括蒸汽和热水），然后对其加以利用。因此，了解地热流体的物理和化学性质对于地热能的有效开发和利用至关重要。

地热流体，无论是蒸汽还是热水，都包含不凝气体，如二氧化碳、硫化氢等。在不凝气体中，二氧化碳大约占了 90%。此外，地热流体中还可能含有一定量的氧化钠、氯化钾、氯化钙、硅酸等物质。由于地理位置的不同，地热流体的含盐量也会有很大的差异。以质量计算，通常热水的含盐量为 0.1%～40%。

在地热能的利用过程中，通常按地热流体的性质将其分为以下几类。

① pH 值较高且不凝气体含量较少的干蒸汽或者干湿蒸汽。

② 不凝气体含量较高的湿蒸汽。

③ pH 值较高且以热水为主要成分的汽液两相流体。

④ pH 值较低且以热水为主要成分的汽液两相流体。

在地热能的利用过程中，必须充分考虑地热流体的物理和化学性质对地热能利用的影响。例如，由于地热流体中存在大量的不凝气体，在设计地热设备时，冷凝器需要进行特殊设计。另外，若地热流体的含盐浓度高，则需要考虑管道的结垢和腐蚀问题；若地热流体中含有某些有害物质，如硫化氢等物质，则需要考虑其对环境的影响；若地热流体中含有某些微量元素，如某些温泉水中含有大量氟等，则应该充分利用它们的医疗效应等。

5.5.2 地热能的利用概况

地热能的利用主要可以分为两大类：地热发电和直接利用。对于不同温度的地热流体，其可能的利用形式如下。

① 温度为 200～400℃的地热流体，适用于直接发电及综合利用。

② 温度为 150～200℃的地热流体，适用于双工质循环发电、制冷、干燥、工业热加工。

③ 温度为 100～150℃的地热流体，适用于双工质循环发电，供暖、制冷、干燥、脱水、回收盐类、加工罐头食品。

④ 温度为 50～100℃的地热流体，适用于供暖、温室、干燥、家庭用热水。

⑤ 温度为 20～50℃的地热流体，适用于洗浴、水产养殖、牲畜饲养、土壤加温、脱水。

为了提高地热能的利用率，常采用梯级开发和综合利用的办法，如热电联产、热电冷三联产及先供暖后养殖等综合利用方法。这些方法有助于提高地热能的利用率，同时可以减少浪费，保护环境。

地热能的利用在以下 6 个方面发挥着重要作用。

（1）地热发电。

在地热能的利用中，地热发电是最重要的一种方式。地热发电是将地下热水和蒸汽作为动力源的一种新型发电技术。其基本原理与火力发电类似，都是将蒸汽的热能在汽轮机中转变为汽轮机的机械能，然后带动发电机发电。不同的是，地热发电不需要备有锅炉，也不需要消耗燃料，其所用的能源就是地热能。如果地热资源中蒸汽或热水的温度足够高，利用它的最好方式就是地热发电。发出的电既可供给公用电网，又可供给本地用户。正常情况下，地热发电常用于电网基本负荷发电，只在特殊情况下才用于电网峰值负荷发电。其原因有两点：一是对电网峰值负荷的控制比较困难；二是换热器容易出现结垢和腐蚀问题。一旦换热器的液体未充满或有空气进入，就会出现这些问题。

要利用地热能，首先需要有载热体把地热能带到地面上来。目前能够被地热电站利用的载热体主要是地下的天然蒸汽和热水。按照载热体类型、温度、压力和其他特性的不同，可把地热发电划分为蒸汽型地热发电、热水型地热发电、联合循环地热发电和地下热岩发电。

① 蒸汽型地热发电是一种较简单的地热发电方式，它将地热田中的蒸汽直接引入汽轮发电机组进行发电。为了充分利用蒸汽的热能，必须在引入汽轮发电机组前，将蒸汽中所含的岩屑和水滴分离出去。虽然这种发电方式最简单，但蒸汽型地热资源有限，且多存在于较深的地层中，开采难度大，因此受到限制。在蒸汽型地热发电系统中，常用的主要有背压式发电和凝汽式发电两种。

背压式发电（见图 5.5）：从蒸汽井中引出干蒸汽后，首先进行净化处理，利用净化分离器分离出固体杂质，再驱动汽轮发电机组发电，这是最简单的发电方式，这种方式适用于不凝气体含量较高的地热蒸汽。

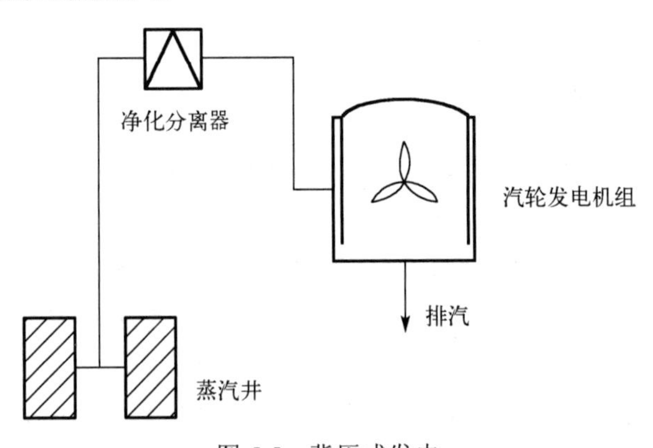

图 5.5 背压式发电

凝汽式发电（见图 5.6）：凝汽式发电是一种利用蒸汽热能进行发电的方式，其基本原理是蒸汽在汽轮机内部推动叶片膨胀做功，带动汽轮机转子高速旋转，进而带动发电机向外供电。做功后的蒸汽通常排入混合式凝汽器，经冷却后再排出。凝汽式发电系统适用于利用高温地热田进行发电，结构较简单，并具有较高的发电效率。

② 热水型地热发电是地热发电的主要方式，热水型地热发电通常有两种地热发电系统：一种是闪蒸法地热发电系统；另一种是双工质地热发电系统。

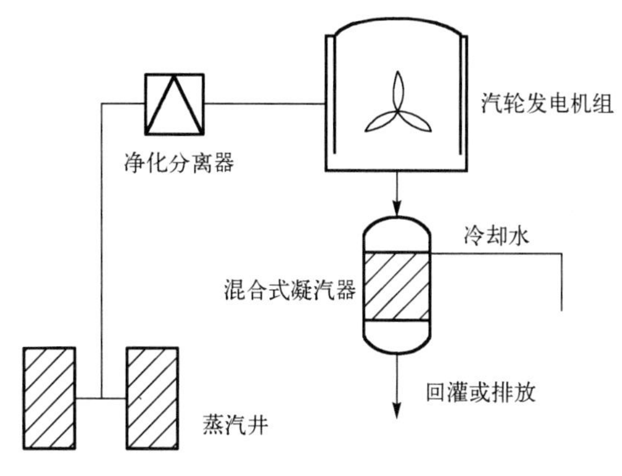

图 5.6　凝汽式发电

闪蒸法地热发电系统（见图 5.7）：其发电原理是利用地下湿蒸汽或热水所产生的蒸汽带动汽轮机做功进行发电。在低气压条件下，水的沸点会降低，因此可以将地下热水送入密闭的容器中通过抽气降压使其沸腾，变成低压蒸汽。由于热水降压蒸发的速度很快，是一种快速蒸发过程，同时热水蒸发产生蒸汽时，它的体积要迅速扩大，所以这个容器叫作闪蒸器。用这种方法来产生蒸汽的发电系统叫作闪蒸法地热发电系统，或者称为扩容法地热发电系统。它又可以分为单级闪蒸法地热发电系统和两级闪蒸法地热发电系统。单级闪蒸法地热发电系统采用一个闪蒸器，而两级闪蒸法地热发电系统采用两个闪蒸器，以此提高发电效率。

闪蒸法地热发电系统适用于高温地热资源。它直接以地下蒸汽为工质，此系统对地下热水的温度、矿化度及不凝气体含量等有较高的要求。采用闪蒸法的地热电站，基本上沿用火力发电站的技术，即将地下热水送入减压设备扩容器中，产生低压蒸汽，再将其送入汽轮发电机组做功。这种地热电站的设备简单，易于制造，缺点是设备的尺寸大，容易腐蚀结垢，热效率较低。

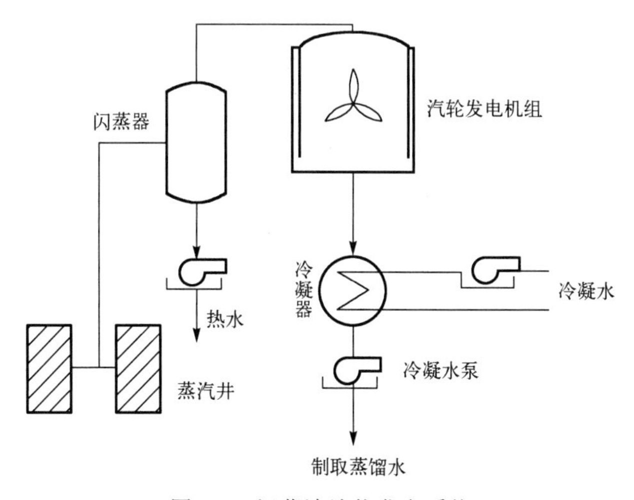

图 5.7　闪蒸法地热发电系统

双工质地热发电系统（见图 5.8）：其是 20 世纪 60 年代以来在国际上兴起的一种地热发电技术。它不直接利用地下热水所产生的蒸汽带动汽轮机做功，而是利用换热器及地下热水来加热某种低沸点的工质，使之变为蒸气，然后以此蒸气驱动汽轮机并带动发电机发电。

这种发电系统采用两种流体：一是采用地热流体作为热源，它在蒸气发生器中被冷却后排入环境或打入地下；二是采用低沸点工质作为工作介质（如氟利昂、异戊烷、异丁烷、正丁烷等），在常压下，水的沸点为100℃，而低沸点工质在常压下的沸点要比水的沸点低得多。根据它的特点，可以利用地下热水加热低沸点工质，使其产生具有较高压力的蒸气，将低沸点工质蒸气送入汽轮机，进而驱动汽轮机做功。做完功后的蒸气由汽轮机排出并在冷凝器中凝结成液体，再用工质泵送回换热器进行加热，从而实现循环使用。

这种发电系统的优点：利用低温热能的热效率高，设备紧凑，汽轮机的尺寸小，并能适应化学成分比较复杂的地下热水。这种发电系统的缺点：大部分低沸点工质的传热性都比水差，采用此方式需有相当大的换热面积；低沸点工质的价格较高，来源有限，有些低沸点工质还有易燃、易爆和有毒等特性。

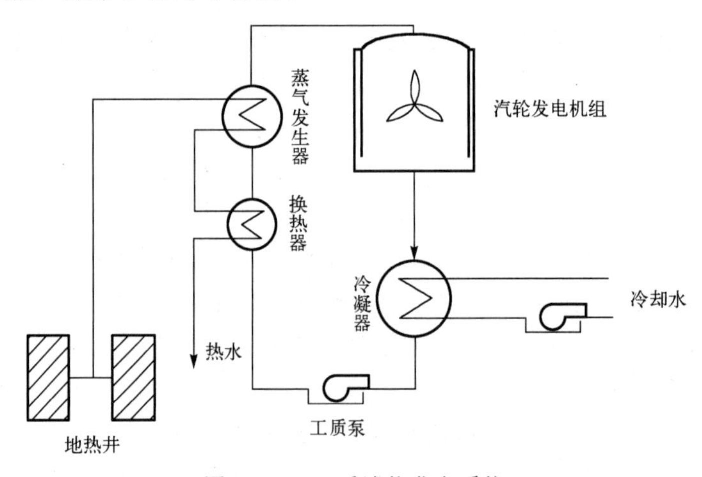

图 5.8 双工质地热发电系统

③ 联合循环地热发电系统（见图 5.9）是一种特殊的地热发电系统，它将蒸汽型地热发电和热水型地热发电两种系统合并为一种系统。这种发电系统最显著的优点是适用于温度大于 150℃的高温地热流体。经过一次发电后的流体，可以再次进入双工质地热发电系统，进行二次做功，重复利用地热流体的热能，从而提高发电效率。此外，这种发电系统能将以往经过一次发电后的排放尾水进行再利用，大大节约了资源。

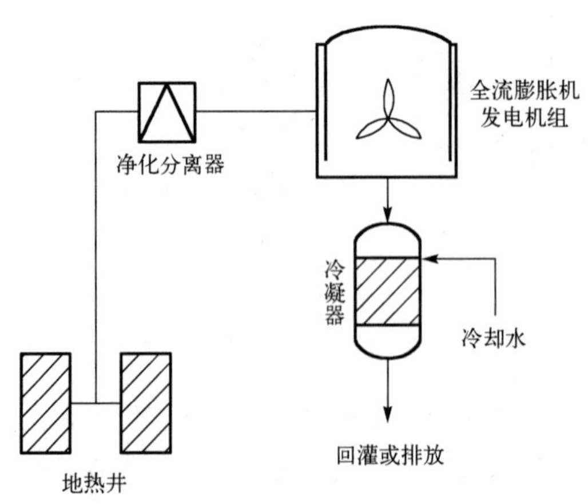

图 5.9 联合循环地热发电系统

在联合循环地热发电系统中，从打井到发电，再回灌到储热层，都是在全封闭系统中运行的，因此即使是矿化程度很高的热卤水也可以用于发电，不存在对环境的污染。同时，由于该发电系统是全封闭的系统，所以地热电站中没有刺鼻的硫化氢味道，并且这种发电系统实行地热水回灌，从而延长了地热田的使用寿命。

④ 地下热岩发电系统（见图 5.10）是一种不受地理位置限制的地热能开采方法，其适用性较高。发电时，先通过压力泵将水从地面注入地下深处，此处地下储热层的温度通常约为 200℃。水在高温地下储热层中被加热，然后通过管道被增压并输入换热器，经换热后，再驱动涡轮机带动发电机做功发电，冷却后的热水被重新输入地下，供循环使用。这种地热发电成本与其他可再生能源发电成本相比更具竞争力，而且发电过程中不产生废水、废气等污染。

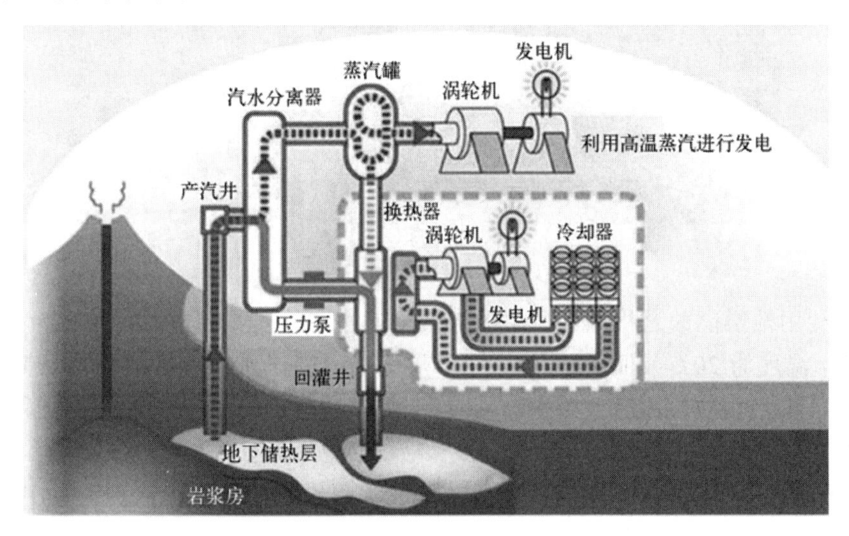

图 5.10　地下热岩发电系统

地热能最具提供全世界大量额外电力的潜能。但目前地热发电的技术性强，开发成本高。地热发电技术研发成功可能引发电力革命，大大降低我们对化石燃料的依赖。

（2）地热供暖。

地热能可以直接用于供暖、供热和供热水，地热供暖是重要性仅次于地热发电的地热能利用方式，如图 5.11 所示。因为这种地热能利用方式简单，经济性好，因此备受各国重视，特别是一些位于高寒地区的西方国家，其中冰岛对地热供暖的开发利用最好。冰岛于 1928 年就在首都雷克雅未克建成了世界上第一个地热供暖系统，如今这一供暖系统已发展得非常完善，每小时可从地下抽取 7740 吨 80℃的热水，供全市 11 万居民使用。冰岛首都雷克雅未克因地热能的广泛利用而被誉为世界上最清洁的城市。

对于工业来说，利用地热能供热的应用也十分广泛，如利用地热能给工厂供热，以用于干燥谷物和食品、造纸、酿酒、制糖等。目前世界上最大的两家地热能应用工厂是冰岛的硅藻土厂和新西兰的纸浆加工厂。

我国利用地热能供暖和供热水的发展也非常迅速，其中地热供暖多用于北方区域，并且在京津地区，地热供暖已成为地热能利用最普遍的方式。

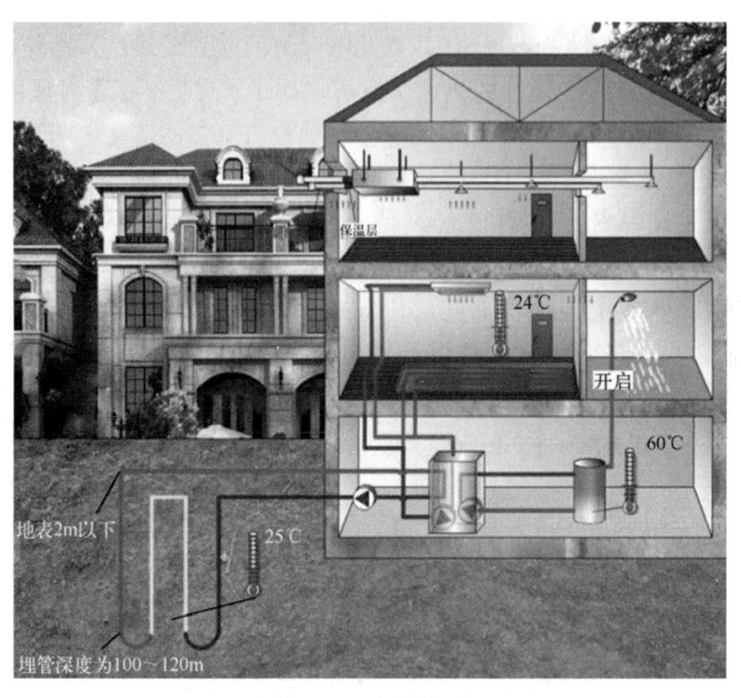

图 5.11　地热供暖

在直接利用地热能的过程中，所用的大部分热水温度都高于 40℃。但是，如果使用地源热泵技术，温度为 20℃或低于 20℃的地下热水也可以作为一种热源。地源热泵系统利用了地表热能，将土壤作为热源或冷源，将换热器置于地下，是一种高效的供暖空调系统。地源热泵的工作原理与电冰箱类似，不同之处是地源热泵可以进行双向输热，而电冰箱仅可进行单向输热。在冬季，地源热泵从地表提取热量，然后将其输送到住宅中供暖；在夏季，地源热泵从住宅或大楼中提取热量，再将其输送回地表储存（空调模式）。在供暖或空调模式下，地源热泵可以加热水并对其进行储存，发挥独立热水加热器所有的功能。地源热泵可以提供比其自身消耗的能量高 3～4 倍的热量，并且可以在很广的温度范围内使用。由于地表热能储量大、绿色、可再生，所以地源热泵系统被称为 21 世纪最具发展前途的供暖空调系统之一。预计到 2030 年，地源热泵在美国可提供高达 6.8×10^7 吨油当量的能量，用于供暖、散热和热水加热等方面。

空调源热泵（见图 5.12）由压缩机、冷凝器、蒸发器和膨胀阀等部分组成。其中，压缩机的作用是将循环工质从低温低压处压缩和输送到高温高压处，它是空调源热泵的心脏；蒸发器是吸收热量的设备，它的作用是使流入膨胀阀的制冷剂液体蒸发，以吸收被冷却物体的热量，达到制冷的目的；冷凝器是输出热量的设备，通过冷却介质将从蒸发器中吸收的热量和压缩机消耗功所转化的热量带走，以达到制热的目的；膨胀阀对循环工质起节流降压作用，它可以调节进入蒸发器的循环工质流量，从而控制蒸发器和冷凝器的热负荷。

热泵是利用能源转换技术实现热传导的设备。根据环境来源不同，热泵可分为空气源热泵和地源热泵。空气源热泵将空气作为热源，而地源热泵则将地下热水作为热源。空气源热泵的制热需要冷凝器的放热，蒸发器从空气中吸热，因此空气为热源。

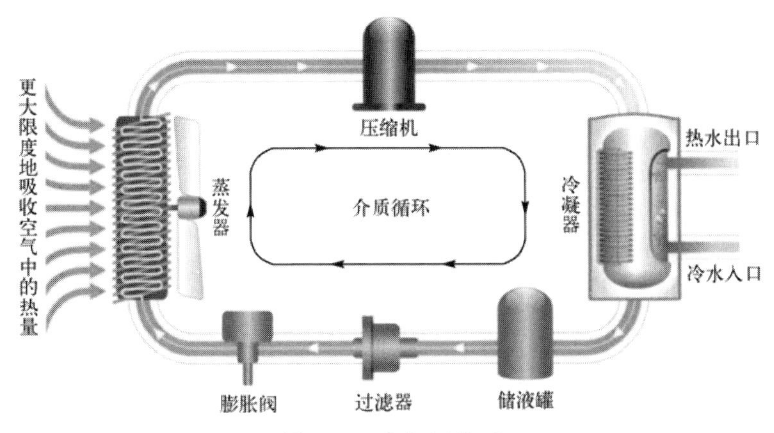

图 5.12　空气源热泵

空气源热泵有着悠久的历史，其安装和使用都很方便，应用较广泛。在我国，空气源热泵的应用范围具有地域性，一般在长江以南地区应用较广，在华北地区，由于冬季平均气温低于 0℃，普通空气源热泵不仅运行条件恶劣，稳定性差，还因为存在结霜问题而效率低下。

地热是一种优质的热源，地源热泵的热容量大，传热性能好，与空气源热泵相比，其供热能力较强，但地源热泵的应用常受到地热条件的限制。在地源热泵系统中，地热能的储存介质是土壤或地下水，深埋的换热器可以将地热能传递给地源热泵，实现热能的转移。

地源热泵系统按其工质循环形式可分为闭式循环系统和开式循环系统。

闭式循环系统（见图 5.13）：水在专用管道中封闭循环。在冬天，管道中的水从地下提取热量带入建筑物，在夏天，则将建筑物内的热量通过管道送入地下排出。

闭式循环系统的优点是能够保证系统的稳定性和可靠性，因为水是一种良好的传热媒介，其传热性能比空气好很多。此外，闭式循环系统的维护成本相对较低，因为水不需要定期更换，而且系统中的杂质和污染物也不会对水的质量造成影响。

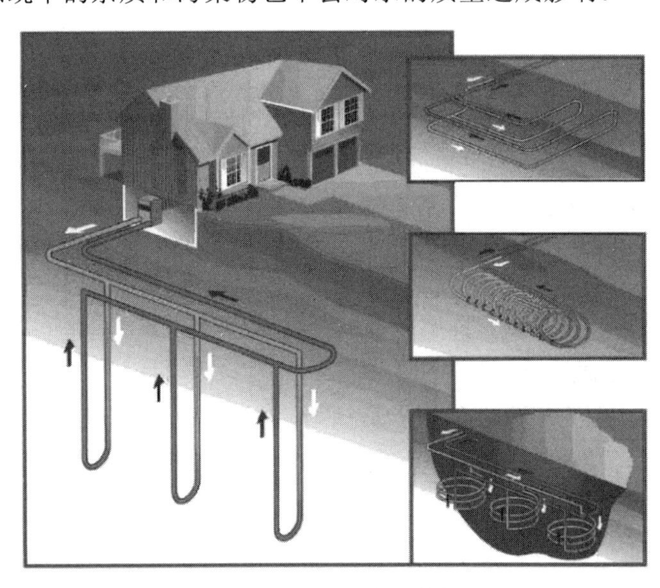

图 5.13　闭式循环系统

开式循环系统（见图 5.14）：其管道中的水来自湖泊、河流或竖井之中，水与建筑物交换热量之后流回或排放到其他的合适地点。

与闭式循环系统相比，开式循环系统不需要在管道中封闭循环，因此其施工和维护成本相对较低。但是，由于开式循环系统中的水需要与外部环境进行交换，因此需要考虑水质、水量和温度等因素，以确保系统的稳定性和可靠性。

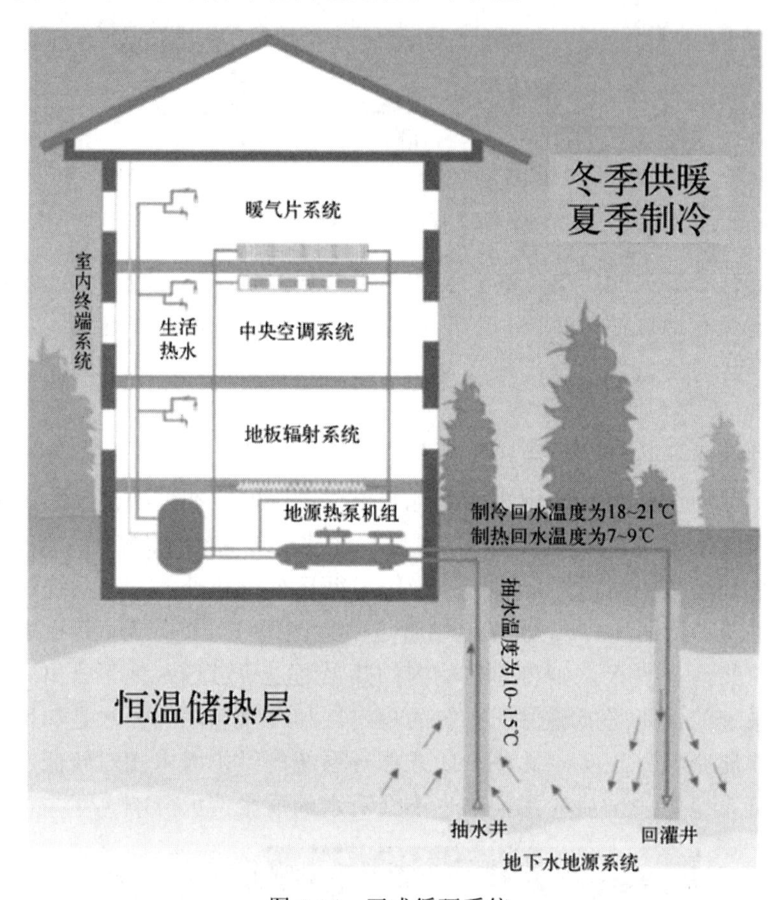

图 5.14　开式循环系统

地源热泵系统的能量来源于自然能源，因此其被认为是对环境最友好和最有效的供暖、制冷系统，其优点如下。

① 环保无污染：地源热泵机组运行时，不消耗水也不污染水，不需要锅炉，不需要冷却塔，也不产生燃料废物，环保效益显著。

② 经济效益显著：地源热泵机组的电力消耗与空气源热泵相比，可以减少 40%以上；与电力供暖相比，可以减少 70%以上。

③ 维护费用低：地源热泵系统的运动部件比常规系统少，其部件埋在地下或安装在室内，不暴露在风雨中，且自动控制程度高，可无人值守、远程管理。

④ 使用寿命长：地源热泵系统的地下埋管选用聚乙烯和聚丙烯塑料管，使用寿命可达 50 年。

⑤ 一机多用：地源热泵系统可供暖、制冷，一机多用，应用范围广。

⑥ 节省空间：地源热泵系统没有冷却塔、锅炉房和其他设备占用面积，节省空间，产生了附加经济效益，并改善了环境外部形象。

地源热泵系统虽然具有很多优点，但也存在一些技术不足，最大的不足便是“冷热失衡”。由于地源热泵系统利用的是地下资源，当冬季气温较低时，地下资源所提供的热量不足以满足建筑物的需求，会导致系统无法正常运行。此外，常年制冷量大的区域，地下蓄能温度偏高；供暖利用率大的区域，蓄能温度偏低，从而导致系统温差小，换热效率降低，设备效率下降，同时影响了周围生态结构。因此，在设计和安装地源热泵系统时，需要考虑到当地气候和地质条件等因素，确保系统能够正常运行并最大限度地发挥其优点。

为解决冷热失衡问题，要做到夏季往地下排放的热量与冬季从地下取用的热量大体平衡，并且及时调节地下蓄能温度，从而提高系统温差和换热效率，以此增加设备效率和周围生态结构的稳定性。

（3）地热务农。

地热在农业中的应用十分广泛。例如，利用温度适宜的地下热水进行灌溉，可以促进农作物早熟增产；利用地下热水养鱼，可以加速鱼的育肥，提高鱼的出产率；利用地下热水建造温室、育秧、种菜和养花，可以提高生产效率和产品质量。此外，还可以利用地下热水给沼气池加温，提高沼气的产量。

地热温室（见图 5.15）是一种利用地热能和太阳能作为热源的温室。由于这种温室不使用化石燃料，因此相较于其他能源温室，地热温室的成本较低。目前，温室栽培已经成为调节产期、减少污染、净化环境和生产各种优质农产品的重要手段。地热温室的优点包括能源利用率高，可以提供适宜的生长环境，降低能耗和减少碳排放等。

图 5.15 地热温室

目前，大多数地热温室采用塑料或玻璃作为覆盖物，地热温室的加热方式主要有热风供暖、热水供暖和地下供暖等。其中，热水供暖通过热水管道或散热器散热，温度分布均匀，热水温度变化小，管理方便。但是，热水供暖的散热设备不能移动，当温室面积大或分散时，管道延伸过长，各温室的温度难以一致。

热风供暖不需要很长的输热管道，在温室内直接利用地下热水通过散热设备加热空气，其优点是设备简单、造价低廉、质量轻、易搬动和便于控制，但是室内温度调节效果不如热水供暖好，可能出现温室上部温度较高，而地面温度较低的现象。

随着农业技术和材料科学的发展，现在地热温室大多数采用热风供暖和地下供暖相结合的方式，同时利用散热器加热和地下埋管加热，温室外管网大多采用并联布置，以使各个温室里的温度较均匀。

（4）地热孵化。

随着家禽业的发展和农场规模的不断扩大，大型孵化机的需求量日益增加。目前，我国投入使用的孵化机均以电能为能源，不仅能耗大，还不利于农村和边远地区使用。近年来，随着能源紧缺状况的加剧和地热资源的开发利用，以地下热水为热源的孵化机日益受到人们的重视。

地热孵化是指以地下热水为热源来孵化家禽的技术。其原理是用以地下热水为热源的加热器提供孵化机需要的温度，保证鸡蛋处于最适宜孵化的环境温度下，胚蛋在此温度下经过 21 天孵化发育成为雏鸡。

与电孵化相比，地热孵化有许多优点：①地热孵化节能，合理利用了低品位能源；②地热温度较低（一般为 50～80℃），孵化机内的温度易于控制；③地热孵化取消了箱内鼓风，整个孵化过程更加简易。

地热孵化技术不仅适用于大型孵化场，还适用于家庭孵化。地热孵化可以降低孵化成本，提高孵化效率和质量，同时能够缓解能源紧缺的状况，有利于可持续发展。

（5）地热干燥。

地热干燥的原理是使中低温地下热水中的高焓部分经过换热器产生热风，从而对不同物料进行脱水干燥，并且可对干燥后的尾水进行综合利用。地热干燥在美国、日本、冰岛和匈牙利等国家早已应用，并已达到较高水平。

美国夏威夷州的社会地热技术计划第一阶段（1986—1987 年）有两个地热干燥项目：果品干燥和木材干燥。其中，用于果品干燥的装置为地热干燥室，该干燥室的尺寸为 5.5m×1.2m×1.8m。干燥室中的空气由地热蒸汽盘管加热，并通过 7 台风机充分循环，保证料盘上的果品均匀干燥。此外，该干燥室可容纳 3 部装满片状果品料盘的车轮式手推车，干燥室还配备了 1 台备用的电加热器，以便在需要时紧急备用。用于木材干燥的装置为地热干燥窑炉，被干燥的木材为相思树木板。木板的干燥周期可缩短到 1～2 个月。

此外，美国内华达州布雷温泉地区设有一座利用地热能的蔬菜脱水加工厂，其将被地下热水加热的空气作为干燥流体，进行洋葱、芹菜和胡萝卜等蔬菜的脱水。此外，冰岛还将地下热水用于硅藻土干燥，日本用地下热水干燥香菇，匈牙利通过地下热水加热空气进行农副产品的脱水等。

就地热干燥的利用情况来说，国外地热干燥所用地热流体的温度大都在 100℃以上，国内所用地热流体的温度大多在 100℃以下。除此之外，我国将地热干燥与地热综合梯级利用相结合，使地热流体的高温段得到了充分合理的利用，从而提高了能源利用率和经济效益。

（6）地热行医。

地热能在医疗领域的应用具有诱人的前景。地热矿泉水被视为一种宝贵的资源，世界各国都十分重视。它被从很深的地下提取到地面，除温度较高外，通常还含有一些特殊的化学元素，从而使它具有一定的医疗效果。例如，含碳酸矿泉水可供饮用，以此调节胃酸，平衡人体酸碱度；含铁矿泉水饮用后，可治疗缺铁贫血症；用含氢泉水、含硫氢泉水洗浴可治疗神经衰弱、关节炎、皮肤病等。

由于温泉的医疗作用及伴随温泉出现的特殊地质、地貌，温泉通常也是旅游胜地，吸引大批疗养者和旅游者，图 5.16 所示为世界顶级疗养胜地——冰岛蓝湖地热温泉。日本有 1500 多个温泉疗养院，每年吸引 1 亿人次到这些疗养院休养。我国利用地热治疗疾病的历史源远流长，含各种矿物元素的温泉众多，随着地热行医的发展，开发温泉产业，发展温泉疗养行业具有广阔的前景。

图 5.16　世界顶级疗养胜地——冰岛蓝湖地热温泉

近年来，国内外十分重视地热能的直接利用。因为地热发电的效率较低，一般只有 6.4%～18.6%，并且地热发电对地热流体温度的要求较高，一般要求在 150℃以上，否则将严重影响地热发电的经济性。相比之下，地热能的直接利用具有更高的热效率，对地下热水或蒸汽温度的要求相对较低，温度可以为 15～180℃，在我国所有地热资源中，中、低温地热资源特别丰富，远超过高温地热资源。然而，地热能的直接利用也有局限性，受载热介质（热水）输送距离的限制，输送半径一般不超过 5km，否则会严重影响其经济性。

5.5.3　我国地热电站应用实例

我国 7 座早期地热电站部分机组的概况如表 5.6 所示。

表 5.6　我国 7 座早期地热电站部分机组的概况

地热电站的地址及名称	发电方式	组数/台	设计发电功率/kW	地热流体的温度/℃	建成时间
河北省怀来县 怀来地热试验电站	双工质法	1	200	85	1971 年
广东省丰顺县 邓屋地热电站	双工质法	1	200	91	1978 年
	扩容法	1	300	61	1982 年
江西省宜春市 温汤地热电站	双工质法	1	50	66	1972 年
	双工质法	1	50	66	1974 年
辽宁省盖州市 熊岳地热电站	双工质法	1	100	75～84	1977 年
	双工质法	1	100	75～84	1982 年
湖南省宁乡市 灰汤地热电站	扩容法	1	300	92	1975 年
山东省招远市 招远地热电站	扩容法	1	200	90～92	1981 年
西藏自治区拉萨市 羊八井地热电站	扩容法	1	1000	140～160	1977 年
	扩容法	8	3000	140～160	1981—1991 年

目前，国外地热发电所选用地热流体的温度均较高，一般在 150℃以上，最高可达 280℃。然而，除了西藏自治区、云南省和台湾等地区，我国的地热资源主要是 100℃以下的中低温地热资源。我国早期已经相继建立了 7 座地热电站，并取得了许多宝贵的数据，为我国地热发电的发展提供了技术和经济论证的依据，但在这 7 座地热电站中，有 6 座是利用 100℃以下地下热水的发电站。这些地热电站满足了当地工农业生产和人民生活对于能源的需要。

但经验证明，利用 100℃以下的地下热水发电，不但效率低，而且经济性较差，今后不宜发展。针对已建的中低温地热电站，应积极开展综合利用，以提高经济效益。

我国典型的中低温地热电站如下。

① 邓屋地热电站：它是 1970 年我国建成的第一座地热电站，第一台发电机组的装机容量为 86kW。它的建成证明用 90℃左右的地下热水作为发电的热源是可行的。

② 温汤地热电站：该电站设计为一套双循环地热发电试验装置，采用氯乙烷作为工质。由于氯乙烷的沸点仅有 12.3℃，当 67℃的热水进入蒸发器时，低沸点工质氯乙烷即刻被加热汽化，在蒸气压力迅速升高的情况下，主汽门打开，蒸气驱动汽轮发电机组发电。这是世界上第一个利用中低温地下热水发电的小型地热试验电站。

我国典型的高温地热电站如下。

羊八井地热电站：我国于 1975 年发现了羊八井地热田，它位于西藏自治区拉萨市西北 91.8km 的当雄县内，是一个面积为 $30km^2$ 的断陷盆地，该地热田有多个地热显示区。羊八井地热田是我国目前已知的热储温度最高的地热田，在此建立的羊八井地热电站（见图 5.17）是我国目前唯一仍在运行且效益较好的地热电站。

图 5.17　羊八井地热电站

1976 年，我国第一座地热蒸汽电站在西藏自治区羊八井镇建立。1977 年，第 1 台 1MW 试验机组发电成功。此后，羊八井地热电站不断扩容，1981—1991 年陆续组装完成了另外 8 台 3MW 机组，同时第 1 台 1MW 试验机组退役。此后，该地热电站维持装机容量 24.18MW，每年发电量超过 1 亿千瓦时。在拉萨电网中，该地热电站曾承担 41%的供电负荷，冬天甚至超过了 60%。2008 年，863 计划支持在羊八井地热电站新增安装了 1MW 低温双螺杆膨胀发电机组，其利用地热电站排放的 80℃废热水发电运行。2009 年，该地热电站的发电量达到1.419亿千瓦时。至今，羊八井地热电站已运行40多年，每年的运行时间超过6000h，年均发电量超过1.2亿千瓦时。此外，羊八井镇还建有地热温室，种植多种蔬菜，一年四季向拉萨市供应新鲜蔬菜。目前，羊八井地热电站的总装机容量为25.18MW。

羊八井地热电站采用的是二级闪蒸法地热发电系统，热水进口处的温度为145℃。由于羊八井地热田的热水温度较高，热水中的碳酸钙含量也比较高，所以地热发电设备容易出现腐蚀和结垢问题。为了解决这些问题，羊八井地热电站采用了一些技术手段，如在设备表面涂覆防腐涂层、定期清洗设备等。地热发电设备的腐蚀与结垢的规律如表5.7所示。

表5.7 地热发电设备的腐蚀与结垢规律

项目	干蒸汽	一次闪蒸	二次闪蒸	双工质
汽轮机	腐蚀，结垢	腐蚀，结垢	腐蚀，结垢	
井口阀门	结垢，腐蚀	结垢，腐蚀	结垢，腐蚀	结垢，腐蚀
汽水分离器	结垢，腐蚀	结垢，腐蚀	结垢，腐蚀	
闪蒸器		结垢，腐蚀	结垢，腐蚀	
凝汽器	腐蚀	腐蚀	腐蚀	
抽气器	腐蚀	腐蚀	腐蚀	
冷却塔	腐蚀	腐蚀	腐蚀	
循环泵	结垢，腐蚀	结垢，腐蚀	结垢，腐蚀	
换热器				结垢，腐蚀

为了实现经济性发电，解决汽-水的输送问题、结垢问题，羊八井地热电站进行了如下试验。

① 单相汽、水分别输送：该试验利用两条母管把地热井汇集的热水和蒸汽输送到电站，充分利用了地热田的蒸汽，发电能力比单纯用热水发电提高了1/3。

② 汽、水二相输送：该试验采用一条管道输送汽、水混合物，并在井口不设置扩容器，以减少压降和节约能量。

③ 为了解决地热发电过程中的结垢问题，羊八井地热电站进行了一系列试验，包括机械通井和向井内注入阻垢剂等方法。

我国地热电站介绍与应用实例

通过以上试验，羊八井地热电站成功地实现了经济发电，并取得了良好的效果。

5.6 地热能的前景

地热能作为一种可再生能源，应用前景十分广阔。随着全球温室气体排放问题日益凸显，国际社会已经开始探索更多的可持续发展模式，在这种背景下，全球地热联盟成立了，它的成立是地热能发展史上重要的里程碑。该联盟的目标是到2030年，全球地热发电量增加6倍，地热供暖量增加3倍。

国内外许多研究人员正在积极开发非常规的地热资源。目前，一些发达国家正在积极探索超深地热资源。在冰岛，位于雷克雅内斯半岛的项目已经实现了4.66km的钻探，记录的温度为427℃，该项目自2016年8月开始实施，是有史以来钻探深度最大的火山钻孔项目。研究人员希望通过开发地热资源来提高能源生产，减少对化石燃料的依赖，同时降低能源成本，为可持续发展做出贡献。

瑞士科学家正在研究一种新的干热岩地热发电方法，与仅从火山活动频繁地区的温泉中提取热能的方法相比，这种“干热岩过程法”不受地理位置限制，可以在任何地方进行热能开采。它的原理是利用压力泵将水压入地下4～6km，此处的岩石层温度约为200℃，水在高温岩石层中被加热，通过管道加压从而被提取到地面，再输送到换热器中，最后驱动汽轮发电机组发电，将热能转换为电能，推动汽轮机工作的热水在冷却后重新输入地下循环使用。

到目前为止，地热产业在可再生能源领域中的占比仍较小，主要原因在于地热资源受限于某些特定地区，特别是一些地壳构造活跃的地区。此外，制约地热大规模发展的另一个原因是高昂的钻井成本，因此石油和天然气公司钻井技术的进步将会促进地热产业的发展。

目前，我国的地热资源开发仍处于初级阶段，主要存在以下问题。

首先，开发地热资源需要高昂的成本和先进的技术，而且收益周期较长，这需要较为雄厚的资金和丰富的运营经验。目前，企业投资建设地热能项目仍是以国有集团为主，地热产业需要政策引导和培育，才能逐步推向市场化。

其次，我国地热资源的勘探和开发仍存在技术瓶颈，一些核心技术，如地质勘探设备、高温地热钻井和地热发电等，与国外相比存在较大差距。技术水平的落后也在一定程度上造成了开发成本的增加。

开发地热资源不当会对环境造成不良影响，如开采时的噪声污染。此外，钻探出的固体、液体和气体，尤其是从地下释放的硫化氢等气体也会对环境造成污染。长远的影响包括地表塌陷、诱发地震等。

有些专家提出，与太阳能、风能等可再生能源相比，地热能是在地球内部封闭状态下的自循环系统，地下深处的地热资源一旦消耗掉就无法从地球表层进行补充，与开放型可再生能源系统有明显的不同之处。因此，一些专家建议，在不破坏地球自然状态的情况下，应因地制宜地利用地热资源。例如，在火山区有效利用自然溢出地表的地热资源，以减少对地球结构的破坏。对于不具备上述条件，需要进行深度钻探才能获取地热资源的地区，则不应提倡利用地热能。

进入21世纪以来，我国地热能利用的思路已经从主攻地热发电转向服务清洁供暖，进一步推动了地热能利用的快速发展。在未来一段时间内，更广泛地因地制宜、科学开发、按需供能将成为地热能大规模利用的必然选择。

第 6 章　氢和燃料电池

6.1　氢　　能

氢是元素周期表中的第一个元素，也是生物圈中最简单的元素。一个氢原子中包含一个电子和一个质子，它是这个宇宙中最丰富的元素之一。虽然氢的结构简单并且元素数量最丰富，但在地球上，它主要与元素周期表中的各种其他元素相结合，以各种化合物的形式存在，如氢与氧结合的氢氧化合物。目前工业上，氢气主要来源于天然气的重整，此外，通过电解可以使水中的氢和氧分离，得到氢气。在某些条件下，少数类型的细菌和藻类也可以利用阳光和基本营养元素来产生氢气。

氢气是氢元素形成的一种单质，化学式为 H_2，分子量为 2.01588。在常温、常压条件下，氢气是一种无色无味、极易燃烧且难溶于水的气体。常压下氢气的密度为 0.089g/L（0℃），只有空气的 1/14，是世界上已知的密度最小的气体。氢气与电负性大的非金属反应显示还原性，与活泼金属反应显示氧化性。氢气具有燃烧热值高的特点，其燃烧热值是汽油的 3 倍，乙醇的 3.9 倍，焦炭的 4.5 倍。氢是世界上最干净的能源，燃烧的产物是水，相比于化石燃料，以氢气为燃料的发动机排放的有毒污染物最少。自 1970 年以来，美国航空航天局就一直使用氢气作为基本能源来推动太空火箭和航天器进入预定轨道。同时，由氢气驱动的燃料电池可以为航天飞机提供电气系统的动力，从而产生更清洁的副产品（纯水）。在燃料电池中，可利用氧和氢结合产生水、热和电能。

在自然界中，氢气通常不以单质形式存在，因此，需要消耗能量从含有高比例氢的碳氢化合物中进行生产和提取。氢气可以利用大量不同的资源进行生产，包括煤炭和天然气等化石燃料，核能，以及各种可再生能源（如生物质衍生能源、风能、太阳能、地热能和水能）。氢气可以通过多种过程产生，包括热化学过程、水的电解和微生物过程。在热化学过程中，化学反应和热量用于从较大的有机化合物（如生物质和化石燃料）中释放氢气。同样地，可以通过大量复杂的生化过程将水分子中的氢和氧分开，如藻类和细菌等微生物可以产生高浓度的氢气。

氢气可用于生产氨、生产甲醇、油脂的加氢裂化、加氢脱硫反应，以及金属的冶炼。液态氢也被用作火箭燃料，用于推动航天飞机上升和升空进入其预定轨道。此外，较大型航天飞机的外部燃料箱也使用氧气和液态氢。氢的两种较重的同位素氚和氘常用于核聚变反应。目前，氢气最常被用作“氢能源汽车”中的燃料，以替代传统使用的碳氢化合物。氢气的部分应用如图 6.1 所示。

（1）工业用途。

① 氢气是一种良好的化工原料，耗用氢气量最大的用途是合成氨。世界上约 60%的氢气用于合成氨，我国的比例更高；其次是经合成气（氢气/二氧化碳）制取甲醇；氢与氯

可合成氯化氢，进而制得盐酸。除能合成氨和制取盐酸外，氢气还能还原有机物的硝基为氨基，如硝基苯氢化还原可制苯胺。用酮或醛和氢气还原烷化能制取各种有机产品，如N-烷基-N苯基对苯二胺、防老剂4010、防老剂4020等。

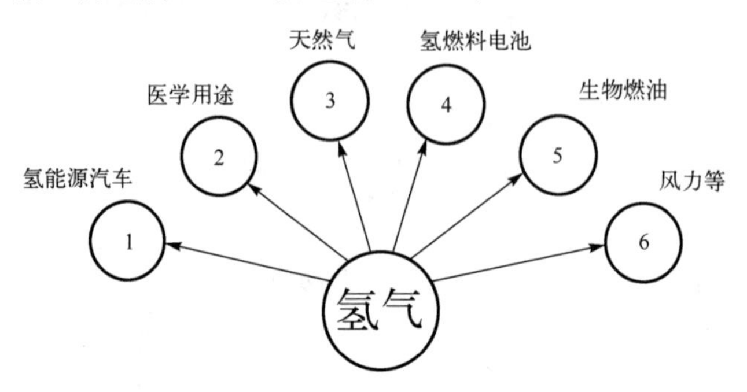

图 6.1 氢气的部分应用

② 由于氢气具有良好的还原性且无污染，因此氢气可代替碳作为还原剂用于金属冶炼。此外，氢气还可用于光导纤维生产、金属的切割焊接、氢燃料电池汽车、分布式发电等。

③ 一般情况下，氢极易与氧结合。这种特性使其作为天然的还原剂用于防止出现氧化的生产中。在玻璃制造等高温加工过程及电子微芯片的制造中，可将氢气加入氮气保护气中以去除残余的氧气。在石化工业中需加氢，通过去硫和氢化裂解来提炼原油。氢气的另一个重要的用途是对人造黄油、食用油、洗发水、润滑剂、家庭清洁剂及其他产品中的脂肪进行氢化。

④ 氢气还可用作工业燃料，氢气作为燃料的优点之一是其具有最低的分子量，而液态氢的热值高，可达 1.4×10^8J / kg，比煤油的热值（4.6×10^7J / kg）高得多，液态氢是优良的火箭发射燃料，也可用作航天飞机的推进剂。

氢气在工业中的优点：氢气无毒，而某些燃料（如甲醇、一氧化碳）的毒性很大；并且氢气在开放的大气中，很容易快速逃逸，而不像汽油蒸气挥发后滞留在空气中不易扩散，这使得事故发生时它的影响范围要小得多；氢气燃烧时不冒烟，只生成水，不会污染环境。氢气的利用也有其缺点：氢气是易燃气体、着火能量很小，在空气中氢气的最小着火能量仅为0.019mJ，在氧气中的最小着火能量更小，仅为0.007mJ；氢气的另一个危险性是它和空气混合后的燃烧浓度的范围很大，按体积比计算其范围为 4%～75%，因此不能因为氢气的扩散能力很强而对氢气潜在的爆炸危险放松警惕。

（2）医疗用途。

已有研究发现，氢气对于抗氧化、抗衰老、增强免疫力、人体自身修复、改善过敏体质、促进新陈代谢都有良好的功效。

但是，将氢气分子融入饮用水中，其有效性和安全性并没有数据支持。而且人体本身就可以由肠道细菌产生氢气分子，其产生量随食物纤维等的摄入量增大而变高。因此，饮用富氢水是否能真正起作用还没有定论。

能源是人类赖以生存的物质基础，也是驱动社会发展的强大动力，能源产业的绿色变革将会如何影响我们的日常生活呢？走进新能源——氢能，全面、客观、科学地了解氢能的概念、发展和应用。

6.2 氢的制备

通常人们所说的氢能，是指游离的分子氢所具有的能量。虽然地球上氢元素的含量十分高，但是游离的分子氢却十分稀少。氢通常以化合物的形态存在于水、生物质和矿物质燃料中，从这些物质中获得氢需要消耗大量的能量。因此，实现氢能大规模应用的关键在于找到一种廉价且能耗低的制氢方法。

6.2.1 热化学制氢

热化学制氢是一种利用化学反应产生热量的方法来制取氢气的技术，其主要原理是利用化学反应释放的热量来分解水或其他化合物，从而获得氢气。热化学制氢可以利用来自各种自然资源（如生物质、煤炭和天然气）的热量，来将氢从其他分子结构中释放出来，在这个过程中，热量与封闭的化学循环结合使用。主要的热化学制氢方法包括天然气重整制氢（也称为甲烷重整制氢）、煤气化制氢、生物质气化制氢、太阳能热化学制氢。

（1）甲烷重整制氢。

在我国，大部分氢气是通过甲烷重整制氢的方法生产的。它是使用温度为 700～1000℃的热蒸汽，以甲烷或天然气作为基本来源来生产氢气的过程。在甲烷重整制氢过程中，甲烷与压强为 300～2500kPa 的蒸汽在催化剂作用下发生反应，主要生成一氧化碳、氢气和二氧化碳。该过程是一个吸热过程，需要持续供应热量，以保证化学反应发生并顺利进行。

甲烷重整制氢一般包括预热、蒸汽重整和水气变换 3 个阶段。

① 预热：在预热阶段，将进料的甲烷和蒸汽预先加热至适宜的温度，使其能够适应蒸汽重整阶段所需的高温反应环境。这一步通常需要用一些外部热源，如燃料等。若是自给自足的系统，则可使用经过水气变换产生的热能来进行预热。

② 蒸汽重整：在蒸汽重整阶段，将预热后的甲烷和蒸汽混合并送入反应器中，在催化剂作用下进行反应。甲烷和蒸汽的摩尔比是 3∶1，反应温度通常在 800℃至 1000℃之间，在蒸汽重整阶段，催化剂的选择非常重要，常用的催化剂为镍（Ni）和铑（Rh），它们具有较高的催化活性和稳定性。甲烷和蒸汽在高温、高压条件下发生反应，生成一氧化碳和氢气。化学反应式如下：

$$CH_4 + H_2O + \xrightarrow[\text{催化剂}]{\text{高温、高压}} CO + 3H_2$$

③ 水气变换：在水气变换阶段，一氧化碳和蒸汽继续反应生成二氧化碳和氢气，并通过后续的分离和净化步骤获取高纯度氢气。这一步需要进一步加热，并将反应体系带入一个水气变换反应器中。这个过程是一氧化碳和蒸汽反应产生氢气和二氧化碳的过程。化学反应式如下：

$$CO + H_2O \xrightarrow[\text{催化剂}]{\text{高温}} CO_2 + H_2$$

甲烷重整制氢在工业生产中应用广泛，可以产生高纯度的氢气，用于许多领域，如化工、电力、炼钢和氢能源等。此外，甲烷重整制氢还可以与其他技术相结合，如煤气化可以产生混合气体，这种混合气体可以通过甲烷重整制氢进一步分离得到高纯度的氢气。甲烷重整制氢具有一定的经济性和实用性，是制氢的重要手段之一。

（2）煤气化制氢。

煤气化制氢是一种利用煤炭等碳质物质通过高温分解、化学反应等过程产生合成气（含有一定量的氢气），再进行分离纯化，从而获得高纯度氢气的技术。煤气化制氢技术已经应用于许多领域，如化工、电力、交通等。其主要原理是利用高温下碳质物质和空气、蒸汽等气体发生反应，生成含有氢气的合成气，再通过加压、净化等工艺，从合成气中分离出高纯度的氢气。煤气化制氢的过程包括预处理、煤气化、水气转移、甲烷重整、清洁制氢等步骤。

① 预处理：将煤炭进行粉碎和筛选，使其颗粒大小适当，更有利于进行煤气化。然后对原料进行干燥及硫化处理，以去除水分和粉尘中的硫化物。

② 煤气化：对经过预处理的煤炭进行加热，同时注入适量的空气或氧气，通过化学反应，使煤炭分解成含有一定比例氢气、一氧化碳、二氧化碳、氮气等气体的煤气。煤气化分为固体气化、流化床气化和汽化气化等。

③ 水气转移：将产生的一氧化碳和蒸汽放入催化剂反应器，进行水气转移反应，从而增加产氢的效率。

④ 甲烷重整：使一氧化碳和蒸汽继续反应，通过甲烷重整，将一氧化碳和水转化为二氧化碳和氢气，产生更高纯度的氢气。

⑤ 清洁制氢：产生的混合气经过净化、分离和压缩等步骤，最终形成高纯度的氢气。

煤气化制氢相对于其他制氢技术的优点包括以下几个方面。

①原料丰富：煤气化制氢可以利用多种原料进行气化反应，如煤炭、天然气、生物质等，因此具有更大的原料选择范围。②多产物综合利用：煤气化制氢不仅可以制备氢气，还可以产生一氧化碳等有用气体及化工原料等，具有多样化的综合利用能力。③技术成熟：煤气化制氢技术经过多年的发展，相关设备和工艺已经相对成熟，可以借鉴现有的经验和技术。④潜在的二氧化碳捕捉能力：在煤气化制氢过程中，可以结合碳捕捉技术，捕捉产生的二氧化碳，降低碳排放。

不过，煤气化制氢也面临以下挑战：①高成本：煤气化制氢的设备和工艺要求较高，需要投入大量资金和能源，导致制氢的成本相对较高。②环境影响：煤气化过程中会产生大量的废气和固体副产物，对环境造成潜在的污染。③能耗较高：煤气化制氢需要在高温、高压条件下进行，耗费大量能源，对能源效率要求较高。④需要后续处理：由于煤气化制氢的产物中含有一氧化碳等，所以需要进行后续处理和净化，以满足氢气的纯度要求。

（3）生物质气化制氢。

生物质气化制氢是一种将生物质作为原料，经过气化反应制取氢气的技术。气化是指固体物质在高温、高压和催化剂等作用，无氧或缺氧的条件下，通过化学反应转化为气体的过程。生物质气化制氢不仅可以解决能源和环境问题，还可以为氢燃料电池提供清洁的能源来源。

生物质气化制氢的出现使得生物质能够更高效地转化为能源。在这一过程中，首先将生物质进行粉碎和热解，然后通过一系列的化学反应，将生物质中的碳、氧、氢等元素分离，最终得到氢气。

生物质气化制氢的主要原理与煤气化制氢类似，与传统的煤气化制氢相比，生物质气化制氢具有较低的碳排放，更清洁、环保，并且原料来源广泛。因此，生物质气化制氢正在成为被重点研究的领域，被认为是未来替代传统化石能源的一项重要技术。

（4）太阳能热化学制氢。

太阳能热化学制氢是一项创新性的技术，该技术利用太阳能来促进水的光解反应，将水分解成氢气和氧气。这种技术是氢燃料电池领域非常有前途的一项技术，具有非常广阔的应用前景。下面介绍太阳能热化学制氢的历史、原理、优点。

① 历史。

太阳能热化学制氢是目前较新的制氢技术之一，远不如水电解制氢广为人知。但太阳能热化学制氢的历史可以追溯到 19 世纪。1888 年，法国化学家 L. Paul Sabatier 首次报道了在高温、高压条件和催化剂的作用下，气态水可以被还原成氢气和氧气。20 世纪初，许多化学家陆续报道了类似的实验结果，这些结果为太阳能热化学制氢的发展奠定了基础。

在 20 世纪 60 年代至 20 世纪 70 年代，人们在太阳能热化学制氢方面取得了一些令人满意的实验结果，但由于能源利用效率的低下、储存问题及成本等因素，该技术并未受到广泛的关注。近年来，随着对可再生能源需求的增长及氢燃料电池的发展，太阳能热化学制氢技术被重新关注，成为研究的热点之一。

② 原理。

太阳能热化学制氢是一种用太阳能促进水分解成氢气和氧气的技术。水的分解过程是一个典型的放热过程，需要消耗能量才能进行，而太阳能可以提供高温和大量能量，这正好符合制氢所需的条件。因此，太阳能热化学制氢利用太阳能的热能来驱动水的分解过程，使其可以实现。

太阳能热化学制氢是一个复杂的过程。一般而言，该过程要求采用光热技术来提供足够的能量，使水分子分解成氢气和氧气。其反应路径主要有三种：直接分解、间接还原和氢气还原。由于水分子的分解需要克服化学键的能量障碍，因此需要特定催化剂和温度条件的配合才能加快反应速度和效率。此外，制氢过程中还会产生副反应，如多气体反应、所需热量过大等，也需要加以解决。

③ 优点。

太阳能热化学制氢以太阳能为能源，太阳能是一种可再生能源。和传统的煤炭、石油等化石能源相比，太阳能可以不受限制地供应；太阳能热化学制氢无须使用任何化石燃料，不会产生二氧化碳等温室气体或有害物质，不会对环境造成污染，是一种非常环保和清洁的制氢方法；太阳能热化学制氢的原料是水，水是一种广泛存在的可再生资源。无论是淡水还是海水，都可以作为制氢的原料。因此，与其他制氢技术相比，太阳能热化学制氢的原料来源更加广泛、更加便捷；太阳能热化学制氢的反应速率和效率可以通过调节反应条件（温度、压力、光照强度等）和选择合适的催化剂进行控制。此外，比起其他制氢方法，太阳能热化学制氢的效率可能更加高效；太阳能热化学制氢的反应速率和效率极大程度上依赖于反应器的设计和催化剂的选择。因此，制氢过程的可控性更强，生产成本也能够得到更好的控制。综上所述，太阳能热化学制氢具有可再生、环保、原料来源广泛、效率高和可控性强等优点，是一种非常有前途的制氢技术。

6.2.2 电解制氢

电解制氢是一种利用电能来驱动水的电解反应，将水分解成氢气和氧气的技术。这种技术是目前应用最广泛的制氢技术之一，可以通过电化学反应将电能转换为制氢所需的化学能，从而实现大规模的氢气生产。

（1）电解制氢的原理。

电解制氢的原理很简单，就是利用电能将水分解成氢气和氧气。水电解本身是一种电化学反应，当电流通过水时，水分子在电极上发生电化学反应，分解成氢气和氧气。电解制氢主要有两种方式，即碱性电解制氢和酸性电解制氢。碱性电解制氢是利用碱性溶液作为电解质的，而酸性电解制氢则利用酸性溶液作为电解质，两种电解方式的化学反应式略有不同。

在电解制氢的过程中，通常需要用到电解槽（电解池）、电极、电解液、电源等设施。在碱性电解制氢过程中，电解槽内通常将钢板或镍板作为负极，而将钼板或铂板作为正极；在酸性电解制氢过程中，通常将铂或石墨作为正极，而将碳或铅作为负极。

（2）电解制氢的应用现状。

电解制氢是目前最常用的制氢技术之一，被广泛应用于包括能源、金属加工、化学及电子等在内的多个领域。目前，电解制氢主要被用于储能、氢燃料电池、金属制备等。

① 储能：电解制氢是一种高效的储能手段，既可以将能源转化为氢气储存，在需要的时候释放出来，又可以使氢气和氧气燃烧来释放能量。通过电解制氢，能量储存和转移更为便捷高效。

② 氢燃料电池：目前，电解制氢可被用于氢燃料电池，通过将水分解，形成氢气和氧气，再注入氢燃料电池发生反应以产生电能和水等产物。作为一种绿色的能源转化方式，氢燃料电池已经在交通运输、能源供应系统、燃料电池车、智能家居等领域得到了广泛应用。

③ 金属制备：除了储能和氢燃料电池方面的应用，电解制氢还可以用于金属的电沉积和提取，包括铜、锌、铝等金属，钴、镍等有色金属和半导体制备等方面。

电解制氢的优点和缺点如下。

① 优点。

能源来源广泛：电解制氢利用电能进行水分解，因此能够利用包括太阳能、风能等各种可再生能源进行水分解；生产的氢气纯度高：电解制氢是一种高纯度、高效率的制氢技术，在产品净度和还原反应效率上具有明显优势；设备运行稳定：电解制氢设备运行简单，技术成熟，在操作上更加稳定可靠，不容易受到环境因素的干扰；生产过程的可控性好：在电解制氢过程中，反应速率和效率可以通过调节反应条件（如温度、电流、电解液等）和选择合适的电解条件、电极材料、催化剂来控制；适用范围广：由于电解制氢技术成熟、设备制造成本较低，因此适用于各种规模的氢气生产及应用。

② 缺点。

能源转换效率较低：在将电能转换为化学能的过程中，能源错误损耗的比例较大，约有 20%～40%的能量损失，从而导致氢气的制备成本相对较高；生产成本高：电解制氢除存在能量损失外，其他生产成本较高，包括电力成本、设备成本等，因此需要寻找更加低成本效益的制氢技术来应对制氢成本带来的压力；电解液的消耗量大：电解制氢过程中需要使用电解液，电解液的消耗量是制约电解制氢技术广泛应用的一个因素，因此研发更加耐久的电解液是提高该技术应用的关键。

6.2.3　生物制氢

生物制氢是利用微生物代谢过程中产生的酶、菌、细胞等，将有机废弃物转化为氢气和二氧化碳的技术。与传统的化石能源制氢相比，生物制氢具有较低的能量消耗和更小的环境影响，也更符合可持续发展的理念。

（1）生物制氢的基本原理。

生物制氢的基本原理：利用微生物进行可溶性有机物（如淀粉、葡萄糖、果糖、乳糖等）的发酵，然后通过生物催化反应将其转化为氢气和二氧化碳。

整个过程中涉及多种微生物类型，包括厌氧发酵菌和厌氧产氢细菌，它们各自扮演着不同的角色，不同的微生物有不同的反应条件、反应速率和反应产物等。

常见的厌氧发酵菌群（如嗜热菌属、产气菌属和藏匿杆菌属等）通过进一步的发酵可以产生丰富的养分物及少量的氢气；而厌氧产氢细菌（如螺菌科、处理菌科和克雷伯氏菌科等）更适合通过生物制氢来产生大量氢气。生物制氢的反应式可以描述为

$$\text{可溶性有机物}+H_2O\xrightarrow[\text{合适的温度、活性酶等}]{\text{微生物}}H_2+CO_2+\text{其他代谢产物}$$

（2）生物制氢的应用现状。

生物制氢发展到应用阶段相对比较缓慢，生物制氢与传统的化石能源制氢相比，需要复杂的预处理和后处理过程，生物制氢的稳定性和可持续性等方面还有待加强。尽管如此，生物制氢仍在以下应用领域中已经取得了一些进展。

① 农业废水和城市生活污水的处理：受到农业生产和工业生产的影响，水体中广泛存在有机物，这些有机物在水处理过程中往往存在处理难、处理效果差等问题。利用生物制氢可以对这些废水及污水进行有效的处理，将有机物转化为可接受的氢气和二氧化碳，不仅减少了污染物的排放，还生产了清洁能源。

② 生物能源开发：生物制氢具有将废弃物转化为绿色能源的优势，但由于各类生物质和废弃物的组成、特性差异较大，对微生物的生长和产氢能力有不同程度的影响，因此需要探索生物质预处理、废弃物混合利用等新方法，开发适合不同废弃物类型的微生物菌种和反应条件。

③ 工业生产：除在农业废水和城市生活污水的处理、生物能源开发方面的应用外，生物制氢还在工业生产方面得到了一些应用，尤其是在化工原材料生产方面。采用生物制氢技术生产的氢气作为一种清洁、环保的能源，可在氢化生产过程中为制造化工原材料提供原料、节省能源等。

（3）生物制氢的优点和缺点。

① 优点。

环保、可持续的能源：生物制氢的原料主要来自生物体内的有机物，具有可再生、可持续、环保的特点，与传统的化石能源制氢相比，更环保和可持续；反应快速、效率高：生物制氢的反应速率和效率都比较高，其强大的代谢能力可以促进有机物快速分解并释放出氢气；应用范围广：生物制氢适用于多种生物质，包括废弃物、农业废水、城市生活污水和生活垃圾等，可应用于多个领域；低碳排放：生物制氢的碳排放与天然气等常用制氢原料相比更低，因此对节约能源及减少碳排放都有积极的作用。

② 缺点。

技术较为复杂：由于生物制氢的制备过程涉及多种微生物，因此需要了解这些微生物的生态环境和生长周期等知识，制备过程比较复杂；需关注原材料与成本控制：生物制氢需要使用较多的废弃物作为原材料，在原材料的供应和成本控制方面需要更多的关注和调整；反应产物难以分离：生物制氢产生的氢气和二氧化碳很难分离，因此分离和纯化氢气是一个挑战；稳定性和可靠性有待加强：生物制氢目前还处于发展阶段，因此其稳定性和可靠性有待进一步的研究和完善，进而为其应用提供更多数据支持。

6.2.4 微生物电解池制氢

微生物电解池（Microbial Electrolysis Cell，MEC）制氢是一种结合了生物技术和电化学技术的清洁能源制备方法，利用微生物和电化学反应，将有机物转化为氢气和二氧化碳，如图 6.2 所示。

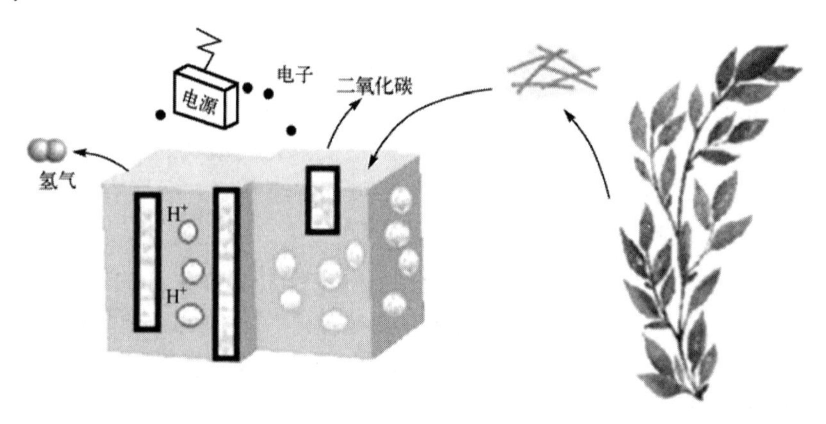

图 6.2　MEC 制氢

（1）MEC 制氢的基本原理。

① 微生物代谢活动：在 MEC 的阴极部分，微生物（通常是电活性细菌）通过降解有机物进行代谢活动。这些微生物通过氧化有机物来获得电子供能，将底物转化为中间产物，并产生电子和质子。

② 电化学反应：在 MEC 中，存在一个电解质或质子交换膜来隔离阴极和阳极。当微生物进行代谢活动时，产生的电子会被传输到阳极上，而质子则通过质子交换膜传输到阴极上。

③ 氢气产生：在阴极上，质子受到电子的还原作用，被还原为氢气。同时，在阳极上，电子参与氧化反应，使阳极维持一个氧化环境。

（2）MEC 制氢的应用现状。

MEC 制氢发展迅速，目前已被广泛应用于环保、能源和化工等领域。

① 环保领域：MEC 制氢可对有机废物进行高效处理，与传统处理方法相比更为环保，可降低废物处理的污染和成本。

② 能源领域：MEC 制氢不仅可以获得清洁能源，还可以实现电能和氢气的相互转化，实现电能和氢气之间的可持续性转换。

③ 化工领域：MEC 制氢在化工领域的应用广泛，主要应用于催化剂生产、化学试剂生产和化学品生产。

（3）MEC 制氢的优点和缺点。

MEC 制氢具有以下优点和缺点。

① 优点。

能源利用效率高：MEC 制氢的氢气产量比生物制氢方法高，同时对有机废物进行处理，节省了能源和环保成本，有较高的能源利用效率；可持续、环保：MEC 制氢结合了生物催化作用和电化学作用，不会产生任何有害污染物，有可持续、环保的特点；应用范围广：MEC 制氢适用于多种类型的有机废物，包括工业废水、农业废水、城市生活垃圾等，可应用于多个领域；能同时处理垃圾和产生清洁能源：MEC 制氢在处理有机废物的同时还能产生清洁能源，能同时解决垃圾和清洁能源的问题，具有较高的环境效益。

② 缺点。

成本高：虽然 MEC 制氢具有较高的能源利用效率和环境效益，但其设备运行和维护的成本较高，需要较大的政策和经济支持；技术和操作复杂：MEC 制氢是一项复杂的技术，需要必要的设备和技术支持，其在操作和调试方面的难度较高，需要熟练的专业人员进行操作。可靠性和稳定性有待提高：MEC 制氢的过程中，需要管理和维持电压、电位、电流密度、pH 值和反应温度等多种参数，存在许多的难题；反应产物的纯度需要提高：MEC 制氢产生的氢气纯度不够高，需要在后续的处理中进行提纯。

尽管 MEC 制氢存在一些挑战，如长期运行状况不确定、电解质离子浓度的平衡与恢复难题、电极表面易腐蚀失活等，但它的可持续性和环保性使它成为一种有发展前景的制氢和废水处理技术，因此在未来会得到更广泛的应用。

6.3 氢的储存

氢气可以以 3 种不同的方式储存：①在高压罐中以压缩气体的形式储存；②在储存温度为–253℃的容器中以液态的形式储存；③以固态的形式储存，即与各种化合物和金属反应，以替代形式储存。

6.3.1 高压气态储氢

高压气态储氢是指将氢气储存在高压环境中，以便储存和运输。在该过程中，通过压缩装置将氢气压缩到较高的压力，然后储存在气瓶或储氢罐中。一般情况下，高压气态储氢用的压力都会超过 34MPa，达到 48MPa 以上，这样才能在有限的空间内存储大量的氢气。

其中，34MPa 是工业和汽车等应用领域中比较常见的压力水平；48MPa 以上的高压气态储氢技术则主要应用在航空、航天和国防等高端领域，以满足高性能、高能量密度等要求。

（1）高压气态储氢的优点。

①可以储存大量氢气且流动性强，氢气可以压缩成小体积以便运输，还能够通过管道进行远距离输送；②储存氢气的损失率较低，氢气质量较稳定；③针对储氢系统的控制和安全措施比较容易实现，适用于一些高要求的应用领域，如航空、航天等；④储氢成本较低。

（2）高压气态储氢的缺点。

①储氢系统需要一定的空间和相应的设备，增加了系统成本；②存在安全风险，若氢气泄漏或系统遭受冲击等，可能对周边环境和设备造成危害；③压缩氢气需要较高的能量供应，增加了能源消耗；④氢气的储存密度比液态储氢方式和固态储氢方式低，因此相同体积下储存的氢气量较少。

6.3.2 液态储氢

液态储氢是指将氢气液态化并储存在特定的容器中。液态氢在常压下的温度为–253℃，液态氢的密度是气态氢的几十倍，因此通过将氢气液态化，可以在较小的容器中储存大量氢气。

（1）液态储氢的优点。

①可以大幅提高储存密度，相对于高压气态储氢，液态储氢可以将储存氢气的密度提高 70 倍以上，使储存氢气的体积大幅缩小；②受环境温度的影响较小，可以在较大的温度范围内进行储存；③适用于各种规模、用途的储氢应用，可以应用于小型化储氢、运输储氢、大规模的储氢系统等；④在储存过程中不存在高压容器的安全性问题，更安全。

（2）液态储氢的缺点。

①液态储氢需要进行除湿处理，以避免水分对储存氢气产生影响；②液态储氢需要极低的温度，使得冷却成本较高，同时容易引起蒸发或热漏损；③液态储氢设备的成本较高；④液态储氢的液态化过程消耗的能量较大，液态储氢系统的能量损失率较高。

液态储氢技术具有高密度、低压和较高安全性的优点，在某些特定的场景下具备一定的应用潜力，但同时存在制冷能源消耗高、成本高等问题。

6.3.3 固态储氢

固态储氢是指将氢气在固态材料中进行储存，利用化学吸附、物理吸附，以及氢化、脱氢等反应将氢气吸附储存在多介孔材料或其他固态材料内。相比于高压气态储氢和液态储氢，固态储氢具有存储密度高、不爆炸、环保等优点。

固态储氢的主要应用是汽车领域。在这一领域，研究人员将固态储氢材料设计为适用于车载氢气储存的材料，实现更长时间的驾驶里程和更低的氢气储存压力。固态储氢可以解决传统氢能源汽车中氢气储存密度低、能量损耗大和存在储存安全隐患等问题，是汽车领域的重要突破点。

（1）固态储氢的优点。

①固态储氢相对于传统的储氢技术来说，储存密度更高，可以减轻车辆的负载压力；

②在储存过程中不存在高压容器安全性问题，更安全；③固态储氢可以取代氢能源汽车中的液态储氢，无须冷却系统，降低车辆的质量和成本；④固态储氢的氢气放出速率可通过反应温度等因素进行调控，符合各种应用领域的要求；⑤固态储氢材料的价格低廉，生产成本低。

（2）固态储氢的局限性。

①固态储氢目前仍处于研究和开发阶段，固态储氢材料的稳定性、容量和放氢效率仍需要进一步提高；②固态储氢材料的放氢效率受储存温度、储存时间等多种因素的影响；③相对于高压气态储氢和液态储氢来说，固态储氢需要涉及更复杂的固态储氢材料设计和合成，以及储氢系统的设计和开发；④可重复使用的固态储氢材料的发展仍面临诸多挑战。

固态储氢是未来储氢的重要发展方向之一，具有高密度、低压、可调控、高安全性等优点，但其开发与应用仍需要在材料性能提升等方面取得更多突破。

氢能应用实例

6.4　燃料电池概述

燃料电池是一种能够将化学能直接转换为电能的电化学装置，其工作原理是在催化剂的作用下使含氢或含碳氢化合物的燃料（如氢气、甲醇、乙醇等）与氧气发生反应，产生水和电能。与传统电池不同，燃料电池工作过程中无须进行充电，燃料电池通过从外部接收化学物质来工作，只要提供燃料就可以几乎无限期地用于发电。燃料电池的电流来自电极上发生的反应，每个燃料电池中都有两个电极，即阳极和阴极。电解质屏障将电极隔开，燃料进入阳极，而氧气（或空气）进入阴极。这两种化学物质在电解质溶液中发生反应，释放电子并产生电流，而催化剂可用于加速燃料电池中涉及的反应。在燃料电池中，燃料不直接与氧化剂发生反应，因此反应可以很容易控制，而且效率相对较高。

6.4.1　燃料电池的构成与原理

（1）构成。

燃料电池有两个电极，用于传导电荷，通常称它们为阳极和阴极。这两个电极被电解质溶液隔开，电解质溶液用于传导带电离子。在燃料电池的内部，电能以化学能的形式存储在电极的燃料中。燃料电池最简单和应用最广的反应物是氧气（用作氧化剂）和氢气（用作燃料），另外一些碳氢化合物，如醇（甲醇）和天然气也是最常用的燃料。在技术复杂的燃料电池系统中，需要将多个燃料电池耦合，组成一个系统，以实现更高的电压并满足不断增长的能源需求。典型的燃料电池如图 6.3 所示。

（2）原理。

燃料电池的工作机制如图 6.4 所示。燃料电池由两个多孔电极组成，它们之间有导电的电解质溶液。在阳极，氢气释放电子并以氢离子（H^+）的形式进入电解质溶液；在阴极，氧气带走这些被释放的电子，以氢氧根离子或氧离子（OH^-或 O^{2-}）的形式进入电解质溶液，这些离子与电解质溶液中的电解质反应形成水，电子则流过外部电路形成电流。燃料电池不依赖于“热能转换”，因此不受卡诺循环效率的限制。若使用其他燃料代替氢气，则需要进行燃料重整和燃料处理。燃料重整的目的是将燃料转化为富含氢气的气流，这可以通过将燃料与蒸汽混合来实现。燃料重整需要的蒸汽的温度必须足够高来促进燃料电池的电化学反应，确保一氧化碳转化为二氧化碳。

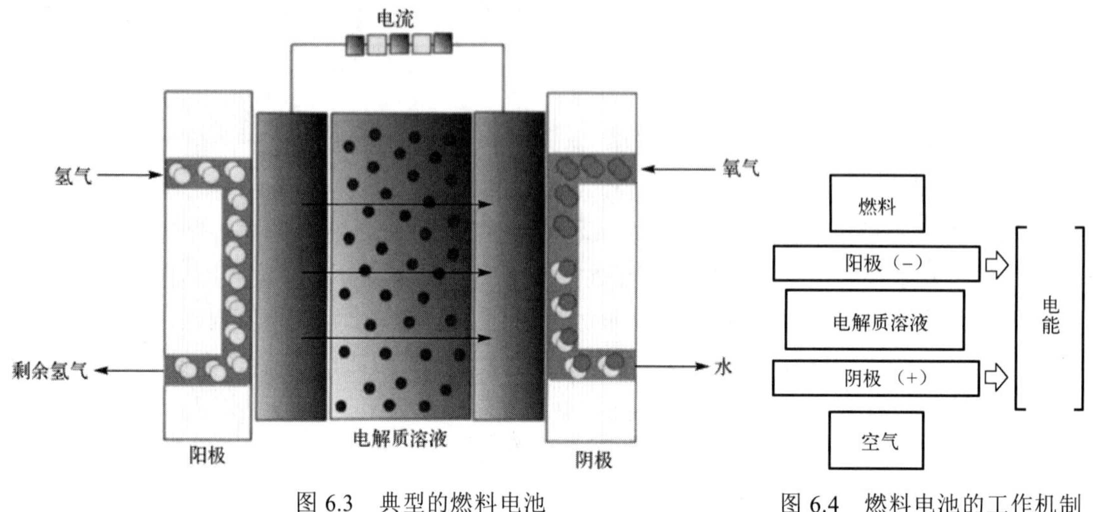

图 6.3 典型的燃料电池

图 6.4 燃料电池的工作机制

（3）燃料重整器。

相对于甲醇、汽油和其他液体燃料，氢气并不是一种能量密集型燃料，其单位体积的能量密度较低。当使用氢燃料电池为汽车提供动力时，获得经济的行驶里程较为困难，虽然液态氢拥有较高的能量密度，但是其必须在相对较低的温度和高压条件下储存，因此储存和运输相当困难。一些常见的燃料，如汽油、乙醇、丙烷和天然气，它们的分子结构都以氢原子为基本元素，如果能利用这些富含氢的燃料开发出能够在燃料电池中生成氢气的技术，使其重新为燃料电池赋能，那么整个系统中的能量储存和分配将非常高效。到目前为止，这项技术处于初级阶段且仍在发展中，这种类型的系统被称为重整器或燃料处理器。

6.4.2 常见的燃料电池

（1）氢燃料电池。

氢燃料电池是能将氢气和氧气的化学能直接转换成电能的发电装置，如图 6.5 所示。其基本原理是电解水的逆反应，将氢气和氧气分别供给阳极和阴极，氢气通过阳极在电解质溶液中发生反应后，放出电子，电子通过外部的负载到达阴极。氢燃料电池不仅无污染，与传统的燃料电池相比，其效率还提高了 3 倍。氢燃料电池能够为所有类型的便携式设备供电，可用于为包括船舶、公共汽车、卡车在内的运输工具提供能量或提供辅助动力。氢气将在不久的将来发挥非常重要的作用，替代进口石油产品应用于汽车等交通工具。

作为真正意义上“零排放”的清洁能源，氢燃料电池在发达国家中的应用正在提速。2002 年，美国开始关注氢燃料电池汽车，发布《汽车自由计划》，支持氢燃料电池汽车的研发。美国氢能产业在 2002—2007 年期间受到全国重视，启动“总统氢燃料倡议”。在国家战略上，美国先后发布《2030 年及以后美国向氢经济转型的国家愿景》《国家氢能路线图》；通过《氢燃料电池开发计划》《能源政策法》《国情咨文》等政策项目投入大量资金开展氢能技术研发和示范活动。在欧洲，荷兰、丹麦、瑞典、法国、英国与德国六国已经达成共同开发推广氢能源汽车的协议，各国将共同建设一个欧洲氢气设施网络，并协调能源传输。英国政府提出，将大力发展氢燃料电池汽车，其计划在 2030 年之前，英国氢燃料电池汽车的保有量达到 160 万辆，并在 2050 年之前使其市场占有率达到 30%～50%。

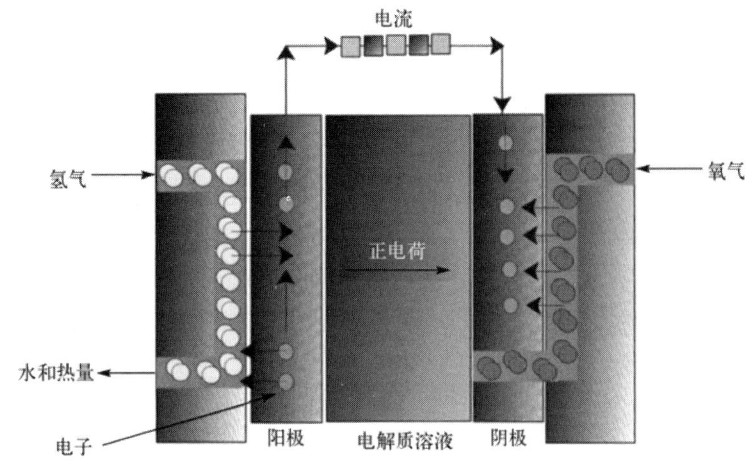

图 6.5　氢燃料电池

日本一直是氢能领域的领先者之一，其制定了推动氢能产业发展的政策和计划，并建立了完善的氢基础设施。日本于 2014 年推出了世界上首个商业化氢燃料电池汽车 Toyota Mirai，并通过补贴和减税措施鼓励消费者购买燃料电池汽车。此外，日本还在氢燃料电池应用于住宅和商业建筑的供电系统方面进行了积极的研究和推动实施。日本电子零件商罗姆、Aquafairy 和京都大学联合研发了“高能氢燃料电池”，这种新型电池通过氢化钙和水之间的化学反应产生电力，一块体积不到 $3cm^3$ 的高能氢燃料电池可以产生 5W·h 的电力，可广泛应用于包括智能手机在内的多种电子设备，或在紧急情况下提供备用电力。

目前，我国的氢燃料电池仍处于发展初期，核心技术尚未成熟，发展形式呈现多元化。行业的上游主要分为氢气供给和组件材料两大板块，氢气供给包括制备、储运、加工三个方面，组件材料包括氢燃料电池电堆、空气供给系统、氢气循环系统、水热管理系统和电控系统；行业的中游为氢燃料电池的系统集成区，代表性企业主要有亿华通、国鸿氢能、捷氢科技、潍柴动力等；行业下游的应用市场可以分为交通领域（如商用车、船舶、飞机等）和非交通领域（如发电、工业燃料等），当前主要应用于重卡、公交车、物流车等商用车领域。

我国首辆氢燃料电池汽车历时四年研制成功，可应用于工业领域，如矿山牵引车。另外，2008 年北京奥运会期间，我国自主研制的 20 辆氢燃料电池汽车投入运营，成为首批获得国家上路许可证的燃料电池汽车，其中同济大学参与了研制；2010 年 6 月 30 日，山东东岳集团向全世界宣告，我国自主研发的氯碱用全氟离子膜、燃料电池膜实现国产化。历经 8 年科研攻关，打破了美国、日本长期以来对该项技术的垄断。与此同时，山东东岳集团完成的用于制造氢燃料电池的核心材料——磺酸树脂离子膜的年产 500 吨的生产装置已经建成投产，解决了氢燃料电池生产的重大瓶颈，我国由此成为世界上第三个拥有该项技术和产业化能力的国家。

目前，我国氢燃料电池汽车的制造成本较高，加氢站的覆盖率低，市场氢能普及水平不足，民众购买氢燃料电池汽车的意愿较低。但氢燃料电池汽车具备续航时间长、充电便捷、耐低温等优势，相较于锂电池汽车，其性能属性更加贴合商用车的场景需求。商用车的数量虽然较普通汽车少，但其每日的运营里程远超普通汽车，政府通过制定补贴和比例政策，推动市政和企业的购买意愿向氢燃料电池商用车倾斜，从而带动氢燃料电池汽车的发展。中国汽车工业协会发布的数据显示，2017—2022 年，我国氢燃料电池汽车的产量呈现先上升后下降再上升的发展态势，2022 年，我国氢燃料电池汽车的产量为 3626 辆，同比增长 104.55%；销量为 3367 辆，同比增长 112.30%。预计到 2025 年，我国氢燃料电池汽车的保有量将增长至 10 万辆。

我国当前发展新能源的两大目的：一个是解决国家的能源安全问题；另一个是提高我国的空气洁净度，解决燃烧化石能源带来的环境问题。发展氢能等清洁能源是实现我国新时代能源战略的重要途径。

（2）直接甲醇燃料电池。

直接甲醇燃料电池（Direct Methanol Fuel Cell，DMFC）是质子交换膜燃料电池（Proton Exchange Membrane Fuel Cell，PEMFC）的子类别，是指直接使用甲醇作为阳极活性物质的燃料电池。DMFC 具有潜在的效率高、设计简单、内部燃料可直接转换、加燃料方便等诸多优点。由于甲醇的电化学活性比氢气至少低 3 个数量级，因此 DMFC 需要解决的关键技术之一是寻求高效的阳极催化剂。

美国 Energy Ventures 公司宣布已解决了 DMFC 的甲醇渗透问题，使电池功率输出增加 30%～40%。美国 Los Alamos 国家重点实验室已研制成功用 DMFC 的蜂窝电话，其能量密度是传统可充电电池的 10 倍。Motorola 实验室的科学家们已经展示了用于微型 DMFC 的陶瓷燃料传输系统原型，他们旨在开发出比传统锂离子电池的能量密度高 5 倍的电源。Manhattan Scientifics 公司的 Robert Hockaday 致力于可为各种可移动电子器件供电的微型醇类燃料电池的研究，他们宣布研制成功蜂窝电话用的燃料电池，其能量是锂离子电池的 3 倍，将来可达到 30 倍，该项研究已引起世界各国科学家和有关公司的关注。Siemens 公司在 DMFC 研究方面处于世界领先地位，其研发的 DMFC 的阴极用纯氧气（0.4～0.5MPa），在电池温度为 140℃的条件下可获得约 200 $mW\cdot cm^{-2}$ 的功率密度。戴姆勒·克莱斯勒公司与巴拉德公司合作，成功开发出世界上首辆安装了 DMFC 的汽车“戈卡特”。该燃料电池的输出功率为 6kW，发电效率高达 40%，工作温度为 110℃。对致力于开发 DMFC 汽车的该公司来说，新一代 DMFC 的研制成功将成为其争夺汽车市场极为有力的武器。DMFC 汽车的试验成功使制造和储存氢这一阻碍燃料电池在汽车上推广使用的重大问题得到解决，向前跨了一大步。乐观估计，DMFC 汽车很可能在 10 年内上路行驶。尽管 DMFC 的研究已经成为世界关注的热点，其研究与开发仍处于初级阶段，但是可以预见在不远的将来，DMFC 首先会应用于小型便携式电子设备。

6.4.3 燃料电池的反应与能量

以氢氧燃料电池为例，在电池中氢气作燃料和还原剂，氧气作氧化剂，通过燃料的燃烧反应，将化学能转换为电能。氢氧燃料电池工作时，向氢电极供应氢气，同时向氧电极供应氧气。氢气在负极上的催化剂的作用下分解成氢离子 H^+和电子 e^-。氢离子进入电解质溶液中，而电子则沿外部电路移向正极，用电的负载就接在外部电路中。在阴极上，氧气与电解质溶液中的氢离子吸收抵达正极的电子形成水，总化学反应式如下：

$$2H_{2(g)}+O_{2(g)}\longrightarrow 2H_2O_{(l)}$$

上述化学反应本质上是高度放热的，并且已知在燃烧时会释放大量热能。反应过程中的能量分布如图 6.6 所示。考虑分子键的形成和断裂，该化学反应式可写为

$$H-H+H-H+O=O\rightarrow H-O-H+H-O-H$$

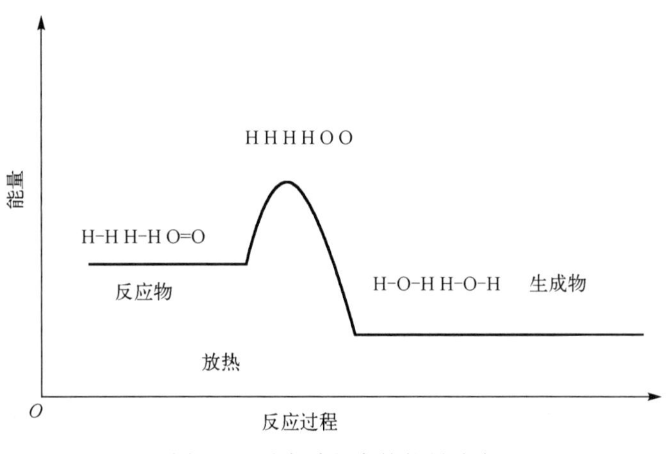

图 6.6　反应过程中的能量分布

根据理论计算，与原始氧气分子化学键和氢气分子化学键断裂吸收的热量相比，水分子的形成会释放更多的热量。由于氧气和氢气的总能量远高于水，因此，氧气和氢气的混合物在反应生成水的过程中，有足够的潜力以热能和电能的形式释放化学能。

6.4.4　我国燃料电池事业的发展——衣宝廉院士五十载的坚守与创新

（1）探索。

我国对燃料电池的研究始于 1958 年。1958—1970 年期间，一些大专院校、科研院所分散地进行了燃料电池的探索性及基础性研究工作，积累了一些与燃料电池相关的基础知识及制造技术，如不同类型气体电极的制造技术，贵金属催化剂、非贵金属催化剂的性能及制造方法，氢、氧气体电极的反应机理及提高性能的途径等。1970 年前后，燃料电池研发正式开启，并在 20 世纪 70 年代形成了产品研发高潮，主要研发产品是由国家投资的航天用碱性氢氧燃料电池，该产品的研发是为了配合中国航天技术发展计划中的一个项目。为了完成进度要求，当时几乎集中了全国有关的科研力量，投入了大量资金，并取得了积极的成果。

1962 年，衣宝廉考入中国科学院大连化学物理研究所（简称“大连化物所”），师从郭燮贤院士，学习催化化学，并深受其“做科研要有一种敢拼的精神”观念的影响。1967 年，大连化物所接到了研制航天氢氧燃料电池的科研任务。毕业后留在大连化物所的衣宝廉正好有机会参与其中，他的人生从此与燃料电池研究结下了不解之缘。

1969 年，衣宝廉承担起航天飞船主电源燃料电池的研究工作，成为当时最年轻的研究题目组负责人。近十年时间，衣宝廉全身心地投入到航天燃料电池的研究中，在朱葆琳先生、袁权院士的领导下，从无到有、艰苦攻关，制造出我国第一个自主设计的碱性燃料电池（Alkaline Fuel Cell，AFC）。

20 世纪 70 年代末，燃料电池研发工作由于国家总体计划的变更而中止。与此同时，一些由地方政府投资的、与应用部门合作的 AFC 项目产品也由于种种原因未能投入实际应用。20 世纪 80 年代，我国燃料电池的研发工作处于低潮，大多数单位原有的研发项目先后下马。

“我是一个死心眼，我认为燃料电池对国家有用，我们不应该都不做，所以我就留下来了。”衣宝廉回忆到，“继续做，没有钱怎么办？我用航天燃料电池那些技术去做传感器、氢传感器、氧传感器，把燃料电池倒过来做电解水，做氢，大连物化所再补助一点，所以燃料电池的研发工作一直在进行，燃料电池的技术一直没停。”十年间，衣宝廉绞尽脑汁地找经费、找项目、找支持，他的努力让燃料电池的研发项目得以延续发展的同时，培养和储备了一批优秀的科研人才。

（2）追赶。

进入 20 世纪 90 年代，由于全球石油资源供应日趋紧张，国际社会重新掀起了燃料电池的研发热潮并取得了巨大进展，部分产品已进入准商品化阶段。我国也开始大力支持燃料电池的研发，燃料电池犹如一叶搁浅已久的小舟重新驶入了新的航程。“我觉得作为一个研究员，要能坐冷板凳，要看到这个项目对国家有用，要能够坚持。”衣宝廉如此说。

1996 年 8 月，中国科学院路甬祥院长主持召开了“燃料电池的研究现状与未来发展”专题研讨会。1997 年年底，国家科学技术委员会（现科学技术部）批准“燃料电池技术”为国家“九五”计划中的重大科技攻关项目之一，投资规模逾 1 亿元，燃料电池研究的第二个高潮到来。

在这个时期，PEMFC 被列为重点，以大连化物所为牵头单位，在我国全面开展了 PEMFC 的电池材料与电池系统的研究，并组装了多台百瓦、1～2kW、5kW 和 25kW 电池组与电池系统。自 1999 年开始，衣宝廉连续 3 次上报科学技术部，申请燃料电池汽车的专项课题研究。2001 年，科学技术部最终确立了燃料电池汽车的专项课题研究。衣宝廉也被聘任为国家 863 计划“电动汽车重大专项”专家组成员和“燃料电池发动机”项目责任专家，参加该项目可行性报告的编写、论证与启动工作。自此，我国的燃料电池汽车作为燃料电池的重要应用方向开始得到国家重大专项资金的支持。

2003 年，我国研发出第一辆燃料电池汽车。燃料电池汽车、纯电动汽车和混合动力汽车技术同为“十五”期间确定的新能源汽车发展方向。2009 年，十城千辆工程启动。2012 年，国务院发布《节能与新能源汽车产业发展规划（2012—2020 年）》，确定“以纯电驱动为新能源汽车发展和汽车工业转型的主要战略取向，当前重点推进纯电动汽车和插电式混合动力汽车产业化，推广普及非插电式混合动力汽车、节能内燃机汽车，提升我国汽车产业整体技术水平”的技术路线。

2018 年，我国新能源汽车的产量和销量分别为 127 万辆和 125.6 万辆，占据全球新能源汽车销售的半壁江山。其中纯电动汽车的产量和销量分别为 98.6 万辆和 98.4 万辆；插电式混合动力汽车的产量和销量分别为 28.3 万辆和 27.1 万辆；燃料电池汽车仅完成生产 1527 辆。

燃料电池技术的研发很难，自主研发更是不易，免不了被泼冷水。对此，国家发展和改革委员会原副主任、国家能源局原局长张国宝曾谈到："尽管燃料电池技术的研发存在种种困难，但做难事必有所得！世界上所有成功的东西都是在克服重重困难的情况下取得的。如果不需要克服困难，轻易可以得到，那么人人都会，也就谈不上重大成就了。"

进入 21 世纪以来，衣宝廉不断探索如何让燃料电池从实验室里的模型转化为产业化、规模化的产品。其一手创立了燃料电池产业化的高技术公司——新源动力股份有限公司，指导城市客车与轿车使用燃料电池系统研发，并获得多方面突破，实现了"产、学、研"协同发展；其研制的燃料电池发电机成功应用于北京奥运会和上海世博会运行的燃料电池电动客车与轿车，并在上汽大通 V80 上实现了商业化，同时培养了一代又一代的研发人员。

回顾此前跌宕起伏的科研经历，衣宝廉认为作为一个搞燃料电池的同志要有三方面的素质：实事求是、吃苦耐劳及坚守。他谈到"任何一件事情都有起伏，有的时候领导很重视，国家很重视，有的时候国家也不那么重视了，如果这时你不坚持，那么当遇到好的时候，也没有你的份。所以，一件事情不可能总处于高峰，也有低谷，在低谷的时候，我们要想到往高峰爬，我要解决这个问题，形势一旦具备，我再走到高峰。"五十多年来，衣宝廉先后在国内外期刊发表文章 450 余篇；申请我国发明专利 200 余件；先后获得"科技部九五国家重点科技攻关计划先进个人""中国科学院科技成果一等奖""中国科学院科技进步一等奖"等众多荣誉。

（3）超越。

2018 年 11 月，全国政协召开"促进新能源汽车产业健康发展"双周协商座谈会。如今，耄耋之年的衣宝廉依旧活跃在科研和生产一线，为氢能及燃料电池产业化奔走；平均每个月出差 3 次，在与燃料电池相关的会议论坛上总能看到他忙碌的身影。

作为中国工程院院士，衣宝廉虽然早已功成名就，但却淡泊名利，可谓"不忘初心，砥砺奋进"；尽管德高望重，但却依然治学不辍，诲人不倦，可谓"春蚕到死丝方尽，蜡炬成灰泪始干"；成果层出不穷，依然为燃料电池的未来不停地奔波，可谓"老骥伏枥，志在千里"。

6.5　燃料电池的类型

目前，国内外学者对已研发出来的燃料电池，按照电解质的种类进行分类，主要分为 5 种：AFC，一般用浓度为 6～8mol·L^{-1}的 KOH 溶液作为电解质；磷酸型燃料电池（Phosphoric Acid Fuel Cell，PAFC），大多以质量分数为 98wt%左右的浓 H_3PO_4溶液为电解质；熔融碳酸盐燃料电池（Molten Carbonate Fuel Cell，MCFC），大多将 Li_2CO_3 和 K_2CO_3 按一定比例混合后作为电解质；PEMFC，通常采用美国 Du Pont 公司生产的 Nafion 膜作为电解质；固体氧化物燃料电池（Solid Oxide Fuel Cell，SOFC），采用 YSZ（Y_2O_3 中掺杂稳定的 ZrO_2）等作为氧离子导体。

6.5.1 AFC

在 AFC 中，通常使用 KOH 溶液作为电解质，其相对效率约为 70%，工作温度约为 80℃，电池的输出功率为 300W～5kW，其工作原理如图 6.7 所示。AFC 最初用于“阿波罗飞船”，以提供饮用水和电能。AFC 需要以纯氢作为燃料来源，且铂（Pt）电极的成本相当高，另一个主要缺点是液体容器容易发生泄漏。

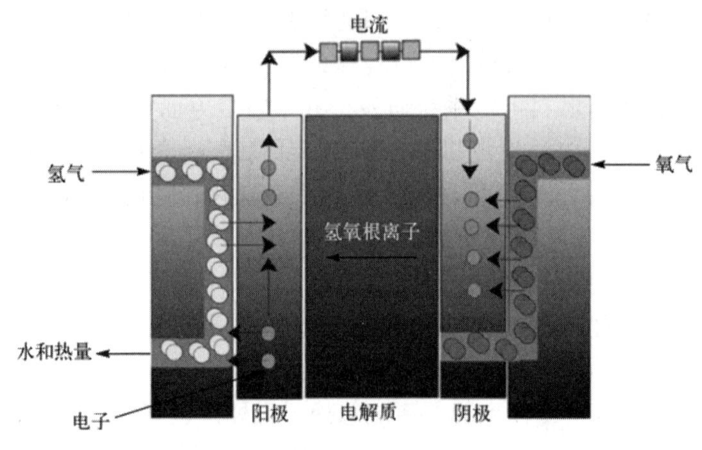

图 6.7 AFC 的工作原理

在众多类型的燃料电池中，AFC 技术是最成熟的。20 世纪 60 年代到 20 世纪 80 年代，国内外学者深入广泛地研究并开发了 AFC。但是在 20 世纪 80 年代以后，由于新的燃料电池技术的出现，如 PEMFC 使用了更为便捷的固态电解质而且可以有效防止电解质的泄漏，AFC 逐渐褪去了其原有的光彩。但是，通过 PEMFC 和 AFC 之间的对比不难发现，理论上 AFC 的性能要优于 PEMFC，甚至早期的 AFC 都可以输出比现有 PEMFC 更高的电流密度。成本分析表明，与 PEMFC 相比，将 AFC 应用于混合动力电动车更有优势。与 PEMFC 相比，AFC 在阴极动力学和降低欧姆极化方面具有很多优势；碱性体系的氧还原反应（Oxygen Reduction Reaction，ORR）动力学速度比酸性体系中使用铂催化剂的 H_2SO_4 体系和使用银催化剂的 $HClO_4$ 体系更高。同时，碱性体系的弱腐蚀性也确保了 AFC 能够长期工作。AFC 更快的 ORR 动力学速度使得非贵金属及低价金属（如银和镍）作为催化剂成为可能，这也使得 AFC 与以使用铂催化剂为主的 PEMFC 相比更有竞争力。因此，近年来对 AFC 的研究逐渐复苏。

6.5.2 MCFC

MCFC 使用盐的高温化合物（如镁或钠的碳酸盐）作为电解质。MCFC 的效率为 60%～80%，工作温度约为 650℃（相当于 1200℉），输出功率为 2MW 左右，理论上最高可达 100MW。其高温运行带来的主要缺点是容易损坏，并且限制了材料的选择，同时这使得其能够通过回收废热来产生额外的电能。在 MCFC 中，镍电极用作催化剂，与用于其他类型燃料电池的铂电极相比更便宜。MCFC 的工作温度太高，所以不能用于家庭和办公室中。另外，电解质中的碳酸根离子在反应中被消耗，因此必须注入二氧化碳进行补偿，如图 6.8 所示。

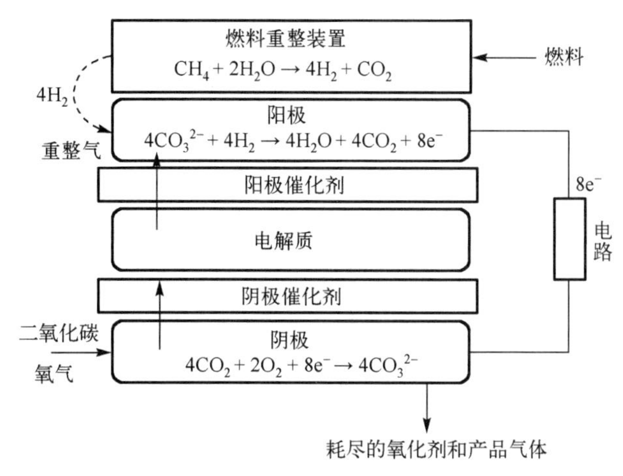

图 6.8 MCFC 的工作原理

MCFC 在建设高效、环境友好的 50～10000kW 的分散电站方面具有显著优势。MCFC 以天然气、煤气和各种碳氢化合物为燃料，可以实现减少 40%以上的二氧化碳排放，也可以实现热电联产或联合循环发电，将燃料的有效利用率提高到 70%～80%。

① 发电能力为 50kW 左右的 MCFC 小型发电站主要用于地面通信和气象观测站等。

② 发电能力为 200～500kW 的 MCFC 中型发电站可用于水面舰船、机车，以及医院、海岛、边防的热电联产。

③ 发电能力为 1000kW 以上的 MCFC 大型发电站可与热机联合循环发电，作为区域性供电站，其还可与市电并网。

6.5.3 PAFC

在 PAFC 中，H_3PO_4 溶液作为碱性电解质溶液，效率约为 40%，工作温度为 150～200 ℃（相当于 300～400℉）。现有 PAFC 的输出功率为 200kW～11MW，其工作原理如图 6.9 所示。PAFC 可以耐受 1.5%左右的一氧化碳和百万分之几的硫，这拓宽了 PAFC 中可使用燃料的范围。PAFC 仍需电极上的铂催化剂来加速反应，并且要求内部应能够承受腐蚀性酸。其阳极和阴极上的反应与 PEMFC 相同，但由于其工作温度较高，所以其阴极上的反应速度要比 PEMFC 阴极上的反应速度快。它除以氢气为燃料外，还有可能直接利用甲醇、天然气、煤气等低廉燃料，与 AFC 相比，其最大的优点是不需要二氧化碳处理设备。PAFC 已成为发展最快、最成熟的燃料电池，它代表了燃料电池的主要发展方向。

PAFC 用于发电站包括两种情形：分散型发电站，容量为 10～20MW，安装在配电站中；中心电站型发电站，容量为 100MW 以上，可以作为中等规模热电站。PAFC 发电站与一般发电站相比，具有如下优点：即使在发电负荷比较低时，依然保持高发电效率；采用模块结构，现场安装简单、省时，并且发电站扩容容易。

受 1973 年世界石油危机及美国 PAFC 研发的影响，日本决定开发各种类型的燃料电池，PAFC 作为一项大型节能发电技术由新能源产业的技术综合开发机构（NEDO）进行开发。自 1981 年起，日本进行了 100kW 现场型 PAFC 发电装置的研究和开发。1986 年又进行了适用于边远地区或商业用途的 200kW 现场型 PAFC 发电装置的开发。富士电机公司是日本最大的 PAFC 电池堆供应商。富士电机公司自 20 世纪 60 年代开始着手开发燃料电池，1998 年开始销售发电功率为 100kW 的 PAFC，截至 2019 年，累计交货 99 台。

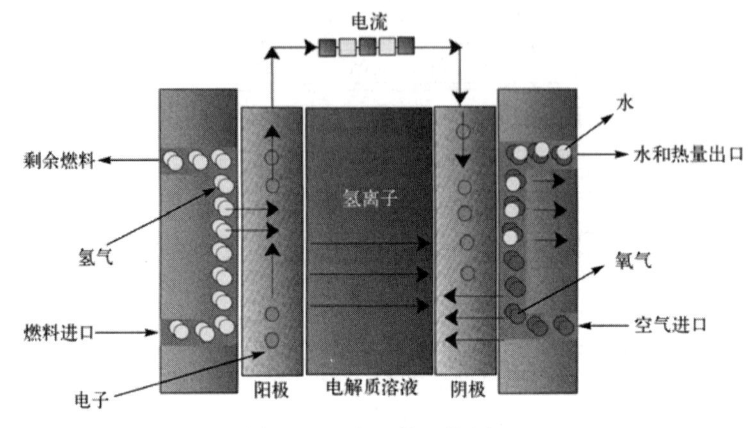

图 6.9　PAFC 的工作原理

6.5.4　SOFC

在 SOFC 中，硬质陶瓷金属及其金属氧化物（如氧化锆和氧化钙）被用作电解质。SOFC 的效率高达 60%，工作温度约为 1000℃（相当于 1800℉），在所有的燃料电池中，SOFC 的工作温度最高，属于高温燃料电池。SOFC 的输出功率甚至可以达到 100kW，其工作原理如图 6.10 所示。

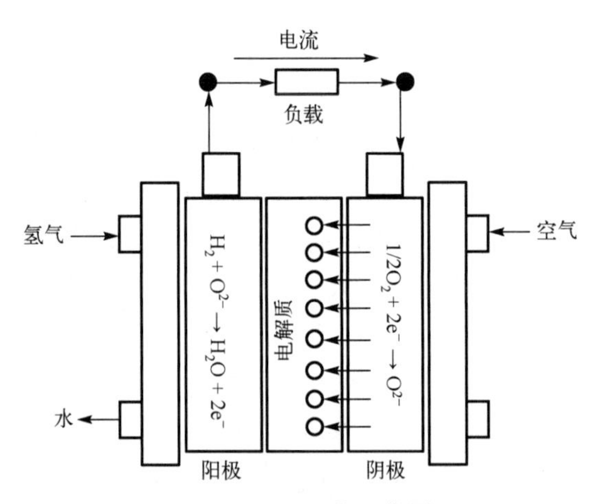

图 6.10　SOFC 的工作原理

SOFC 属于第三代燃料电池，与第一代燃料电池（PAFC）、第二代燃料电池（MCFC）相比，它有如下优点：①较高的电流密度和功率密度；②阳极、阴极极化可忽略，极化损失集中在电解质内；③可直接使用氢气、烃类（甲烷）、甲醇等作为燃料；④避免了中低温燃料电池的酸性、碱性电解质或熔融碳酸盐电解质的腐蚀及密封问题；⑤能提供高质量余热，实现热电联产，能量利用率高达 80%左右，是一种清洁高效的能源系统；⑥广泛采用陶瓷材料作为电解质、阴极和阳极，具有全固态结构；⑦陶瓷电解质在中高温（600～1000℃）环境下运行，加快了电池的反应速率，还可以实现多种碳氢燃料气体的内部还原，简化了设备。

除燃料电池具有的一般优点外，SOFC 还具有以下特点：对燃料的适应性强，能使用多种燃料（包括碳基燃料）；不需要使用贵金属催化剂；使用全固态组件，不存在对漏液、腐蚀的管理问题；规模和安装地点灵活；SOFC 在单循环条件下的燃料发电总效率有望超过 60%，而整体系统效率可高达 85%；SOFC 的功率密度可达到 $1MW/m^3$，块状 SOFC 的功率密度有可能高达 $3MW/m^3$。事实上，SOFC 可用于发电、热电回用、交通、空间宇航和其他许多领域，被称为 21 世纪的绿色能源。

SOFC 具有燃料适应性强、能量转换效率高、全固态、模块化组装、零污染等优点，可以直接使用氢气、一氧化碳、天然气、液化气、煤气及生物质气等多种燃料。其在大型集中供电、中型分电和小型家用热电联供等民用领域作为固定电站，以及作为船舶动力电源、交通车辆动力电源等方面，都有广阔的应用前景。

6.5.5　PEMFC

PEMFC 也被称为聚合物电解质燃料电池，主要由 4 种不同的部件组成：带负电的燃料电池阳极、带正电的燃料电池阴极、水合聚合物膜、电解质。在 PEMFC 中，质子交换膜（PEM）用作电解质，这种经过特殊处理的材料只能传导带正电的离子而阻挡带负电的电子。催化剂用于促进氢气和氧气的反应，其通常由微小的铂纳米粒子组成，涂在一块布或一张纸上。催化剂的多孔性质往往会增加铂的表面积，来确保更好地利用氧气和氢气产生电流。

PEMFC 是最有发展前景的电池之一，应用领域有汽车领域（如混合动力汽车）和固定应用领域（如发电系统）。然而，对于商业规模的应用，PEMFC 仍然存在关键问题，主要与耐久性、系统控制、燃料储存和整个装置的设计等因素有关。为了确保最佳运行条件，整个电池堆系统仍需要各种辅助组件，如系统平衡组件（Balance of Plant，BoP）。燃料电池 BoP 包括空气供应系统、氢气循环系统、水热管理系统、控制系统等，核心产品分别为空压机、循环泵、增湿器和电子水泵等，是维持电池堆持续、稳定、安全运行的关键。对于燃料电池来说，由一组电极和电解质板构成的燃料电池单电池的输出电压较低，电流密度较小，为获得较高的输出电压和功率，通常将多个单电池串联起来构成电池堆堆栈。堆栈是燃料电池系统的核心，也是燃料电池系统的关键技术。整个燃料电池系统的效率取决于堆栈和 BoP 的行为，因此，需要对它们进行优化设计。

PEMFC 的催化活性如图 6.11 所示。

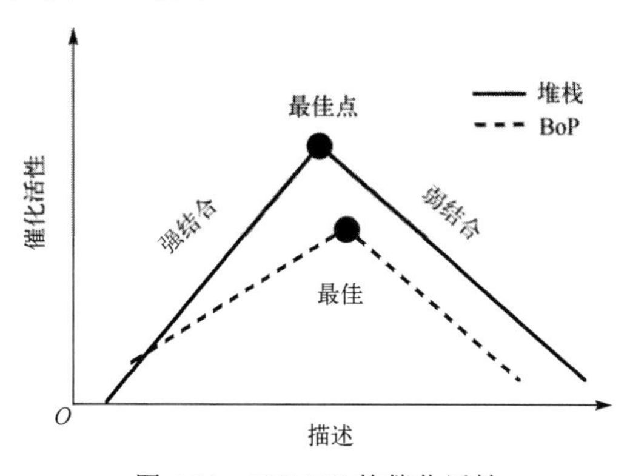

图 6.11　PEMFC 的催化活性

（1）工作原理。

在燃料电池的阳极，加压氢气进入并撞击铂催化剂，当氢气分子与铂催化剂接触时，它分裂成两个电子和两个氢离子，这些被释放的电子在阳极传导电流并在外部电路中移动，然后返回燃料电池的阴极。在燃料电池的阴极，氧气在铂催化剂的作用下，形成两个带有强负电荷的氧原子，这些带强负电荷的氧原子通过质子交换膜吸引氢离子，并与氢离子和电子结合形成水分子。组成 PEMFC 的基本单元是单体燃料电池，一个实用化的 PEMFC 系统，必须通过将单体燃料电池串联和并联，形成具有一定功率的电池堆，才能满足绝大多数用电负载的需求。此外，还要为系统配置氢燃料储存单元、空气（氧化剂）供给单元、电池堆温度/湿度调节单元、功率变换单元及系统控制单元等，将单体燃料电池组成一个连续、稳定的供电电源。

（2）PEMFC 的优点。

PEMFC 除具有一般燃料电池不受卡诺循环限制、能量转换效率高、超低污染、运行噪声低、可靠性高、维护方便等特点外，由于采用较薄的质子交换膜作为电解质，因此还具有以下优点。

①可低温运行，能实现低温快速启动，适用于车辆；②在所有可用的燃料电池类型之中，其功率密度最高（功率密度越高，为满足功率需求所需安装的燃料电池的体积越小）；③结构紧凑、质量轻、水易被排出；④固态电解质不会出现变形、迁移或从燃料电池中气化的现象，无电解质流失；⑤寿命长；⑥唯一的液体是水，基本上可避免腐蚀问题；⑦PEMFC 是一种清洁、高效的绿色环保电源，它不仅可以用于建设分散型燃料电池电站，也特别适合用作可移动动力源，是军、民通用的一种新型可移动动力源，是电动车和便携式设备的理想候选能源之一，也是不依靠空气推进潜艇的理想候选电源之一，是利用氯碱厂副产物氢气发电的最佳候选电源。

PEMFC 的最大优势在于它的工作温度，其最佳工作温度是 80～90℃，在室温下也可以正常工作，特别适合用作交通车辆的移动电源。正因如此，PEMFC 有望替代内燃机成为汽车动力源。

（3）PEMFC 的缺点。

①因为需要采用贵金属催化剂，所以质子交换膜的材料十分昂贵，成膜制作困难，成本很高；②需用纯净的氢气，对一氧化碳特别敏感，易受一氧化碳和其他杂质的污染，采用重整燃料气时，需要对重整燃料气进行净化去除其中的一氧化碳；③对温度和含水量要求高，超过最佳工作温度会使其含水量急剧降低，导电性迅速下降，无法通过适当提高工作温度来提高电极的反应速度；④余热难以有效利用。

6.5.6 各类燃料电池的运行特性

不同类型的燃料电池具有不同的工作温度，如图 6.12 所示。PEMFC 和 AFC 通常被称为低温燃料电池（LTFC），而 MCFC 和 SOFC 被称为高温燃料电池（HTFC），PAFC 介于 LTFC 和 HTFC 之间，因此被称为中温燃料电池。LTFC 不需要复杂的冷却机制，而 HTFC 需要适当的热屏蔽，这对于保持燃料电池的正常运行至关重要。同样地，所有类型的燃料电池都具有不同的特征，使得燃料电池能够在不同的环境中应用。

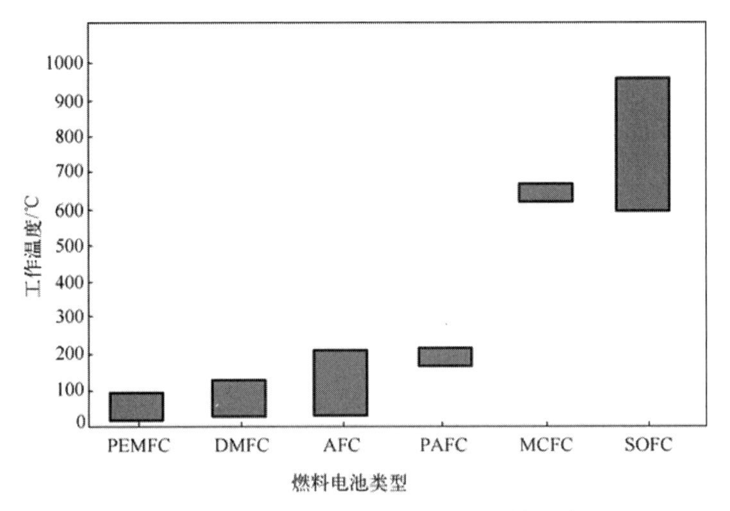

图 6.12　不同类型的燃料电池的工作温度

表 6.1 所示为不同类型的燃料电池及其性能。

表 6.1　不同类型的燃料电池及其性能

性能	PEMFC			DMFC	AFC	PAFC	MCFC	SOFC
	PEM water-cooled	PEM air cooled	HT PEM					
典型输出功率的范围	1～100kW	1mW～1kW	100W～10kW	1～5kW	100W～10kW	25～125kW	50～125kW	1mW～125kW
发展状况	Pr	Pr	D	Pr	Pr	Pr	Pr	D
可扩展性	E	Li	U	Li	P	Li	P	P
动力	E	Mo	Mo	Mo	P	Mo	P	P
功率密度	E	Mo	Mo	P	P	P	P	Mo
热类型	L	N	M	L	L	M	H	G
燃料种类	P	P	Mo	P	P	Mo	Mo	L
对污染物的敏感性	H	H	M	H	H	M	L	L
启动时间	F	F	M	F	F	M	S	S
稳健性	E	E	U	Mo	Mo	E	P	P
寿命	G	Mo	U	Mo	Mo	E	G	P

注：表中各字母含义为 D—发展中；E—优秀；F—快；H—高；Li—受限；L—低；M—中等；Mo—温和；N—无；Pr—完备；P—小；S—慢；U—未知。

对于大量的移动应用（如汽车、卡车和无人机等），PEMFC 低温运行和快速响应的特性使得其成为一个最佳的选择，以前被认为是燃料电池的最佳解决方案的 AFC，现在正在逐渐失去优势，甚至美国国家航空航天局正在考虑将燃料电池的研究由 AFC 转向 PEMFC。对于大量的固定应用场景，LTFC 和 HTFC 都是合格的。在具体的实践中，需要根据某些条件来确定应用的燃料电池。对于目前大量面向汽车的研发项目来说，其科学研究的重点是降低成本。在大量的实际应用中，PEMFC 的成本具有很强的竞争力，如备用电源系统、远程电源系统及氢气发电。一些 HTFC（如 SOFC 和 MCFC）能够在燃料中含有较大比例的一氧化碳的情况下运行，因此，燃料可以在外部或内部进行重整，且无须广泛的气体净化系统，具有更广的燃料选择范围。另外，在一些启动时间不重要且负载动态不重要的应用中，可以首选氢气以外的燃料，因此燃料电池大多选择 HTFC，当然，选择 HTFC 的关键点是它们是否能够同时满足成本和寿命要求。

6.6 燃料电池中电解质的类型

6.6.1 碱性电解质燃料电池

在以 KOH 为碱性电解质的燃料电池中，涉及物质氧化的阳极发生的反应如下：

$$H_{2(g)} + 2OH^-_{(aq)} \longrightarrow 2H_2O_{(l)} + 2e^-$$

在阳极，氢气与电解质溶液中的氢氧根离子发生反应，从而产生水和电子。在这个化学反应中会产生两个电子，这有助于电流的传导。该系统产生的电能直接流入外部电路。在阴极发生的反应如下：

$$O_{2(g)} + 2H_2O_{(l)} + 4e^- \longrightarrow 4OH^-$$

与此同时，阴极的氧气在催化剂的作用下与水反应，通过氧气的还原产生氢氧根离子。随着时间的推移，氢氧根离子通过电解质溶液转移到阳极，用于阳极的反应。整个氧化还原反应涉及氧气的完全还原和两个氢原子的完全氧化:

$$2H_{2(g)} + O_{2(g)} \longrightarrow 2H_2O_{(l)}$$

在氧化过程中，每个氢气分子失去两个电子，而在还原过程中，每个氧气分子获得四个电子。图 6.13 所示为以 KOH 为碱性电解质的氢氧燃料电池示意图。

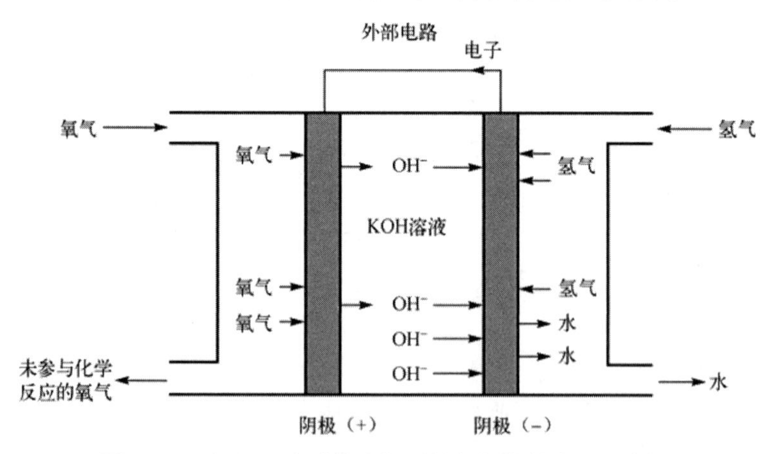

图 6.13 以 KOH 为碱性电解质的氢氧燃料电池示意图

在以 KOH 为碱性电解质的氢氧燃料电池中，氧气和氢气作为基本反应物在它们各自的电极上供给，氧化和还原反应在两极同时发生。氢氧根离子从阴极释放，经过电解质溶液到达阳极。同时，电子在阳极产生，通过外部电路，由阳极转移到阴极。在这个电化学反应过程中，阴极处过量的氧气从反应混合物中被释放出来，同时阳极产生的水也被释放出来。催化剂在这个过程中起关键作用，铂或其合金通常用作催化剂，来促进阴极氧气的还原反应和阳极氢气的氧化反应的进行。

6.6.2 酸性电解质燃料电池

酸性电解质燃料电池通常将 H_3PO_4 用作酸性电解质，在阳极，氢气被氧化并产生离子：

$$H_{2(g)} \longrightarrow 2H^+_{(aq)} + 2e^-$$

通过使用酸性催化剂，氢气被氧化，产生带正电的氢离子和电子。其中，电子从阳极到阴极，流过外部电路，而氢离子通过电解质溶液向阴极移动。在阴极，氧气发生还原反应，化学反应式如下：

$$O_{2(g)} + 4H^+_{(aq)} + 4e^- \longrightarrow 2H_2O_{(l)}$$

氧气与阳极产生的带正电的氢离子，以及外部电路流来的电子反应，产生水分子。整个氧化还原反应几乎与碱性电解质燃料电池相似，化学反应式如下：

$$2H_{2(g)} + O_{2(g)} \longrightarrow 2H_2O_{(l)}$$

以 H_3PO_4 为酸性电解质的氢氧燃料电池示意图如图 6.14 所示。

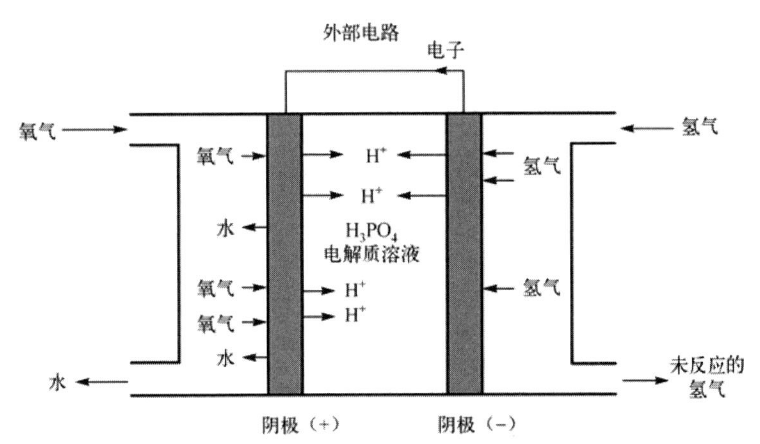

图 6.14　以 H_3PO_4 为酸性电解质的氢氧燃料电池示意图

在以 H_3PO_4 为酸性电解质的氢氧燃料电池中，氢气通过阳极进入并参与反应，使用铂或钯作为催化剂来产生氢离子。然后这些离子在电解质溶液中向阴极移动，电子通过外部电路，为阴极提供反应物。在阴极，氧气进入并使用铂作为催化剂，与氢离子、电子反应，从而产生水，并最终将其释放到燃料电池的外部。

6.7 微生物燃料电池

微生物燃料电池是一种利用微生物将有机物中的化学能直接转换为电能的装置。其基本工作原理：在阳极厌氧环境中，有机物在微生物的作用下分解并释放出电子和质子，电子依靠合适的介体（也称为氧化还原介体）在生物组分和阳极之间进行有效传递，并通过外部电路传递到阴极形成电流，而质子通过质子交换膜传递到阴极，氧化剂（一般为氧气）在阴极得到电子被还原，与氢离子结合成水。

6.7.1 微生物燃料电池的历史和演变

1910 年，英国植物学家马克·比特首次发现了细菌的培养液能够产生电流，他用铂作为电极成功制造出了世界上第一个微生物燃料电池；20 世纪 60 年代，微生物发酵和产电过程合为一体；20 世纪 80 年代，介体得到广泛应用；1984 年，美国制造了一种能在外太空使用的微生物燃料电池，它的燃料为宇航员的尿液和活细菌，但是其放电率极低；2002 年后，微生物燃料电池无须使用介体；2016 年，英国巴斯大学、伦敦大学玛丽女王学院及布里斯托尔生物能源中心的研究人员共同推出了一款以尿液为燃料的微生物燃料电池。

6.7.2 微生物燃料电池的原理

微生物会在厌氧室中从有机物中去除电子，并将其转移到阳极。随后这些电子穿过外部电路向阴极移动，并与质子和氧气结合形成水分子。其中，直接微生物燃料电池的设置几乎与标准的氢燃料电池相同，不同之处主要在于阴极和阳极的性质、类型，以及它们之间的质子交换膜类型。配备质子交换膜的微生物燃料电池的工作原理如图 6.15 所示。

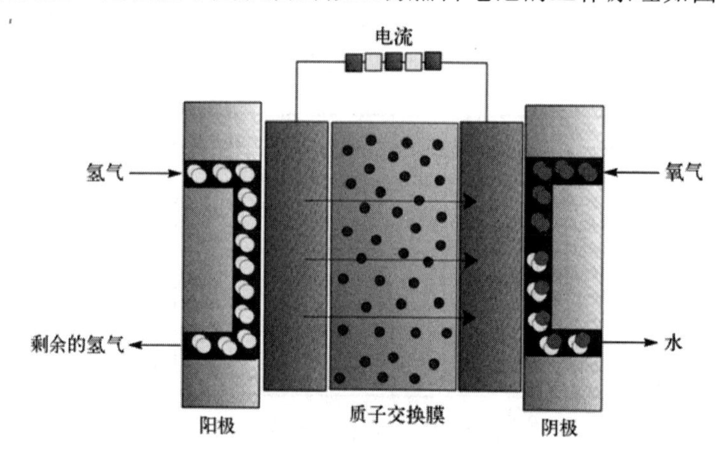

图 6.15　配备质子交换膜的微生物燃料电池的工作原理

在微生物燃料电池中，细菌主要用于氧化阳极的燃料、释放电子，然后这些电子被转移到将阳极与阴极连接起来的导线上，同时带正电的氢离子通过质子交换膜从阳极流向阴极。阴极的氧气作为氧化剂，与氢离子结合形成水从而完成发电过程。

按电子转移方式的不同，微生物燃料电池可分为直接微生物燃料电池和间接微生物燃料电池。直接微生物燃料电池的燃料直接在电极上被氧化，电子直接由燃料转移到电极；间接微生物燃料电池的燃料不在电极上氧化，而是在别处氧化后，电子通过某种途径传递到电极上来。

微生物燃料电池以葡萄糖或蔗糖为燃料，利用介体从细胞代谢过程中接受电子并传递到阳极。理论上讲，各种微生物都可以作为这种微生物燃料电池的催化剂。微生物细胞膜中含有肽键或类聚糖等不导电物质，电子难以穿过，导致电子的传递速率很低，因此，尽管微生物可以将电子直接传递至电极，但大多数微生物燃料电池仍需要介体促进电子传递。

介体是电子传递的关键环节，其应具备如下条件：①容易通过细胞壁；②容易从细胞膜上的电子受体获取电子；③电极反应快；④溶解度、稳定性等好；⑤对微生物无毒；⑥不能成为微生物的食料。一些有机物和有机金属化合物可以用作微生物燃料电池的介体，其中较为典型的是硫堇、Fe(III)EDTA 和中性红等。介体的功能依赖于电极反应的动力学参数，其中最主要的是介体的氧化还原速率常数，它主要与介体所接触的电极材料有关。为了提高介体的氧化还原速率，可以将两种介体适当混合使用，以达到更佳的效果。

介体对细胞膜的渗透能力是微生物燃料电池库仑效率的决定性因素。常用介体的价格昂贵，介体大多数有毒且易分解，这在很大程度上阻碍了微生物燃料电池的商业化进程，因此完全去除介体是当前微生物燃料电池技术研究的重点与难点。近年来，人们陆续发现几种特殊的细菌，这些细菌可以在无介体存在的条件下，将电子传递给电极，从而产生电流。这些微生物燃料电池被命名为直接微生物燃料电池，也称为无介体微生物燃料电池，如图 6.16 所示。

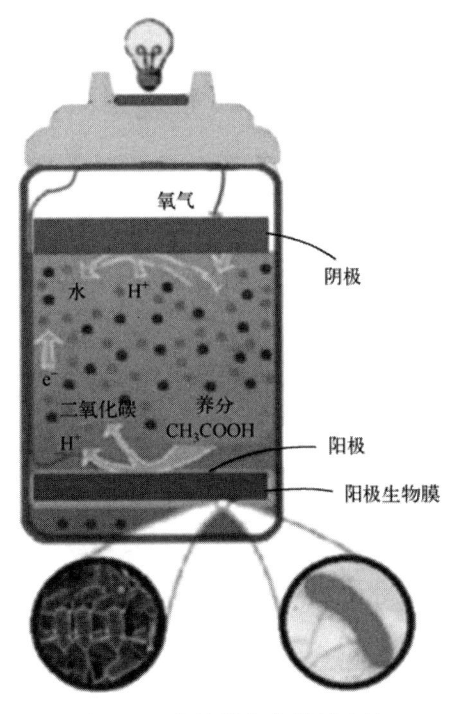

图 6.16　直接微生物燃料电池

6.7.3　微生物燃料电池的优点与应用

（1）微生物燃料电池的优点。

① 原料来源广泛：微生物燃料电池可以利用一般燃料电池所不能利用的多种有机物、无机物作为燃料，具有较强的原料适应性。除常见的废弃物和污水外，还可以利用农作物秸秆、植物纤维、木质废弃物等多种有机废物，最大程度地利用资源。

② 操作条件温和：微生物燃料电池一般是在常温、常压、pH 值接近中性的环境中工作的，这使得电池的维护成本低、安全性强，微生物的培养通常不需要苛刻的条件。

③ 资源利用率高：微生物可以利用很多有机物和无机物，无须像烧火炉一样每天清理灰烬，与直接燃烧相比，使用微生物燃料电池不会产生大量烟雾和有害气体，资源利用率高。

（2）微生物燃料电池的应用。

① 环境治理：微生物燃料电池可用于处理各种有机废水，如污水、垃圾渗滤液等。在处理有机废水的过程中，微生物将有机废水中的有机物分解为二氧化碳和水，同时产生电能。

② 农业领域：微生物燃料电池可以用于监测土壤中微生物代谢的情况。这种技术可以用于监测农作物生长环境的改变，及时发现并修复土壤的质量问题，提高农作物的产量和质量。

微生物燃料电池的优点与应用实例

参考文献

[1] 左然，徐谦，杨卫卫. 可再生能源概论[M]. 3 版. 北京: 机械工业出版社，2021.

[2] 林冬. 浅谈我国可再生能源发展现状及对策研究[J]. 中国工程咨询，2022，（03）: 16-20.

[3] 常振明，韩平，曲春洪. 可再生能源利用现状与未来展望[J]. 当代石油石化，2004，（12）: 19-23.

[4] 路绍琰，吴丹，马来波，等. 中国太阳能利用技术发展概况及趋势[J]. 科技导报，2021，39（19）: 66-73.

[5] 高援朝，曹国璋，王建新. 太阳能光热利用技术[M]. 北京: 金盾出版社，2015.

[6] 李雷. 太阳能光伏利用技术[M]. 北京: 金盾出版社，2017.

[7] 刘维峰. 太阳能光伏技术理论与应用研究[M]. 北京: 北京理工大学出版社，2019.

[8] K Subramanian，Raji George. Thermodynamic Cycles for Renewable Energy Technologies[M]. Bristol: IOP Publishing，2022.

[9] Mamdouh El Haj Assad，Marc A. Rosen. Design and Performance Optimization of Renewable Energy Systems[M]. Pittsburgh: Academic Press，2021.

[10] Muhammad Asif Hanif，Farwa Nadeem，Rida Tariq，et al. Renewable and Alternative Energy Resource[M]. Pittsburgh: Academic Press，2021.

[11] Nader Anani. Renewable Energy Technologies and Resources[M]. 伦敦: Artech House，2020.

[12] 王飞，黄骏，单乐，等. 太阳能集热器的研究进展[J]. 节能技术，2016，（6）: 562-588.

[13] 杨德仁. 太阳电池材料[M]. 北京: 化学工业出版社，2015.

[14] 陈颖颀，王赛娅，金彦礼，等. 生物质气化多联产技术研究现状及发展前景[J]. 现代化工，2022，42（11）: 49-53.

[15] 袁振宏. 生物质高效利用技术[M]. 北京: 化学工业出版社，2015.

[16] 单明. 生物质能开发利用现状及挑战[J]. 可持续发展经济导刊，2022，（04）: 48-49.

[17] 梁志松，何楠，周旺，等. 双碳目标下生物质能发展现状及应用路径研究[J]. 科技视界，2022，（18）: 5-7.

[18] 黄其励. 风能技术发展战略研究[M]. 北京: 机械工业出版社，2021.

[19] 刘建国. 可再生能源导论[M]. 北京: 中国轻工业出版社，2017.

[20] 黄群武，王一平，朱丽，等. 风能及其利用[M]. 天津: 天津大学出版社，2015.

[21] 牛自强，尚益章. 新时期新能源风力发电相关技术分析[J]. 科技创新与应用，2022，12（30）: 185-188.

[22] 霍志红，郑源. 风力发电机组控制[M]. 北京: 中国水利水电出版社，2014.

[23] Mark A，Benvenuto. Chemistry and Energy: From Conventional to Renewable[M]. Berlin: De Gruyter，2022.

[24] 刘伟民，刘蕾，陈凤云，等. 中国海洋可再生能源技术进展[J]. 科技导报，2020，38（14）: 27-39.

[25] 颉翔宇，周利坤，童俊骞，等. 新能源在船舶上的应用研究现状及展望[J]. 船舶，2021，32（05）: 1-9.

[26] 刘延俊，武爽，王登帅，等. 海洋波浪能发电装置研究进展[J]. 山东大学学报（工学版），2021，51（05）: 63-75.

[27] 李永国，汪振，王世明，等. 国外波浪能开发利用技术进展[J]. 工程研究——跨学科视野中的工程，2014，6（04）: 371-382.

[28] 姚琦，王世明，胡海鹏. 波浪能发电装置的发展与展望[J]. 海洋开发与管理，2016，33（01）: 86-92.

[29] 盛松伟，王坤林，吝红军，等. 100 kW 鹰式波浪能发电装置“万山号”实海况试验[J]. 太阳能学报，2019，40（03）: 709-714.

[30] 朱亚杰. 能源世界之窗[M]. 北京: 清华大学出版社；广州: 暨南大学出版社，2000.

[31] 田廷山，李明朗，白治. 中国地热资源及开发利用[M]. 北京: 中国环境科学出版社，2006.

[32] 廖志杰. 中国的火山温泉和地热资源[M]. 北京: 科学普及出版社，1990.

[33] 刘时彬. 地热资源及其开发利用和保护[M]. 北京: 化学工业出版社，2005.

[34] 赵阳升，万志军，康建荣. 高温岩体地热开发导论[M]. 北京: 科学出版社，2004.

[35] 林睦曾. 岩石热物理学及其工程应用[M]. 重庆: 重庆大学出版社，1991.

[36] 郭明晶. 中国地热资源开发利用的技术、经济与环境评价[M]. 武汉: 中国地质大学出版社，2016.

[37] 张爽. 氢能与燃料电池的发展现状分析及展望[J]. 当代化工研究，2022，（11）: 9-11.

[38] 刘风君. 高效环保的燃料电池发电系统及其应用[M]. 北京: 机械工业出版社，2006.

[39] 陈维荣，李奇. 质子交换膜燃料电池系统发电技术及其应用[M]. 北京: 科学出版社，2016.

[40] 刘应都，郭红霞，欧阳晓平. 氢燃料电池技术发展现状及未来展望[J]. 中国工程科学，2021，23（04）: 162-171.

[41] 翟秀静，刘奎仁，韩庆. 新能源技术[M]. 3 版. 北京: 化学工业出版社，2017.

[42] 李勋来，鲁汇智. 我国氢能产业的发展现状及对策建议[J]. 江淮论坛，2022，（03）: 41-47.

[43] 王红霞，徐婉怡，张早校. 可再生电力电解制绿色氢能的发展现状与建议[J]. 化工进展，2022，41（S1）: 118-131.

反侵权盗版声明